数控机床电气控制

（第2版）

SHUKONG JICHUANG DIANQI KONGZHI

舒大松　编

中央广播电视大学出版社·北京

图书在版编目（CIP）数据

数控机床电气控制 / 舒大松编．—2版．—北京：中央广播电视大学出版社，2015.8

ISBN 978-7-304-07238-4

Ⅰ．①数… Ⅱ．①舒… Ⅲ．①数控机床-电气控制-开放大学-教材 Ⅳ．①TG659

中国版本图书馆CIP数据核字（2015）第159746号

数控机床电气控制（第2版）
SHUKONG JICHUANG DIANQI KONGZHI
舒大松 编

出版·发行：中央广播电视大学出版社
电话：营销中心 010-66490011　　总编室 010-68182524
网址：http://www.crtvup.com.cn
地址：北京市海淀区西四环中路45号　　邮编：100039
经销：新华书店北京发行所

策划编辑：申 敏　　版式设计：赵 洋
责任编辑：申 敏　　责任校对：张 娜
责任印制：赵连生

印刷：北京世汉凌云印刷有限公司　　印数：9001~13000
版本：2015年8月第2版　　2016年12月第3次印刷
开本：787mm×1092mm 1/16　　印张：14.25　　字数：314千字

书号：ISBN 978-7-304-07238-4
定价：30.00元

（如有缺页或倒装，本社负责退换）

第一版前言

为了配合中央广播电视大学数控技术专业的教学，中央广播电视大学与机械工业教育发展中心合作共同组织编写了数控技术专业系列教材。该系列教材的编写遵循教育部等三部委联合发布的《关于开展数控技术专业技能型紧缺人才培养的通知》精神，结合“中央广播电视大学人才培养模式改革和开放教育试点”研究工作的开展，立足以职业为导向，以学生为中心，以基础理论教学“必需、够用”为度，突出实践技能教学的地位，旨在培养学生具有一定的工程技术应用的能力，以适应职业岗位实际工作的需要。

本书是中央广播电视大学机械制造与自动化专业系列教材之一，是按照中央电大2006年制定的数控机床电气控制课程多种媒体教材一体化设计方案编写的。同时，该教材具有鲜明的高职教育特色，突出了人才培养的实践性、应用性原则，也适合于高等职业院校同类专业使用。

本书首先介绍了数控机床电气控制部分的基本组成及功能，随后分别系统地介绍了数控机床强电控制电路、数控装置（CNC）的结构、数控机床的伺服驱动、位置检测装置、可编程控制器（PLC）的基础知识和应用，最后介绍了常用的典型数控系统。实际上，该书囊括了数控机床中涉及的绝大部分电气专业的知识。通过学习，将使读者对数控机床控制技术及系统有较深的认识。在教材内容的选择上，一方面力求知识面的广度和知识点的深度；另一方面注重基础知识的讲述，并充分反映本领域的最新技术，既考虑先进性，又注意结合当前的国情。

同时，通过大量实例介绍，强调知识的实际应用；每章安排的实验或实训内容，加强了实践能力的训练。通过学习本书，读者能基本掌握数控机床的调试与维修所需要的电气专业知识。

参加本书编写的有湖南广播电视大学舒大松（前言，第1章，第4章，第5章，第6章的1和2节）、李灿军（第6章的3和4节）、许孔联（第7章），湖南省林业科学院吴跃锋（第2章，第3章）。舒大松主持本书的编写并统稿。

本书由长沙理工大学李鸿主审，审定组成员湖南工业职业技术学院彭跃湘、南京日上自动化设备公司陆江等对本书的编写也提出了许多宝贵的意见。

由于时间仓促，兼之作者水平有限，书中不妥之处在所难免，恳请广大读者和同仁不吝批评指正。

编　者

2006年10月

第二版前言

PREFACE

数控机床是现代制造业中的关键技术设备。随着我国工业现代化进程加快，数控机床在制造业中得到越来越广泛的应用。该行业从业人员除了需要掌握数控编程和操作加工技能外，还需要掌握数控电气控制方面的基础知识和技能。为了适应国家职业技能人才培养的需要，笔者按照数控职业岗位能力要求，借鉴国家职业资格标准，结合多年专业教学和工程实践方面的经验编写了本书，并重新改版。

本次改版在以下方面对教学内容进行了修订：

1. 补充了有关开放式数控系统的介绍。

2. 增加了数控机床控制元件及系统的实拍照片，以增强学生在实践中对数控机床电气实物的感知度。

3. 删除了第1版中的第7章（典型数控系统介绍），并将其内容作为实例，有机融入相关章节。

4. 增加了霍尔元件等数控机床实用的控制元件和部件教学内容。

本教材是国家开放大学机械制造与自动化专业系列教材之一，是按照国家开放大学制定的数控机床电气控制课程多种媒体教材一体化设计方案编写的。同时，该教材具有鲜明的高职教育特色，突出了人才培养的实践性、应用性原则，也适合于高等职业院校同类专业使用。

本次教材的修订改版工作主要由湖南广播电视大学舒大松教授完成。

本书由长沙理工大学李鸿教授主审，审定组成员湖南工业职业技术学院彭跃湘教授、南京日上自动化设备公司陆江等对本书的编写提出了许多宝贵的意见。

由于时间仓促，兼之作者水平有限，书中不妥之处在所难免，恳请广大读者和同仁不吝批评指正。

编　者

2015年6月

目录

CONTENTS

第 1 章
绪　论

学习目标

1. 掌握数控机床控制系统的构成；
2. 了解数控机床的分类；
3. 了解数控系统的发展趋势。

内容提要

本章着重介绍了数控系统的基本概念及其特点、数控系统的组成及工作过程、数控系统的分类、数控系统的发展趋势。通过学习，掌握数控系统的基本概念，对数控系统的组成及各部分的作用有一个较完整的认识；了解点位、直线和轮廓控制系统以及开环、半闭环和闭环控制系统的组成与特点。

1.1　数控机床控制系统的构成

1.1.1　数控机床的基本工作原理

数字控制（Numerical Control，NC）技术是用数字化信息对某一对象的工作过程进行自动控制的技术。采用数字控制技术控制的机床，称为数控机床。数控机床是机电一体化的典型产品，是集机床、计算机、电机及拖动、自动控制、检测等技术为一体的自动化设备。现代数控系统主要为计算机数控（Computer Numerical Control，CNC）系统。

数控机床进行加工时，首先必须将工件的几何数据和工艺数据按规定的代码和格式编制成数控加工程序，并用适当的方法将加工程序输入数控系统。数控系统对输入的加工程序进行数据处理，输出各种信息和命令，控制机床各部分按程序规定进行有序的动作。这些信息和指令包括：各坐标轴的进给速度、进给方向和进给位移量，各状态控制的输入/输出信号等。伺服系统的作用就是将进给位移量等信息转换成机床的进给运动，数控系统要求伺服系统正确、快速地跟随控制信息，执行机械运动，同时，位置反馈系统将机械运动的实际位移信息反馈至数控系统，以保证位置控制精度。数控机床的基本工作过程如图 1.1 所示。

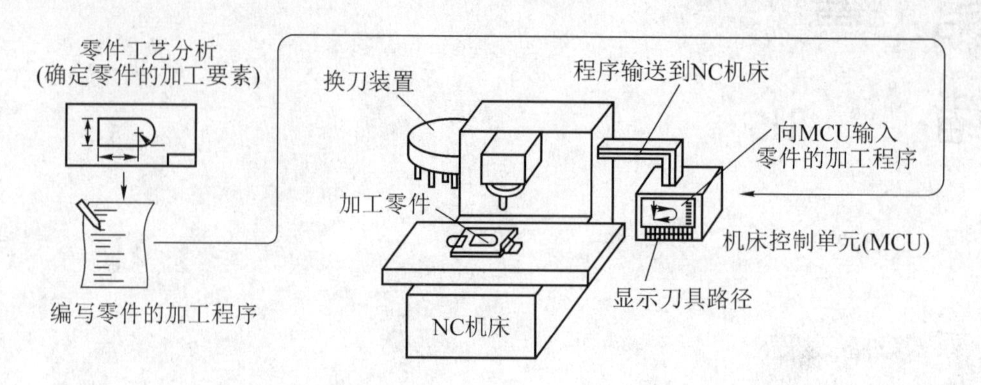

图1.1 数控机床的基本工作过程

总之，数控机床的运行就是在数控系统的控制下，处于不断地计算、输出、反馈等控制过程中，从而保证刀具和工件之间相对位置的准确性。数控机床的组成及工作过程如图1.2所示。

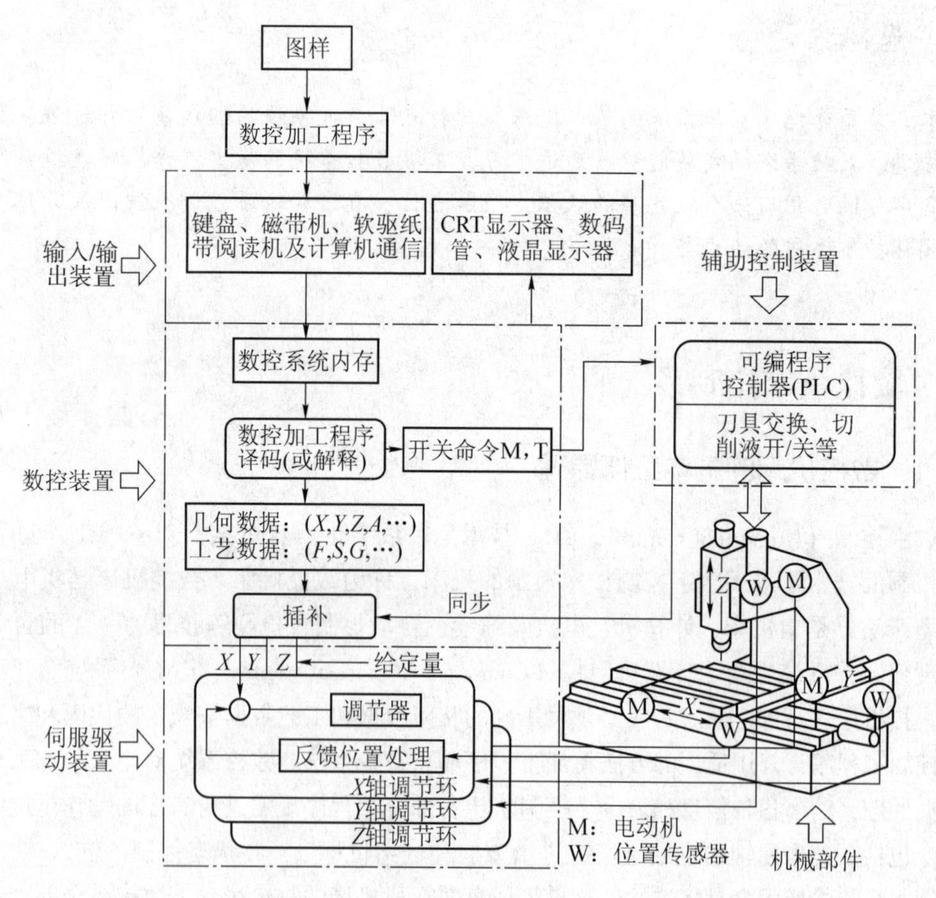

图1.2 数控机床的组成及工作过程

为了保证数控机床完成上述任务，数控系统必须按照工件加工的要求对机床的运动进行控制，归纳起来可分为3种类别的控制：

1. 主轴运动

主轴运动和普通机床一样，主要是完成切削任务，其动力占整台机床动力的70%~80%。基本控制是主轴的正、反转和停止，可自动换挡及无级调速，对加工中心和车削中心等一些数控机床，还必须具有定向控制、定位控制和C轴控制。

2. 进给运动

进给运动是数控机床区别于普通机床最根本的地方，即用电气自控驱动替代人工机械驱动，数控机床的进给运动是由进给伺服系统完成的。伺服系统包括伺服驱动装置、伺服电动机、进给传动链及位置检测装置，如图1.3所示。

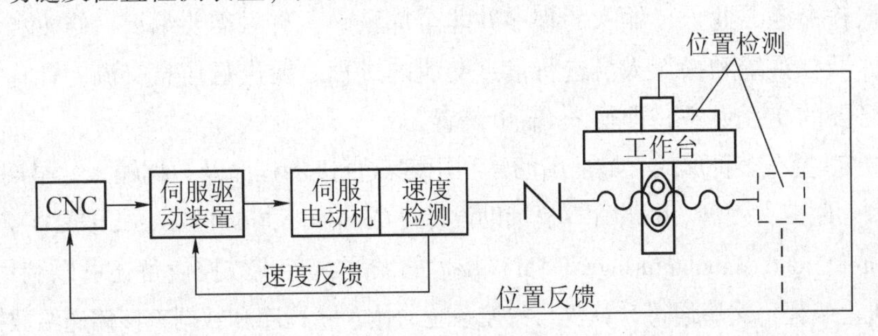

图1.3 数控机床的进给伺服系统

伺服控制的最终目的是机床工作台或刀具的位置控制。伺服系统中所采取的一切措施，都是为了保证进给运动的位置精度，如对机械传动链进行预紧和反向间隙调整，采用高精度的位置检测装置，采用高性能的伺服驱动装置和伺服电动机，提高数控系统的运算速度等。

3. 辅助运动

数控系统对加工程序处理后输出的控制信号除了对进给运行轨迹进行连续控制外，还要对机床的各种状态进行控制，这些状态包括主轴的变速控制，主轴的正、反转及停止，冷却和润滑装置的启动和停止，刀具的自动交换，工件夹紧和放松及分度工作台转位等。例如，通过执行机床程序中的M等辅助指令，同时检测数控机床操作面板上的控制开关及分布在机床各部位的行程开关、接近开关、压力开关等输入元件，由数控系统的可编程序控制器（Programmable Logic Controller，PLC）进行逻辑运算，输出控制信号驱动中间继电器、接触器、电磁阀及电磁制动器等输出元件，对冷却泵、润滑泵、液压系统和气动系统进行控制。

1.1.2 数控机床控制系统的组成

数控机床控制系统的基本组成包括输入/输出装置、数控装置、伺服驱动装置、机床电气逻辑控制装置、位置检测装置等，如图1.4所示。

1. 输入/输出装置

数控机床在进行加工前，必须先接受由操作人员输入的零件加工程序，然后才能根据输

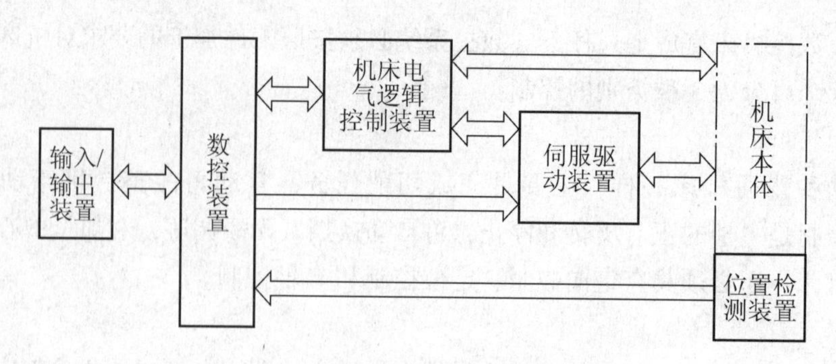

图1.4 数控机床控制系统的基本组成

入的加工程序进行加工控制，从而加工出所需的零件。在加工过程中，操作人员要向机床数控装置输入操作命令。此外，输入的程序并非全部正确，有时需要编辑、修改和调试。以上工作都是机床数控系统和操作人员进行信息交流的过程。要进行信息交流，计算机数控系统中必须具备必要的交互设备，即输入/输出装置。

输入/输出装置有多种形式，最常用的是利用键盘直接将程序及数据输入，早期的还有穿孔纸带、穿孔卡、磁带、磁盘。随着计算机辅助设计（Computer Aided Design，CAD）/计算机辅助制造（Computer Aided Manufacturing，CAM）技术的发展，有些数控设备还可以利用CAD/CAM软件在计算机上编程，然后通过计算机与数控系统通信，将程序和数据直接传送给数控装置。

2. 数控装置

数控装置是数控系统的核心。数控装置实际上就是微型计算机系统，其硬件部分包括中央处理器（Central Processing Unit，CPU）、存储器、局部总线及输入/输出接口等，软件部分就是通常所说的数控系统软件。数控装置的基本功能是：读入零件加工程序，根据加工程序所指定的零件形状，计算出刀具中心的移动轨迹，并按照程序指定的进给速度，求出每个微小的时间段（插补周期）内刀具应该移动的距离，在每个时间段结束前，把下一个时间段内刀具应该移动的距离送给伺服单元。

3. 伺服驱动装置

伺服驱动装置是数控机床的执行机构，是数控系统和机床本体之间的电气联系环节。伺服驱动装置包括伺服电动机、驱动控制系统。伺服电动机是系统的执行元件，驱动控制系统则是伺服电动机的动力源。数控系统发出的指令信号与位置反馈信号比较后作为位移指令，再经过驱动控制系统的功率放大后，驱动电动机运转，最后通过机械传动装置拖动工作台或刀架运动。

目前，数控机床的伺服系统中常用的执行部件有步进电动机、直流伺服电动机或交流伺服电动机，每种伺服电动机的性能和工作原理都不同。步进电动机是最简单的伺服电动机，随着交流电动机调速技术的发展，交流伺服系统得到越来越普遍的应用。

4. 机床电气逻辑控制装置

数控系统除了位置控制功能外，还需要主轴启/停、换刀、冷却液开/停等辅助控制功能。这部分功能一般由“接触器—继电器”控制逻辑或可编程序逻辑控制器实现。机床电气逻辑控制对象还包括自动换刀装置、自动交换工作台机构、工件夹紧与放松机构、回转工作台、液压控制系统、润滑装置、切削液控制装置、排屑装置、过载和保护装置等。

5. 位置检测装置

位置检测装置主要用来检测工作台的实际位移或丝杠的实际转角。位置检测装置中的反馈元件通常安装在机床的工作台或丝杠上。在闭环控制系统中，实际位移或转角有的要反馈给数控装置，由数控装置计算出实际位置和指令位置之间的差值，并根据这个差值的方向和大小去控制机床，使之朝着减小误差的方向移动。位置检测装置的精度直接决定了数控机床的加工精度。

6. 强电控制柜

强电控制柜主要用来安装机床强电控制的各种电气元件，其作用包括：①提供数控、伺服等一类弱电控制系统的电源，以及各种短路、过载、欠压等电气保护；②在可编程序控制器的输出接口与机床各类辅助装置的电气执行元件之间起连接作用，控制机床的辅助装置，如各种交流电动机、液压系统电磁阀或电磁离合器等；③执行机床操作台有关手动按钮的功能。

强电控制柜由各种中间继电器、接触器、变压器、电源开关、接线端子和各类电气保护元器件等构成，如图 1.5 所示。它与一般普通机床的电气类似，但为了提高对弱电控制系统的抗干扰性，要求各类频繁启动或切换的电动机、接触器的电磁感应器件中均必须并联 RC 阻容吸收器，对各种检测信号的传输均要求用屏蔽电缆。

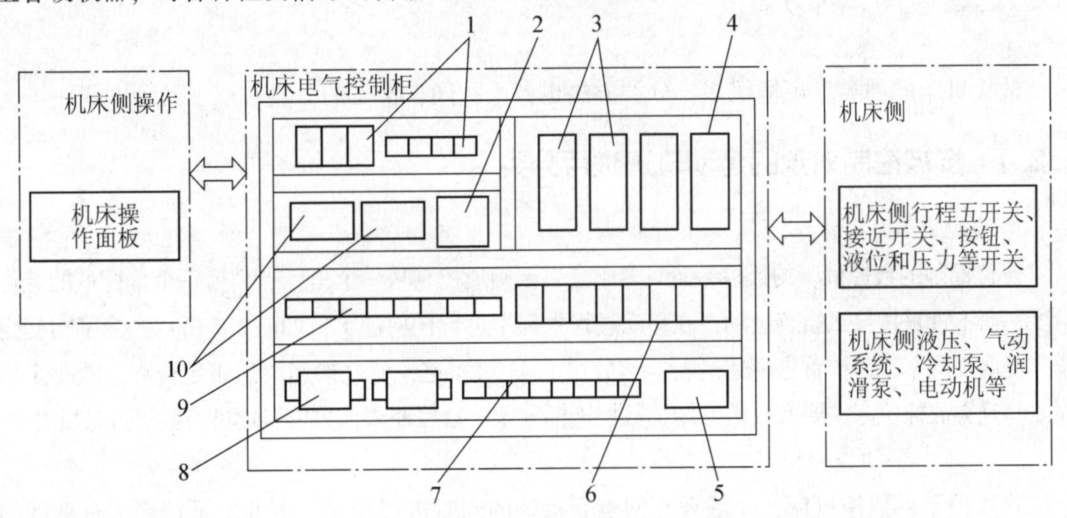

图 1.5 数控机床强电控制柜示意图

1—熔断器及断路器；2—开关电源；3—主轴及进给驱动装置；4—计算机数控系统装置；5—接地排；6—接触器；7—接线排；8—机床控制变压器；9—中间继电器；10—输入/输出（I/O）接口

图 1.6 所示为 FANUC 数控系统组成框图。

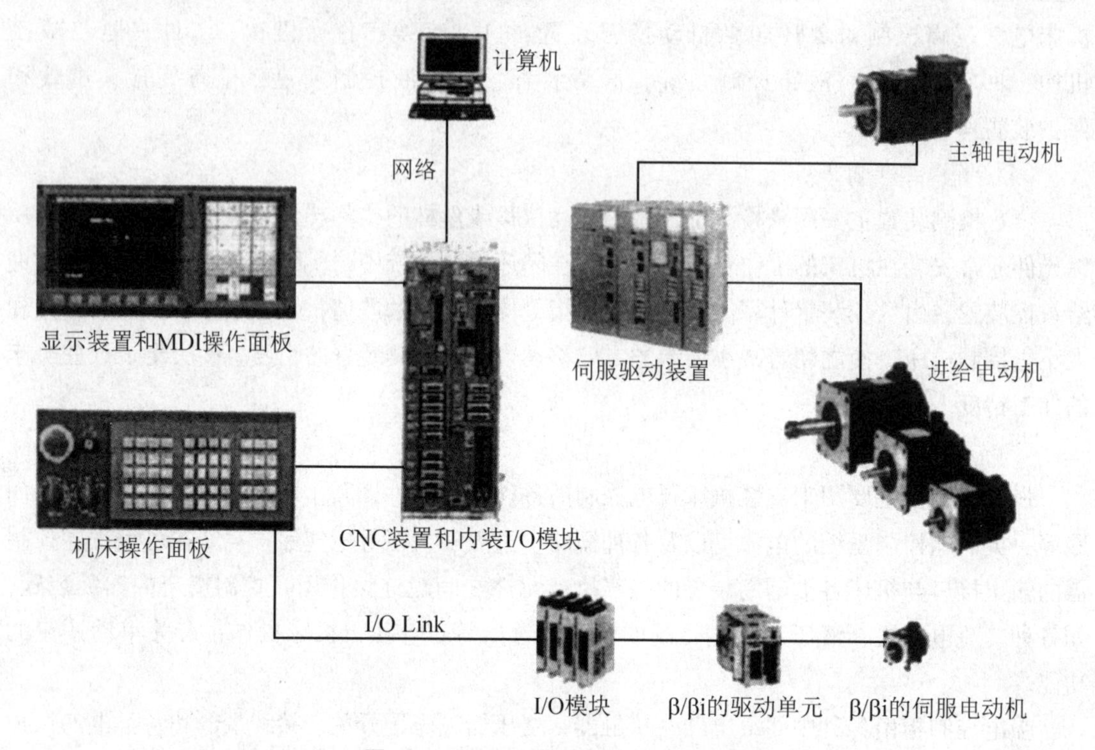

图 1.6 FANUC 数控系统组成框图

1.2 数控机床的分类

数控机床的种类、规格很多，分类方法也各不相同，常见的分类有以下几种方式。

1.2.1 按被控制对象的运动轨迹进行分类

1. 点位控制的数控机床

点位控制的数控机床的数控装置只要求能够精确地控制从一个坐标点到另一个坐标点的定位精度，而不管是按什么轨迹运动，在移动过程中都不进行任何加工，如图 1.7 所示。为了精确定位和提高生产率，系统首先高速运行，然后按 1 ~ 3 级减速，使之慢速趋近于定位点，减小定位误差。这类数控机床主要有数控钻床、数控坐标镗床、数控冲床、数控点焊机、数控折弯机等。

2. 直线控制的数控机床

直线控制的数控机床，一般要在两点间移动的同时进行加工，因此，不仅要求有准确的定位功能，还要求从一点到另一点之间按直线规律运动，而且对运动的速度也要进行控制，如图 1.8 所示。对于不同的刀具和工件，可以选择不同的进给速度。这一类机床包括简易数控车床、数控铣床、数控镗床等。一般情况下，这些机床可以有 2 ~ 3 个可控轴，但一般同时控制的轴数只有两个。

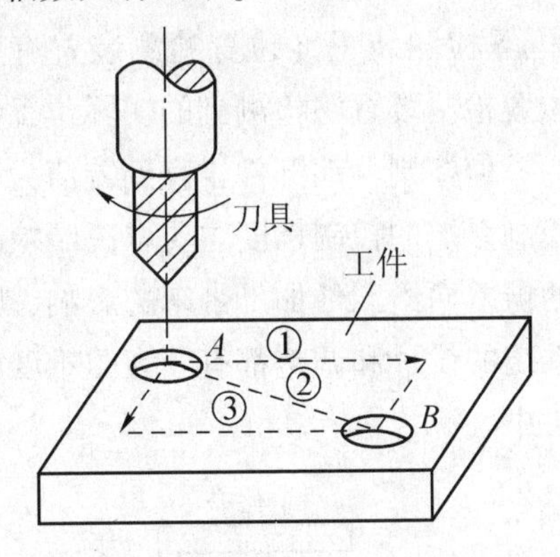

图1.7 点位控制的切削加工

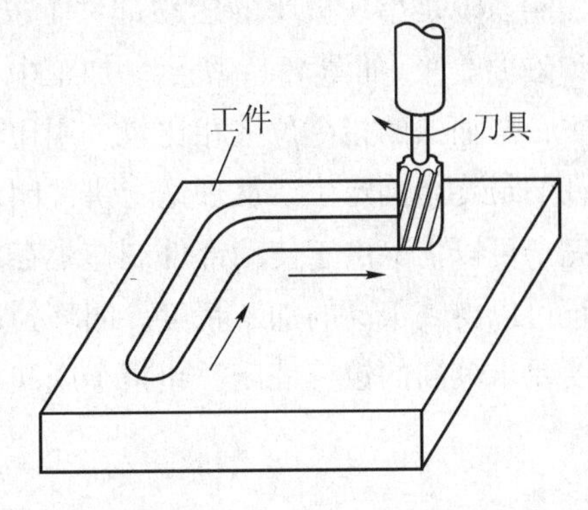

图1.8 直线控制的切削加工

3. 轮廓控制的数控机床

轮廓控制又称为连续控制，大多数数控机床都具有轮廓控制功能。其特点是能同时控制两个以上的轴，且具有插补功能。它不仅要控制起点和终点位置，而且要控制加工过程中每一点的位置和速度，从而加工出任意形状的曲线或曲面组成的复杂零件，如图1.9所示。轮廓控制的数控机床主要有两坐标及两坐标以上的数控铣床，可以加工回转曲面的数控机床、加工中心等。

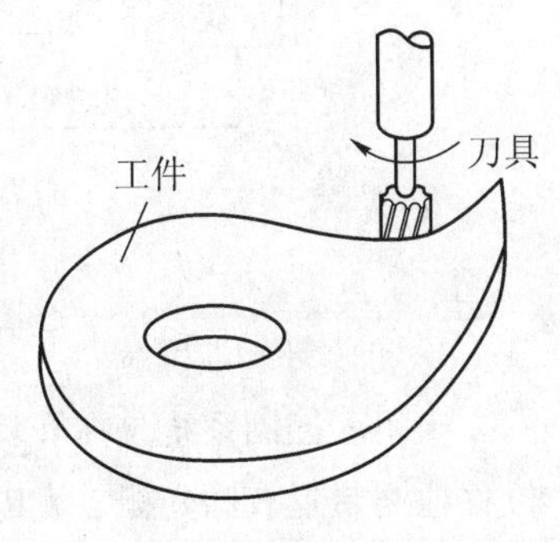

图1.9 轮廓控制切削加工

1.2.2 按控制方式进行分类

1. 开环控制数控机床

开环控制数控机床没有检测反馈装置，数控装置发出的指令信号流程是单向的，其精度主要决定于驱动元件和伺服电动机的性能。开环控制数控机床所用的电动机主要是步进电动机，移动部件的速度与位移由输入脉冲的频率和脉冲数决定，位移精度主要取决于该系统各有关零部件的精度。

开环控制系统具有结构简单、系统稳定、容易调试、成本低廉等优点，但是系统对移动部件的误差没有补偿和校正，所以精度低，位置精度通常为±0.01～±0.02 mm，一般适用于经济型数控机床。图1.10所示为开环数控系统示意图。

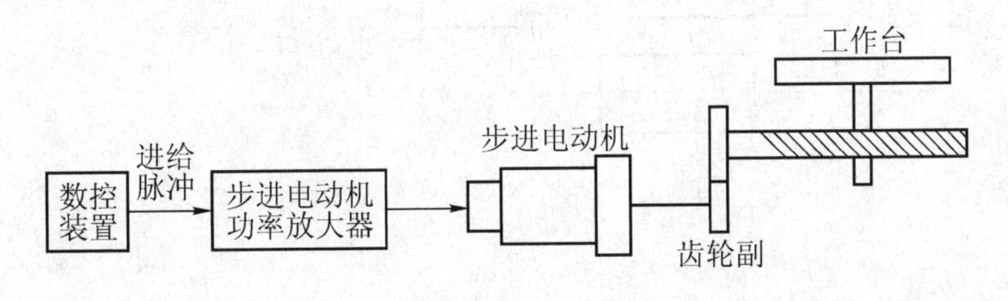

图1.10 开环数控系统示意图

2. 闭环控制系统

闭环控制系统是指在机床的运动部件上安装位置检测装置（位置检测装置有光栅、感应同步器和磁栅等），如图1.11所示。加工中，位置检测装置将检测到的实际位置值反馈到数控装置中，与输入的指令位移相比较，用比较的差值控制移动部件，直到差值为零，即实现移动部件的最终精确定位。从理论上讲，闭环控制系统的控制精度主要取决于检测装置的精度，它完全可以消除由于传动部件制造中存在的误差而给工件加工带来的影响，因此，这种控制系统可以得到很高的加工精度。闭环控制系统的设计和调整都有较大的难度，主要用于一些精度要求较高的镗、铣床，超精车床和加工中心等。

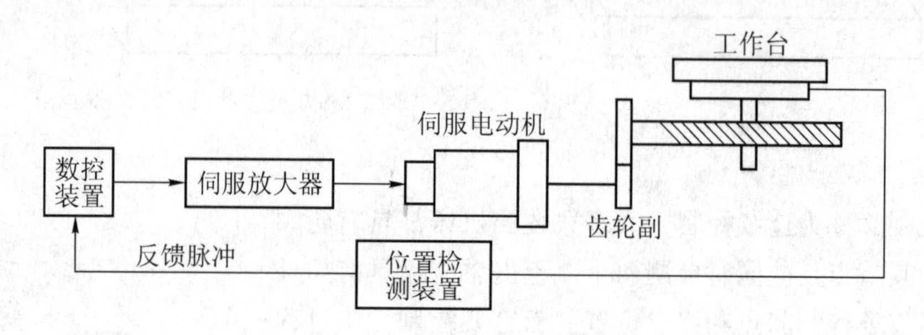

图1.11　闭环控制系统示意图

3. 半闭环控制系统

半闭环控制系统是在开环系统的丝杠上或进给电动机的轴上装有角位移检测装置（角位移检测装置有圆光栅、光电编码器及旋转式感应同步器等）。该系统不是直接测量工作台的位移量，而是通过检测丝杠转角间接地测量工作台的位移量，然后反馈给数控装置，如图1.12所示。这种控制系统实际控制的是丝杠的传动，而丝杠螺母副的传动误差无法测量，只能靠制造保证，因此，半闭环控制系统的精度低于闭环系统。但由于角位移检测装置比直线位移检测装置结构简单，安装调试方便，因此，配有精密滚珠丝杠和齿轮的半闭环控制系统正在被广泛地采用。目前，已逐步将角位移检测装置和伺服电动机设计成一个部件，使系统变得更加简单，安装、调试更加方便，中档数控机床广泛采用半闭环控制系统。

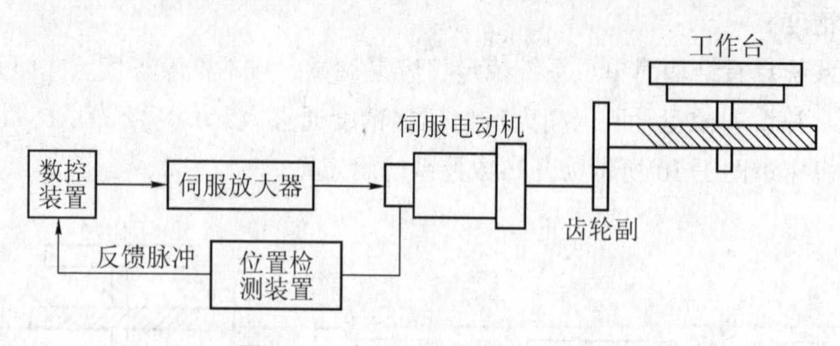

图1.12　半闭环控制系统示意图

1.2.3 按功能水平进行分类

1. 经济型数控机床

在计算机中一般用一个微处理器作为主控单元，伺服系统大多使用步进电动机驱动，采用开环控制方式，脉冲当量为0.01～0.005 mm/脉冲，机床的快速移动速度为5～8 m/min，精度较低，功能较简单，用数码管或简单的阴极射线管（Cathode Ray Tube，CRT）字符显示，基本具备了计算机控制数控机床的主要功能。

2. 全功能型数控机床

在计算机中采用2～4个微处理器进行控制，其中一个是主控微处理器，其余为从属微处理器。主控微处理器可完成用户程序的数据处理、粗插补运算、文本和图形显示等；从属微处理器可在主控微处理器的管理下，完成对外围设备，主要是伺服控制系统的控制和管理，从而实现同时对各坐标轴的连续控制。

全功能型数控机床允许的最大速度一般为8～24 m/min，脉冲当量为0.01～0.001 mm/脉冲，伺服系统采用交、直流伺服电动机，广泛用于加工形状复杂或精度要求较高的工件。

3. 精密型数控机床

精密型数控机床采用闭环控制，它不仅具有全功能型数控机床的全部功能，而且机械系统的动态响应较快。其脉冲当量一般小于0.001 mm/脉冲，适用于精密和超精密加工。

1.3 数控系统的发展趋势

1.3.1 数控技术的发展趋势

数控技术是20世纪40年代后期为适应复杂外形零件的加工而发展起来的一种自动化技术，其研究起源于飞机制造业。1949年美国帕森（Parsons）公司接受美国空军委托，研制一种计算控制装置，用来实现飞机、火箭等复杂零部件的自动化加工。于是，该公司提出了用数字信息来控制机床自动加工外形复杂零件的设想，并与美国麻省理工学院（Massachusetts Institute of Technology，MIT）伺服机构研究所合作，于1952年研制成功了世界上第一台数控机床——三坐标立式数控铣床，可控制铣刀进行连续的空间曲面加工，由此拉开了数控技术研究的序幕。

目前，随着生产技术的发展，对产品的性能要求越来越高，产品改型频繁，采用多品种小批量生产方式的企业越来越多，这就要求数控机床向着高速化、高精度化、复合化、系统化、智能化、环保化、开放式方向发展。

1. 数控系统高速化和高精度化

目前，数控机床正向着高速化和高精度化方向发展，主轴转速可达10 000～40 000 r/min，进给速度可达30 m/min，快速移动可达100 m/min，加速度可达1g，换刀时间可达1.5 s，加工中心的定位精度约为±5 μm，有的可达到±1 μm。

日本开发的超精密非球面加工机砂轮轴转速为40 000 r/min，采用系统控制，*C*轴分度为0.000 1°，*X*、*Y*、*Z*轴控制的分辨率可达1 nm。

北京机床研究所研制的纳米超精车床，采用气浮主轴轴承，可加工的最大直径为ϕ800 mm，长度为400 mm，采用纳米级光栅尺全闭环控制，分辨率为5 nm，加工零件的圆度为0.1 μm，面形精度为0.2 μm/ϕ50 mm，表面粗糙度为*Ra*0.008 μm（铅材、无氧铜）。

为达到这样的速度和精度，数控系统、伺服系统必须采取措施，使其具有相适应的速度和控制精度。

2. 数控系统智能化、信息化

由于微电子、超大规模集成电路等各种技术的发展，数控系统实现智能化变为可能。智能化的数控系统可以解决数控机床的故障诊断并提出排除的方法，也可以更广泛地深入解决加工中的技术问题。

信息技术（Information Technology，IT）是21世纪的重要发展潮流，数控机床将会广泛地应用IT技术实现控制、监视、诊断、补偿、调整等功能，提高机床无人化、智能化、集成化水平；利用IT网络将机床与工段、车间、工厂、外界数据库等进行联系，进一步实现制造、管理、经营、销售、服务等方面之间的网络化，即向计算机集成制造系统方向发展。

3. 数控系统高可靠性

数控系统比较贵重，用户期望发挥投资效益，要求设备可靠。特别是对于在长时间无人操作环境下运行的数控系统，可靠性成为人们最为关注的问题。提高可靠性通常可采取如下措施：

（1）提高线路集成度

采用大规模或超大规模的集成电路、专用芯片及混合式集成电路，以减少元器件的数量，精简外部连线和减低功耗。

（2）建立由设计、试制到生产的一整套质量保证体系

例如，采取防电源干扰，输入/输出光电隔离；使数控系统模块化、通用化及标准化，以便于组织批量生产及维修；在安装制造时注意严格筛选元器件；对系统的可靠性进行全面的检查、考核等，通过这些手段均可保证产品质量。

（3）增强故障自诊断功能和保护功能

数控系统可能由于元器件失效、编程及人为操作错误等出现故障。数控系统一般具有故障自诊断功能，能够对硬件和软件进行故障诊断，自动显示出故障的部位及类型，以便快速排除故障。新型数控系统具有故障预报和自恢复功能。此外，还要注意增强监控与保护功能，例如，有的系统设有刀具破损检测、行程范围保护和断电保护等功能，以避免损坏机床和报废工件。由于采取了各种有效的可靠性措施，现代数控系统的平均无故障时间（Mean Time Between Failures，MTBF）可达到10 000～36 000 h。

4. 开放式数控系统

传统的数控系统是一种专用封闭式系统。在计算机技术飞速发展的今天，商业和办公自动化的软、硬件系统的开放性已经非常好，如果计算机的任何一个软、硬件出了故障，都可以很快从市场买到它并加以解决，而这在传统封闭式数控系统中是做不到的。为克服传统数控系统的缺点，数控系统正朝着开放式数控系统的方向发展。目前，其主要形式是基于计算机的数控系统。

开放式数控系统的特点可以归纳为以下几个：

（1）价格较低

由于开放式数控系统具有较强的可移植性，故其开发费用大大下降，维修更简易，质量更可靠，性能更加完善，增强了开放式数控系统的市场竞争能力。

（2）模块化设计

开放式数控系统中的各模块相互独立，可以让用户在较大范围内根据要求配置系统，如机床轴数、I/O 点数等，而当系统硬件改变时，只需简单修改数控系统软件，即可满足要求。模块化设计使得开放式数控系统具有更大的灵活性，更能适应市场的动态变化。

（3）丰富友好的人机界面

机床制造商或用户可在开放式环境下用不同的编程语言，随心所欲地开发最适合自己用途的人机界面，完善自己的数控系统，如某些特殊机床的专属控制功能，而不必过多地考虑数控系统控制器的核心部分。

（4）方便地挂上第三方的应用软件

具有优良性能的开放式数控系统能方便地挂上第三方的应用软件，如各种 CAD/CAM 软件、测试软件或管理软件，以满足要求。开放式数控系统可集众家之长，其优势是不言而喻的。

（5）支持多种操作平台

开放式数控系统比以前的专属数控系统能更好地支持各种不同的操作平台，如 Windows、Windows NT、Unix、OS2 等。

1.3.2 数控伺服系统的发展

伺服系统是数控系统的重要组成部分，伺服系统的静态和动态性能直接影响数控机床的定位精度、加工精度和位移速度。当前，伺服系统的发展趋势如下。

1. 全数字式控制系统

伺服系统传统的位置控制是将位置控制信号反馈至数控系统，与位置指令比较后输出速度控制模拟信号至伺服驱动装置；而全数字式数控系统的位置比较是在伺服驱动装置中完成的，数控系统仅输出位置指令的数字信号至伺服驱动装置。

另外，直流伺服系统逐渐被交流数字伺服系统所代替。在全数字式控制系统中，位置环、速度环和电流环等参数均实现了数字化，实现了几乎不受负载变化影响的高速响应的伺服系统。

2. 采用高分辨率的位置检测装置

现代数控机床的位置检测大多采用高分辨率的光栅和光电编码器，必要时采用细分电路，以进一步提高分辨率。

3. 软件补偿

现代数控机床利用数控系统的补偿功能，通过参数设置，对伺服系统进行多种补偿，如位置环增益、轴向运动误差补偿、反向间隙补偿及丝杠螺距累积误差补偿等。

4. 前馈控制

传统的伺服系统是将指令位置和实际位置的偏差乘以位置环增益作为速度指令，经伺服驱动装置拖动伺服电动机，这种方式总是存在位置跟踪滞后误差，使得在加工拐角及圆弧时加工情况恶化。通过前馈控制，可使位置跟踪滞后误差大为减小，从而提高位置控制精度。

5. 机械静、动摩擦的非线性控制技术

机床静、动摩擦的非线性会导致爬行现象，除采取降低静摩擦的措施外，新型的伺服系统还具有自动补偿机械系统静、动摩擦非线性的控制功能。

1.3.3 以数控机床为基础的自动化生产系统

加工中心、网络控制技术、信息技术的发展，为单机数控向计算机控制的多机控制系统发展创造了必要的条件。已经出现的计算机直接数控系统（Distributed Numerical Control，DNC）、柔性制造单元（Flexible Manufacturing Cell，FMC）、柔性制造系统（Flexible Manufacturing System，FMS）及计算机集成制造系统（Computer Integrated Making System，CIMS），都是以数控机床为基础的自动化生产系统。

1. 计算机直接数控系统（DNC）

计算机直接数控系统就是用一台中央计算机直接控制和管理一群数控设备，进行零件加工或装配的系统，因此，也称它为计算机群控系统，或计算机分布式数控系统。在计算机直接数控系统中，各台数控机床都有各自独立的数控系统，并与中央计算机组成计算机网络，实现分级控制管理。中央计算机不仅能用于编制零件的程序，以控制数控机床的加工过程，而且能控制工件与刀具的输送，同时具有生产管理、工况监控及刀具寿命管理等能力，形成一条由计算机控制的数控机床自动生产线。

2. 柔性制造单元（FMC）和柔性制造系统（FMS）

柔性制造单元由加工中心（Machining Center，MC）与工件自动交换装置（Automatic Pallet Changer，APC）组成，同时，数控系统还增加了自动检测与工况自动监控等功能，如工件尺寸测量补偿、刀具损坏和寿命监控等。柔性制造单元既可以作为组成柔性制造系统的基础，也可以用作独立的自动化加工设备。

柔性制造系统是在计算机直接数控系统的基础上发展起来的一种高度自动化加工生产线，由数控机床、物料和工具自动搬运设备、产品零件自动传输设备、自动检测和试验设备等组成。这些设备及控制分别组成了加工系统、物流系统和中央管理系统。

柔性制造系统是当前机械制造技术发展的方向，能解决机械加工中高度自动化和高度柔性化的矛盾，使两者有机地结合于一体。

3. 计算机集成制造系统（CIMS）

计算机集成制造系统的核心是一个公用的数据库，对信息资源进行存储与管理，并与各个计算机系统进行通信。在此基础上，需要有3个计算机系统：一是进行产品设计与工艺设计的计算机辅助设计与计算机辅助制造系统，即CAD/CAM；二是计算机辅助生产计划与计算机生产控制系统，即CAP/CAC（Computer Aided Planning/Computer Aided Construction），此系统可对加工过程进行计划、调度与控制，柔性制造系统是这个系统的主体；三是计算机工厂自动系统，它可以实现产品的自动装配与测试、材料的自动运输与处理等。在上述3个计算机系统的外围，还需要利用计算机进行市场预测、编制产品发展规划、分析财政状况以及进行生产管理与人员管理。虽然计算机集成制造系统涉及的领域相当广泛，但数控机床仍然是计算机集成制造系统不可缺少的基本工作单元。

复习思考题

1. 什么叫数控技术？
2. 数控机床控制系统由哪几部分组成？
3. 进给伺服系统的作用是什么？
4. 数控系统按被控对象运动轨迹分为哪几类？
5. 轮廓控制、点位控制和点位直线控制各有何特点？
6. 说明闭环、半闭环和开环伺服系统的组成及各自的特点。
7. 数控系统按功能水平分类，可分为哪几类？
8. 简述数控技术的发展趋势。
9. 为什么说数控技术是柔性制造系统、计算机集成制造系统的基础？

第2章
数控机床低压电器控制

学习目标

1. 掌握数控机床常用低压电器的工作原理与选用方法；
2. 了解数控机床强电控制系统的基本环节；
3. 熟练掌握数控机床典型强电控制线路的分析方法。

内容提要

本章主要介绍数控机床强电控制线路中常用低压电器的结构组成、工作原理、图形符号和文字符号、选用原则等方面的知识；对机床中常用继电器、接触器的控制，包括各种电动机的启动、运行、制动等基本控制线路也做了详细的介绍，并通过读图，分析一些典型机床电气线路，使学生掌握阅读电气原理图的方法，培养读图能力。

2.1 数控机床常用低压电器的工作原理与选用

2.1.1 开关电器

1. 刀开关

(1) 刀开关的结构和工作原理

刀开关（又称为闸刀开关）结构简单，由操作手柄、触刀、静夹座和绝缘底板组成。图 2.1 所示为刀开关的典型结构。在机床上，刀开关主要用来接通和断开工作设备的电源。

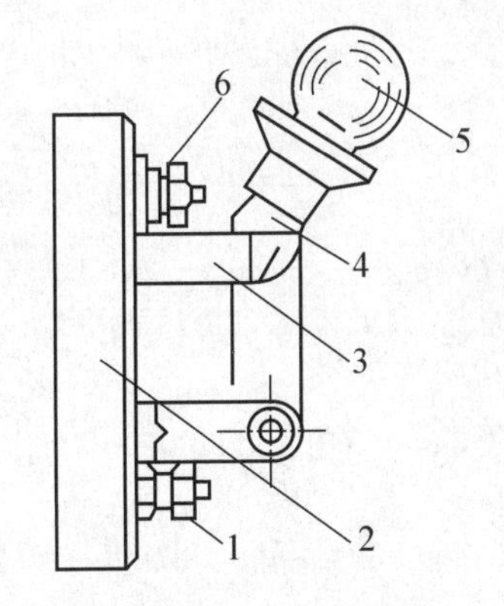

图 2.1 刀开关的典型结构

1—出线座；2—底板；3—静夹座；4—触刀；5—手柄；6—进线座

刀开关的种类很多，按刀的极数可分为单极、双极和三极，按刀的转换方向可分为单投和双投，按操作方式可分为直接手柄操作式和远距离连杆操纵式，常用的刀开关有开启式负荷开关和封闭式负荷开关。

① 开启式负荷开关

开启式负荷开关又名瓷底胶盖闸刀开关，图 2. 2 所示为 HK 系列闸刀开关结构示意图。它由刀开关和熔断器组合而成，装在瓷底板上。这种结构简单、价格低廉，常用作照明电路的电源开关，也可用来控制不经常启停的小容量电动机。

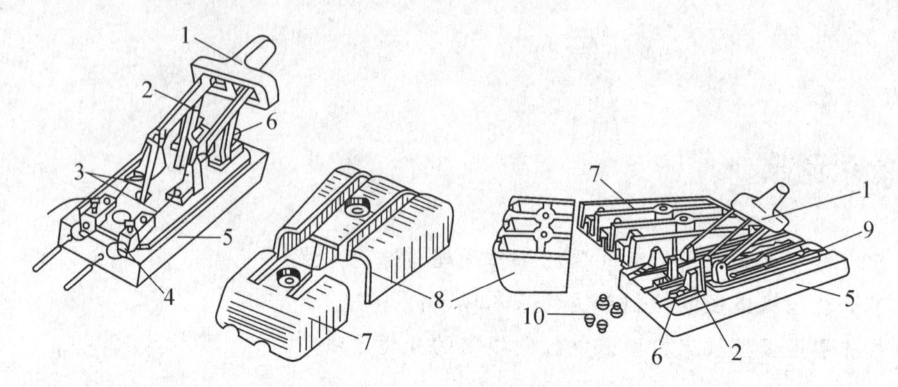

图 2. 2　HK 系列闸刀开关结构示意图

1—瓷质手柄；2—静夹座；3—熔丝；4—出线座；5—瓷座；6—进线座；
7—下胶盖；8—上胶盖；9—出线手柄；10—胶盖紧固

安装刀开关时，手柄要向上，不能倒装或平装。如果倒装，拉闸后手柄可能因自重下落而引起误合闸。接线时，电源进线应该接在静触点一边的进线端（进线端应在上方)，用电设备应在动触点一边的出线端，这样当开关断开时，闸刀和熔丝均不带电，以保证更换熔丝时的安全。

② 封闭式负荷开关

封闭式负荷开关又名铁壳开关。图 2. 3 所示为常用的 HH 系列铁壳开关结构示意图。它由刀开关、熔断器、灭弧装置、操作机构和金属外壳等组成。

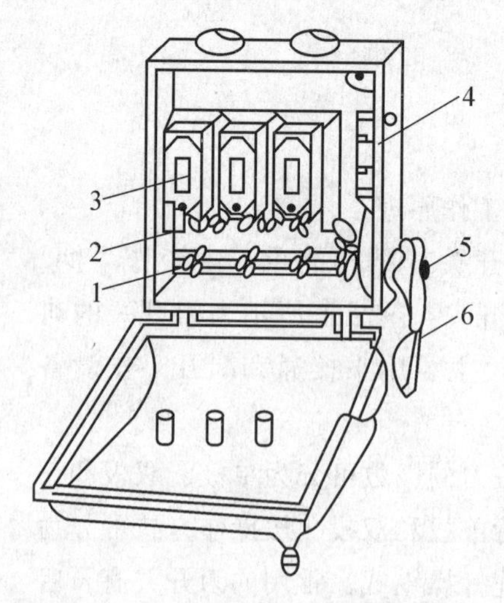

图 2. 3　HH 系列铁壳开关结构示意图

1—U 形开关；2—静夹座；3—熔断器；4—弹簧；5—转轴；6—操作手柄

铁壳开关的操作机构具有以下两个特点：一是设有连锁装置，保证开关盖在合闸状态下不能开启，而开启时不能合闸，以保证操作安全；二是采用储能分合闸方式。操作机构中，在手柄转轴与底座之间装有速动弹簧，使开关快速接通与断开，而与手柄的操作速度无关，这样有利于迅速灭弧。

操作时，人要在铁壳开关的手柄侧，不要面对开关，以免意外故障使开关爆炸，铁壳飞出伤人。开关外壳应可靠接地，以防止意外漏电而造成触电事故。

（2）刀开关的主要技术参数和电气符号

刀开关的主要技术参数有额定电压、额定电流、通断能力、热稳定电流、动稳定电流等。下面重点介绍热稳定电流和动稳定电流。

热稳定电流是指当电路发生短路故障时，刀开关在一定时间（通常为1 s）内通过某一短路电流，但并不会因温度急剧上升而产生熔焊现象，这一最大短路电流称为刀开关的热稳定电流。

动稳定电流是指当电路发生短路故障时，刀开关并不因短路电流产生的电动力作用而发生变形、损坏或触刀自动弹出等现象，这一短路电流峰值即为刀开关的动稳定电流。

一般刀开关的热稳定电流和动稳定电流都可达到额定电流的数十倍。

目前，常用的刀开关有HD系列刀形隔离器、HS系列双投刀开关、HK系列胶盖刀开关、HH系列负荷开关及HR系列熔断器式刀开关。刀开关的图形符号和文字符号如图2.4所示。

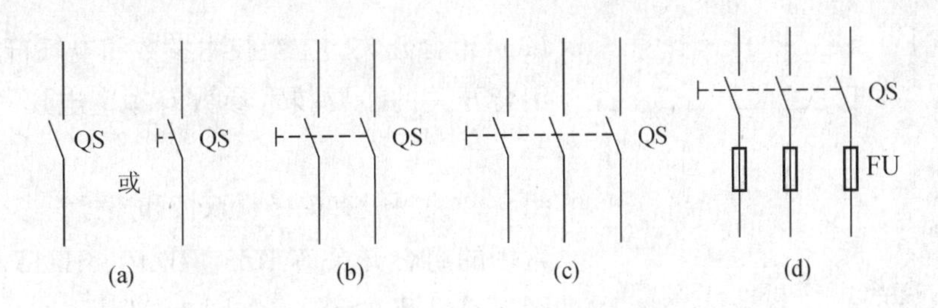

图2.4 刀开关的图形符号和文字符号

（a）单极；（b）双极；（c）三极；（d）三极刀熔开关

（3）刀开关的选用原则

① 根据使用场合选择刀开关的类型、极数和操作方式。

② 刀开关的额定电压应大于或等于线路电压。

③ 刀开关的额定电流应大于或等于线路的额定电流。对于普通负载，刀开关可以根据额定电流来选择。而对于电动机负载，开启式刀开关的额定电流可选电动机额定电流的3倍，封闭式刀开关的额定电流可选电动机额定电流的1.5倍。

2. 组合开关

组合开关又称为转换开关，实质上也是一种刀开关，主要用作电源的引入开关。与普通刀开关不同的是，组合开关的刀片是旋转式的，比普通刀开关轻巧且易于组合，是一种多触点、多位置，可控制多个回路的电器，一般用于非频繁地通断电路、换接电路和负载，测量三相电压以及控制小容量感应电动机，也可作为机床照明电路中的控制开关。

(1) 组合开关的结构组成和工作原理

组合开关由动触点（动触片）、静触点（静触片）、转轴、手柄、定位机构及外壳等部分组成，其外形如图 2.5 所示。根据动触片和静触片的不同组合，组合开关有多种接线方式，其结构如图 2.6 所示。

图 2.5 组合开关的外形图

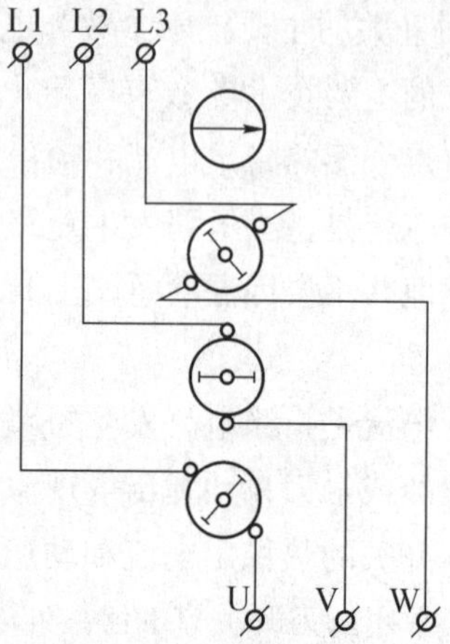

图 2.6 组合开关结构示意图

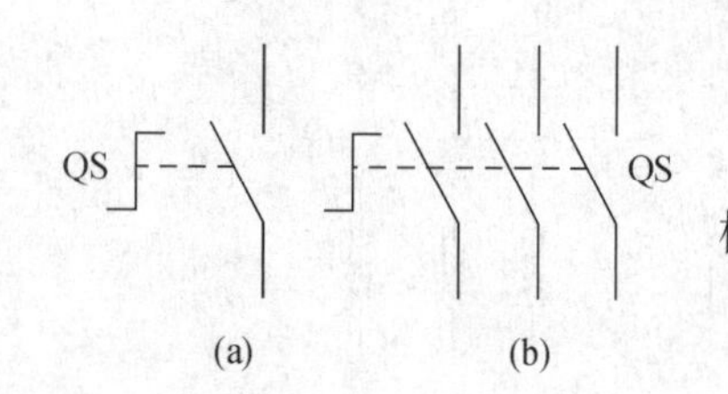

图 2.7 组合开关的图形符号和文字符号

(2) 组合开关的主要技术参数和电气符号

组合开关的主要技术参数有额定电压、额定电流、极数等。

组合开关一般有单极、双极和三极。

常用的组合开关有 HZ5、HZ10、HZ15 等。组合开关的图形符号及文字符号如图 2.7 所示。

(3) 组合开关的选用原则

① 组合开关作为电源的引入开关时，其额定电流应大于电动机的额定电流。

② 用组合开关控制小容量（5 kW 以下）电动机的启动、停止时，其额定电流应为电动机额定电流的 3 倍。

3. 低压断路器

低压断路器又称为自动空气开关，它不但能用于正常工作时不频繁接通和断开的电路，而且当电路发生过载、短路或失压等故障时，能自动切断电路，有效地保护串接在它后面的电气设备。因此，低压断路器在机床上的使用越来越广泛。机床上常用的低压断路器有 DZ10、DZ5－20 和 DZ5－50 系列。

(1) 低压断路器的结构组成和工作原理

低压断路器主要由触点系统、操作机构和脱扣器等部分组成，其外形如图 2.8 所示。图

2. 9 所示为低压断路器结构示意图。开关的主触头是靠操作机构手动或电动合闸的，并由自动脱扣机构将主触头锁在合闸位置上。如果电路发生故障，自由脱扣机构将在有关脱扣器的推动下动作，使钩子脱开，于是，主触头在弹簧的作用下迅速分断。过电流脱扣器的线圈和热脱扣器的热元件与主电路串联，欠压脱扣器的线圈与电路并联。当电路发生短路或严重过载时，过电流脱扣器的衔铁被吸合，使自由脱扣机构动作。当电路过载时，热脱扣器的热元件产生的热量增加，使双金属片向上弯曲，推动自由脱扣机构动作。当电路欠压时，欠压脱扣器的衔铁释放，使自由脱扣机构动作。分断脱扣器则作为远距离控制分断电路之用。

图 2.8　低压断路器的外形图

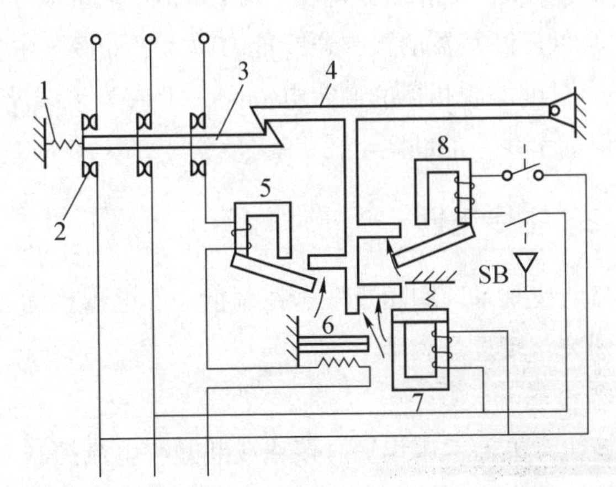

图 2.9　低压断路器结构示意图

1—弹簧；2—主触头；3—传动杆；4—锁扣；5—过电流脱扣器；6—过载脱扣器；7—欠压脱扣器；8—分断脱扣器

(2) 低压断路器的主要技术参数和电气符号

① 额定电压

低压断路器的额定电压包括额定工作电压、额定绝缘电压和额定脉冲电压。

② 额定电流

低压断路器的额定电流是指额定持续电流，即脱扣器能长期通过的电流，对可调式脱扣器则为可长期通过的最大电流。

③ 通断能力

通断能力也称为额定短路通断能力，是指断路器在给定电压下接通和分断的最大电流值。

④ 分断能力

分断能力是指切断故障电流所需要的时间，包括固有的断开时间和燃弧时间。

低压断路器型号繁多、品种复杂，按其用途和结构形式可分为框架式和塑壳式两大类。

低压断路器的图形符号和文字符号如图 2. 10 所示。

(3) 低压断路器的选用原则

① 应根据使用场合和保护要求选择低压断路器的类型，一般选用塑壳式断路器；额定电流较大或有选择性保护要求时，采用框架式断路器；短路电流较大时，选用限流型断路器。

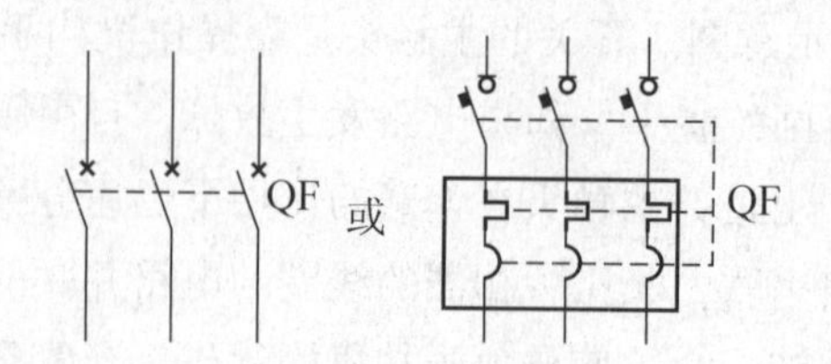

图 2.10 低压断路器的图形符号和文字符号

② 低压断路器的额定电压、额定电流应大于或等于线路、设备的正常工作电压、工作电流。

③ 低压断路器的极限通断能力应大于或等于电路的最大短路电流。

④ 过电流脱扣器的额定电流应大于或等于线路的最大负载电流。欠电压脱扣器的额定电压应等于线路的额定电压。

2.1.2 主令电器

自动控制系统中用于发送控制指令的电器称为主令电器。常用的主令电器有按钮开关、行程开关、接近开关等。

1. 按钮开关

按钮开关通常用作短时接通或断开小电流控制电路的开关，通常用于控制电路中发出启动或停止等指令，通过接触器、继电器等控制电器接通或断开主电路。

(1) 按钮开关的结构组成和工作原理

按钮开关由按钮帽、复位弹簧、桥式触头、静触头和外壳组成，其外形如图 2.11 所示。按钮开关通常制成具有常开触头和常闭触头的复合结构，如图 2.12 所示。

图 2.11 常用按钮外形图

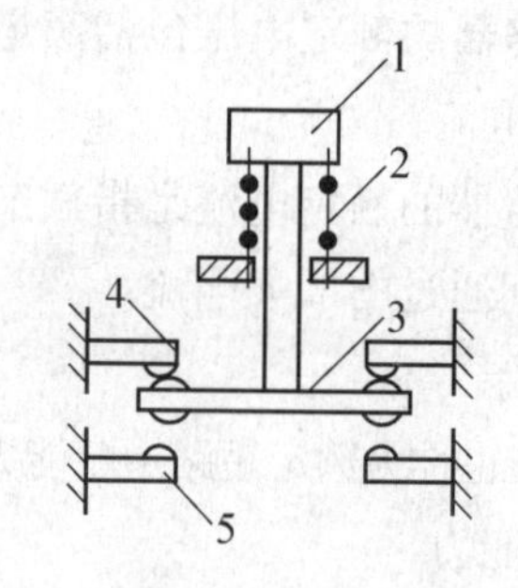

图 2.12 按钮结构示意图

1—按钮帽；2—复位弹簧；3—动触头；4—常闭静触头；5—常开静触头

按钮的结构形式很多，紧急式按钮装有突出的蘑菇形钮帽，用于紧急操作；旋钮式按钮用于旋转操作；指示灯式按钮在透明的钮帽内装有信号灯显示信号；钥匙式按钮须插入钥匙方可操作。按钮帽有多种颜色，一般红色用作停止按钮，绿色用作启动按钮。

(2) 按钮开关的主要技术参数和电气符号

按钮开关的主要技术参数有规格、结构形式、触点对数和颜色等。

按钮开关的图形符号及文字符号如图 2.13 所示。

(3) 按钮开关的选用原则

① 根据用途选择按钮开关的形式，如紧急式、钥匙式、指示灯式等。

② 根据使用环境选择按钮开关的种类，如开启式、防水式、防腐式等。

③ 按工作状态和工作情况的要求，选择按钮开关的颜色。

2. 行程开关

行程开关又称为位置开关，是根据运动部件的位置而切换电路的自动控制电器，其外形如图 2.14 所示。动作时，由挡块与行程开关的滚轮相碰撞，使其触点动作，将机械信号变为电信号，接通、断开或变换某些控制电路的指令，从而控制运动部件的运动方向、行程大小或位置保护。行程开关种类很多，按结构可分为直动式、滚动式、微动式和旋转式。图 2.15 和图 2.16 所示分别为微动式和旋转式行程开关结构示意图。

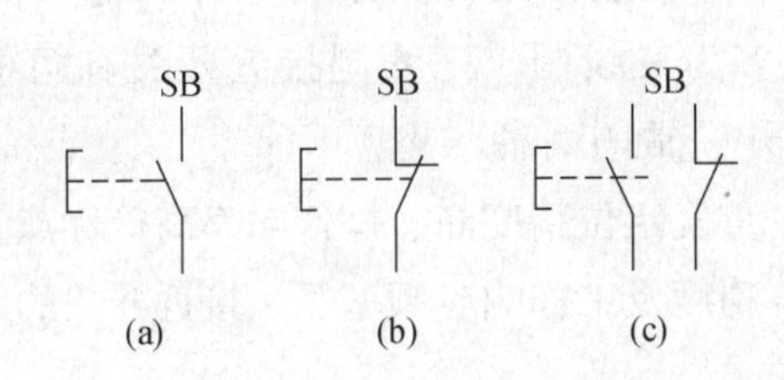

图 2.13　按钮开关的图形符号和文字符号

(a) 常开触头；(b) 常闭触头；(c) 复式触头

图 2.14　行程开关外形图

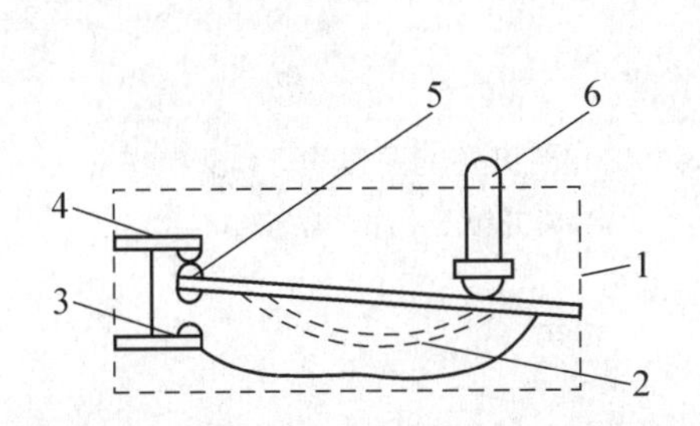

图 2.15　微动式行程开关结构示意图

1—壳体；2—弓簧片；3—常开触点；

4—常闭触点；5—动触点；6—推杆

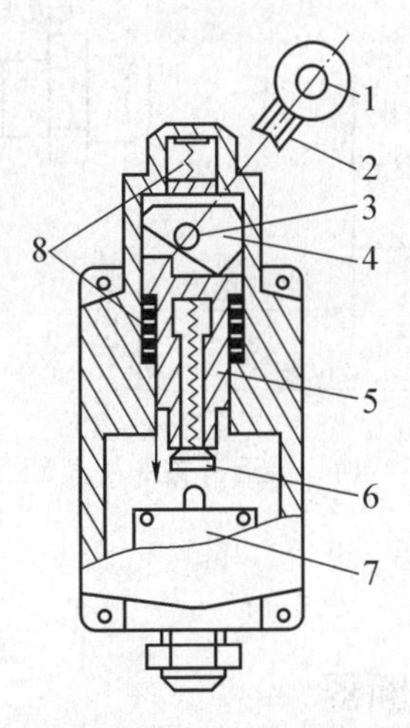

图 2.16　旋转式行程开关结构示意图

1—滚轮；2—杠杆；3—转轴；4—凸轮；5—撞块；

6—调节螺钉；7—微动开关；8—复位弹簧

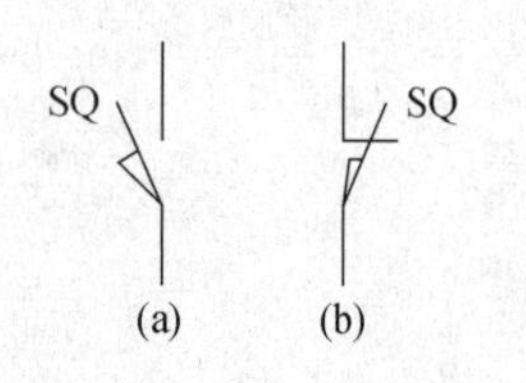

图 2.17 行程开关的图形符号和文字符号
（a）常开触点；（b）常闭触点

行程开关的图形符号和文字符号如图 2.17 所示。

3. 接近开关

接近开关又称为无触点行程开关。当运动着的物体在一定范围内与之接近时，接近开关就会发出物体接近而“动作”的信号，以不直接接触的方式控制运动物体的位置。

接近开关按工作原理来区分，有高频振荡型、电容型、感应电桥型、永久磁铁型、霍尔效应型等多种，其中以高频振荡型最为常用。高频振荡型接近开关的电路由振荡器、晶体管放大器和输出电路三部分组成。其基本原理是：当装在运动部件上的金属物体接近高频振荡器的线圈 L（称为感辨头）时，由于该物体内部产生涡流损耗，使振荡回路等效电阻增大，能量损耗增加，振荡器减弱直至终止，开关输出控制信号。

接近开关应根据其使用目的、使用场所的条件以及与控制装置的相互关系等来选择，要注意检测物体的形状、大小、有无镀层，检测物体与接近开关的相对移动方向及其检测距离等因素。检测距离也称为动作距离，是接近开关刚好动作时感辨头与检测体之间的距离，如图 2.18 所示。接近开关多为三线制。三线制接近开关有两根电源线（通常为 24 V）和一根输出线。输出有常开、常闭两种状态。

接近开关具有工作稳定可靠、使用寿命长、重复定位精度高、操作频率高等优点，其主要参数有工作电压、输出电流、动作距离、重复精度及工作响应频率等。接近开关的图形符号和文字符号如图 2.19 所示。

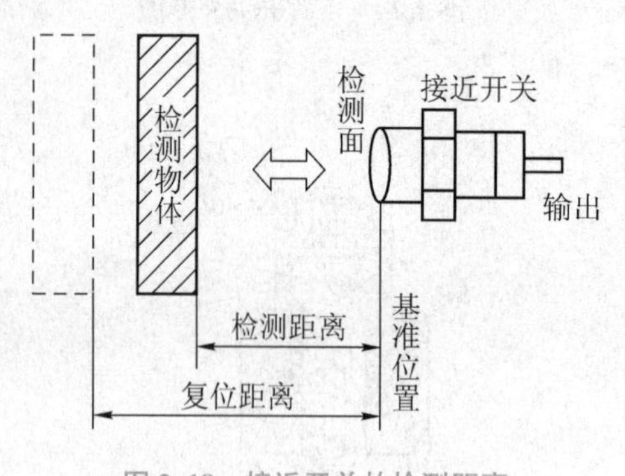

图 2.18 接近开关的检测距离

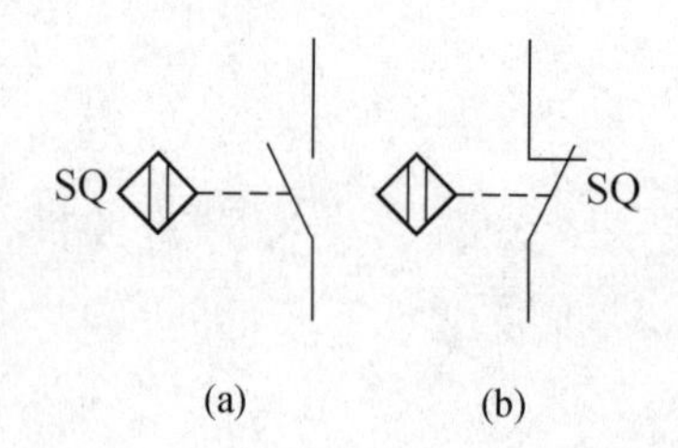

图 2.19 接近开关的图形符号和文字符号
（a）常开触点；（b）常闭触点

2.1.3 熔断器

熔断器是一种利用熔化作用而切断电路的保护电器。在使用时，熔断器串接在所保护的电路中，当电路发生短路或严重过载时，它的熔体会自动迅速熔断，从而切断电源，使导线和电气设备不致损坏。

1. 熔断器的结构组成和工作原理

熔断器主要由熔体和绝缘底座组成。熔体一般由熔点低、易于熔断、导电性能良好的合金材料制成。一般情况下，由铅、锡等低熔点金属制成的熔体，主要用在小电流的电路中；由银、铜等较高熔点金属制成的熔体，主要用在大电流的电路中。熔体为一次性使用元件，熔断后再次工作必须换成新的熔体。

在正常负载情况下，熔体温度低于熔断所必需的温度，熔体不会熔断。当电路发生短路或严重过载时，电流增大，熔体温度达到熔断温度而自动熔断，切断被保护的电路。

熔断器种类很多，常用的有无填料瓷插式熔断器、无填料封闭式熔断器、有填料螺旋式熔断器和快速熔断器等。机床上常用 RC1 系列的瓷插式熔断器和 RL1 系列的螺旋式熔断器，它们的结构如图 2. 20 所示。

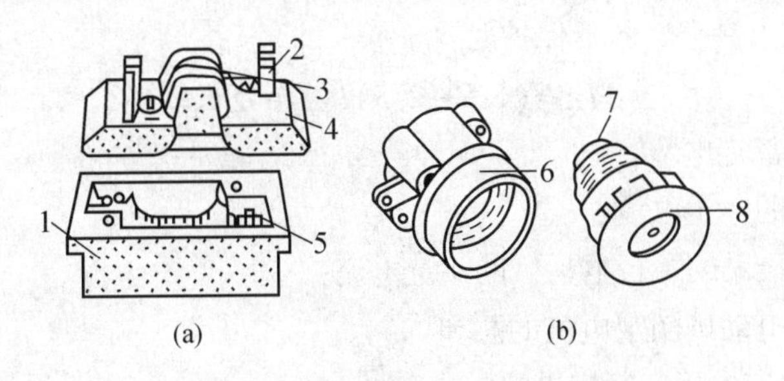

图 2. 20　熔断器结构图

（a）RC1；（b）RL1

1—瓷底座；2—动触头；3—熔体；4—瓷插件；5—静触头；6—瓷帽；7—熔心；8—底座

2. 熔断器的主要技术参数和电气符号

熔断器的主要技术参数有额定电压、额定电流、极限分断电流。

额定电压是指熔断器长期工作时和分断后能够承受的电压，其值一般等于或大于电气设备的额定电压。

额定电流是指保证熔断器能长期正常工作的电流，即长期通过熔体而不使其熔断的最大电流。熔断器的额定电流大于或等于所装熔体的额定电流。

极限分断电流是指熔断器在额定电压下能可靠分断的最大短路电流。它取决于熔断器的灭弧能力，与熔体的额定电流无关。

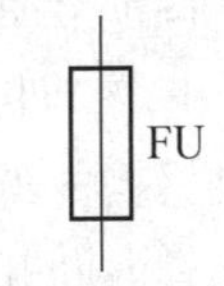

图 2. 21　熔断器的图形符号和文字符号

熔断器的图形符号和文字符号如图 2. 21 所示。

3. 熔断器的选用原则

选择熔断器主要是选择熔断器的类型、额定电压、额定电流及熔体的额定电流。

(1) 熔断器类型的选择

根据负载的保护特性和短路电流的大小，选择熔断器的类型。例如，负载为照明或容量较小的电动机，一般考虑线路的过载保护，宜采用熔断器熔化系数较小的 RC1A 系列熔断器；用于低压配电线路的保护熔断器，一般是考虑短路时的分断能力，当短路电流较大时，宜采用具有高分断能力的 RL1 系列熔断器，当短路电流很大时，宜采用具有限流作用的 RT0 及 RT12 系列熔断器。

(2) 熔体额定电流的选择

对于照明线路等没有冲击电流的电阻性负载，应使熔体的额定电流等于或稍大于电路的工作电流，即：熔体的额定电流≥电路的工作电流。

对于电动机类负载，因其启动电流很大，熔断器只宜用作短、断路保护而不能用作过载保护，考虑启动冲击电流的影响，应按下式计算。

对于单台电动机： $I_{fu} \geq (1.5 \sim 2.5) I_N$

对于多台电动机由一个熔断器保护时：

$$I_{fu} \geq (1.5 \sim 2.5) I_{Nmax} + \sum I_N$$

式中：I_{fu}——熔体的额定电流；

I_N——电动机的额定电流；

I_{Nmax}——功率最大的一台电动机的额定电流；

$\sum I_N$——其余电动机额定电流的总和。

(3) 熔断器的额定电压和额定电流

熔断器的额定电压和额定电流应不小于线路的额定电压和所装熔体的额定电流。

2.1.4 交流接触器

接触器是一种用来频繁地接通或分断带有负载（如电动机）的主电路的自动控制电器。接触器按其主触头通过电流种类的不同，可分为交流、直流两种，机床上应用最多的是交流接触器，下面我们仅介绍交流接触器。

1. 交流接触器的结构和工作原理

交流接触器的外形与结构组成如图 2.22 所示，它由电磁机构、触头系统、灭弧装置及其他部件四部分组成。

(1) 电磁机构

电磁机构由吸引线圈、铁心及衔铁组成。它的作用是将电磁能转换成机械能，并带动触点使之闭合或断开。

(2) 触点系统

触点系统是接触器的执行元件，用来接通和断开电路。接触器的触点系统包括主触点和辅助触点。主触点容量大，用于接通或断开主电路，根据其容量大小，有桥式触点和指形触点两种形式。辅助触点容量小，用在控制电路中起电气自锁或互锁

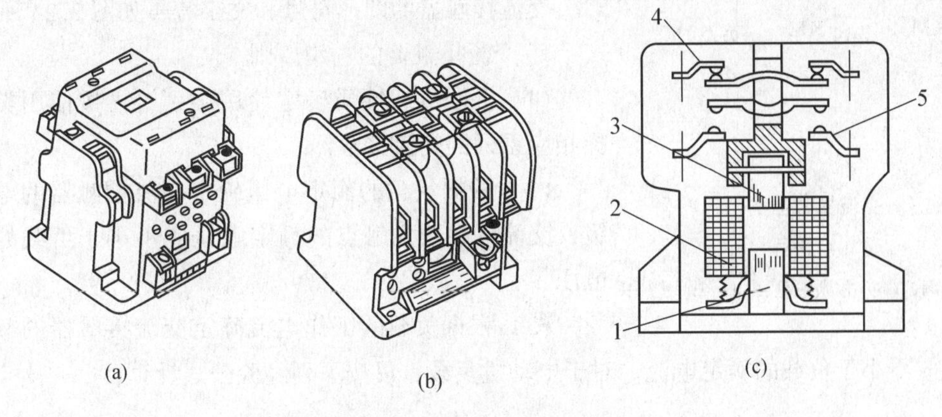

图 2.22　交流接触器的外形与结构示意图

1—静铁心；2—线圈；3—动铁心；4—常闭触点；5—常开触点

作用。

(3) 灭弧装置

当主触点分断大电流时，在动、静触点间会产生强烈的电弧。电弧一方面会烧坏触点，另一方面会使电路切断时间延长，甚至引起事故。为了使接触器可靠工作，必须采用灭弧装置，以使电弧迅速熄灭。容量在 10 A 以上的接触器都有灭弧装置；容量在 10 A 以下的接触器，常采用双断口桥形触点，以利于灭弧。

(4) 其他部件

其他部件包括反作用弹簧、触点压力弹簧、传动机构及外壳等。

当电磁线圈通电后，铁心被磁化产生磁通，由此在衔铁气隙处产生电磁力，将衔铁吸合，主触点在衔铁的带动下闭合，接通主电路，同时，衔铁还带动辅助触点动作，动断辅助触点首先断开，接着动合辅助触点闭合。当线圈断电或外加电压显著降低时，在反力弹簧的作用下，衔铁释放，主触点、辅助触点又恢复到原来的状态。

2. 交流接触器的主要技术参数和电气符号

交流接触器的主要技术参数有额定电压、额定电流、额定操作频率、接通与分断能力等。

交流接触器的额定电压是指主触头的额定电压，一般为 500 V 或 380 V。

交流接触器的额定电流是指主触头的额定电流，有 5 A、10 A、20 A、40 A、60 A、150 A 等几种。

额定操作频率是指交流接触器每小时允许的接通次数，一般为 300 次/h、600 次/h 和 1 200次/h。

交流接触器的接通与分断能力是指主触头在规定条件下，能可靠地接通和分断的电流值。在此电流值下，接通时主触点不应发生熔焊，分断时应能可靠灭弧。

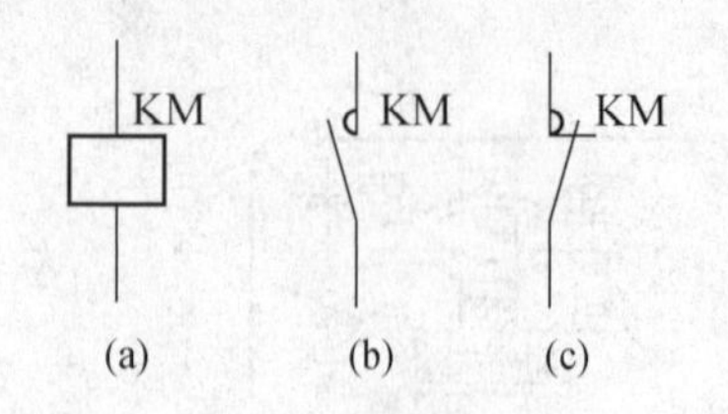

图 2.23　交流接触器的图形符号和文字符号

（a）线圈；（b）常开触头；（c）常闭触头

交流接触器的图形符号和文字符号如图 2.23 所示。

3. 交流接触器的选用原则

（1）根据负载性质确定使用类别，再按使用类别选择相应系列的交流接触器。

（2）根据负载的额定电压确定交流接触器的电压等级，交流接触器主触点的额定电压应不小于负载的额定电压。

（3）根据负载的工作电流确定交流接触器的额定电流，且应不小于负载的额定电流。对于电动机负载，可按下列经验公式计算：

$$I_{\mathrm{C}} = \frac{P_{\mathrm{N}}}{KU_{\mathrm{N}}}$$

式中：I_{C}——交流接触器主触头的电流，A；

P_{N}——电动机的额定功率，kW；

U_{N}——电动机的额定电压，V；

K——经验系数，一般取 1 ~ 1.4。

（4）交流接触器吸引线圈的额定电压一般直接用 380 V 或 220 V，如果为了安全起见，线圈的额定电压可选低一些（如 127 V、36 V 等）。

（5）交流接触器单位时间内接通的次数应在额定范围内。

2.1.5　继电器

继电器是一种根据某种输入信号的变化而接通或断开控制电路，实现控制目的的电器。继电器的输入信号可以是电流、电压等电学量，也可以是温度、速度、时间、压力等非电学量，而输出通常是触头的动作（断开或闭合）。

继电器的种类很多，按工作原理可分电磁式继电器、热继电器、压力继电器、时间继电器、速度继电器等。在机床电气控制中，应用最多的是电磁式继电器。

1. 电磁式继电器

（1）电磁式继电器的结构组成和工作原理

电磁式继电器的结构和工作原理与电磁式接触器相似，也是由电磁机构、触点系统和释放弹簧等部分组成，其外形如图 2.24 所示。触点有动触点和静触点之分，在工作过程中能够动作的称为动触点，不能动作的称为静触点。图 2.25 所示为电磁式继电器结构示意图。

当线圈通电后，铁心被磁化产生足够大的电磁力，吸动衔铁并带动簧片，使动触点和静触点闭合或分开；当线圈断电后，电磁吸力消失，衔铁返回原来的位置，动触点和静触点又恢复到原来的闭合或分开状态。应用时，只要把需要控制的电路接到触点上，就可利用继电器达到控制的目的。电流继电器与电压继电器在结构上的区别主要是线圈不同。电流继电器

图 2.24　电磁式继电器外形图

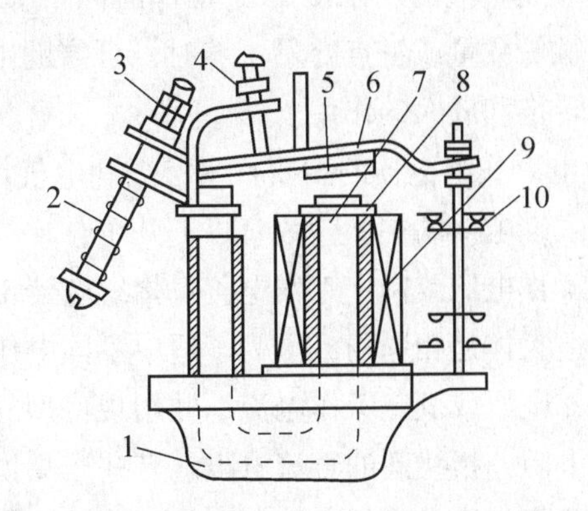

图 2.25　电磁式继电器结构示意图

1—底座；2—反力弹簧；3、4—调整螺钉；5—非磁性垫片；
6—衔铁；7—铁心；8—极靴；9—电磁线圈；10—触点系统

的线圈匝数少、导线粗，与负载串联以反映电路电流的变化。电压继电器的线圈匝数多、导线细，与负载并联以反映其两端的电压。中间继电器实际上也是一种电压继电器，只是它具有数量较多、容量较大的触点，起到中间放大的作用。

① 电流继电器

电流继电器是根据输入电流信号的大小而动作的继电器。在控制电路中，电流继电器的线圈串接在被测量电路中，从而反映电路电流的变化。

电流继电器分为欠电流继电器和过电流继电器。欠电流继电器的吸引电流为线圈额定电流的 30%～65%，释放电流为额定电流的 10%～20%，因此，在电路正常工作时，衔铁是吸合的，只有当电流降低到某一整定值时，继电器才释放输出信号。过电流继电器在电路正常工作时不动作，当电流超过某一整定值时才动作，整定范围通常为 1.1～4 倍的额定电流。欠电流继电器用于电路的欠电流保护和控制，过电流继电器用于电路的过电流保护和控制。

② 电压继电器

电压继电器是根据输入电压信号的大小而动作的继电器。电压继电器与电流继电器相似，不同的是电压继电器的线圈为并联的电压线圈，所以匝数多、导线细、阻抗大。

电压继电器按其性能可分为过电压继电器、欠电压继电器和零电压器。线圈电压高于整定值时动作的继电器称为过电压继电器，整定值为额定电压的 110%～115%。过电压继电器用于电路的超压保护。线圈电压低于整定值时动作的继电器称为欠电压继电器，吸合电压的整定值为额定电压的 40%～70%，释放电压的整合值为额定电压的 5%～25%。欠电压继电器用于电路的欠压保护。

③ 中间继电器

中间继电器实质上是电压继电器的一种，其触点数量多（多至 6 对或更多），触点电流容量大（额定电流为5～10 A），动作时间不大于0.05 s。中间继电器的主要用途是当其他继电器的触头数量或触点容量不够时，可借助中间继电器来扩大它们的触点数或触点容量，起到中间转换和放大的作用。

（2）电磁式继电器的主要技术参数和电气符号

电磁式继电器的主要参数有以下几个：

额定工作电压或额定工作电流：指继电器工作时线圈需要的电压或电流。同一种型号的继电器构造大体是相同的，但为了适应不同电压的电路应用，同一种型号的继电器通常有多种额定工作电压或额定工作电流，并用规格型号加以区别。

直流电阻：指线圈的直流电阻。有些产品说明书中会给出额定工作电压和直流电阻，这时可根据欧姆定律求出额定工作电流。若已知额定工作电流和直流电阻，亦可求出额定工作电压。

吸合电流：指继电器能够产生吸合动作的最小电流。在实际使用中，要使继电器可靠地吸合，给定电压可以等于或略高于额定工作电压，一般不要大于额定工作电压的1.5倍，否则会烧毁线圈。

释放电流：指继电器产生释放动作的最大电流。如果减小处于吸合状态的继电器的电流，当电流减小到一定值时，继电器会恢复到未通电时的状态，这个过程称为继电器的释放动作。释放电流比吸合电流小得多。

触点负荷：指继电器触点允许的电压或电流。它决定了继电器能控制电压和电流的大小，应用时不能用触点负荷小的继电器去控制大电流或高电压。例如，JRX－13F电磁式继电器的触点负荷是0.02 A×12 V，所以就不能用它去控制220 V电路的通断。

电磁式继电器的图形符号一般是相同的，如图2.26所示。电流继电器的文字符号为KI，线圈方格中用$I>$（或$I<$）表示过电流（或欠电流）继电器。电压继电器的文字符号为KV，线圈方格中用$U<$（或$U=0$）表示欠电压（或零电压）继电器。

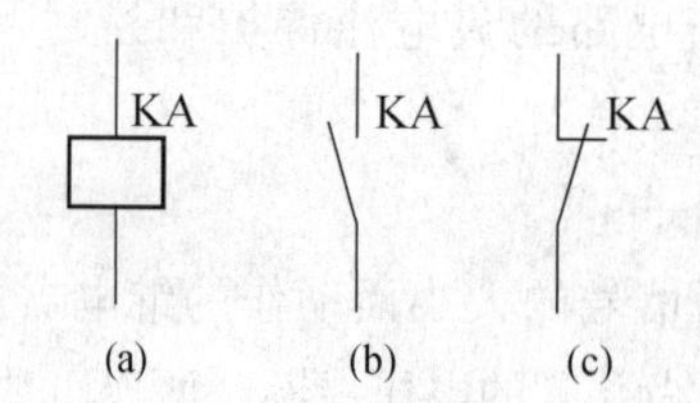

图2.26 电磁式继电器的图形符号和文字符号

（a）吸引线圈；（b）常开触点；（c）常闭触点

（3）电磁式继电器的选用原则

电磁式继电器是组成电气控制系统的基础元件，选用时应综合考虑电磁式继电器的功能特点、使用条件、额定工作电压和额定工作电流等因素，以保证控制系统正常工作。电磁式继电器的主要选择原则有：

① 按用途区别选择欠电压继电器、过电压继电器、欠电流继电器、过电流继电器及中

间继电器等。

② 先了解控制电路的电源电压以及能提供的最大电流，被控制电路中的电压和电流，再确定继电器线圈的电压或电流。

③ 先了解被控电路需要几组继电器以及每组继电器的额定电流和额定电压等，再确定触点的数量和类型（常开或常闭）。

2. 时间继电器

时间继电器是一种触头延时接通或断开的控制器，它在控制系统中的作用是通电延时和断电延时。

（1）时间继电器的结构组成和工作原理

时间继电器的种类很多，按其结构组成和工作原理可分为电磁式、空气阻尼式、电动式和电子式时间继电器等。在机床控制中应用较多的是空气阻尼式时间继电器和电子式时间继电器。

① 空气阻尼式时间继电器

空气阻尼式时间继电器是利用空气阻尼原理获得延时的，有通电延时和断电延时两种类型。它主要由电磁系统、延时机构和工作触头三部分组成，其外形如图2.27所示。其工作原理如下：

图2.27 空气阻尼式时间继电器外形图

图2.28（a）所示为通电延时型时间继电器，当线圈1通电后，铁心2将衔铁3吸合（推板5使微动开关16立即动作），活塞杆6在塔形弹簧8的作用下，带动活塞12及橡皮膜10向上移动，由于橡皮膜下方气室空气稀薄，形成负压，因此活塞杆6不能迅速上移。当空气由进气孔14进入时，活塞杆6才逐渐上移。移到最上端时，杠杆7使微动开关15动作。延时时间即为自电磁铁吸引线圈通电时刻起到微动开关动作时为止的这段时间。通过调节螺杆13来调节进气孔的大小，就可以调节延时时间。

当线圈1断电时，衔铁3在复位弹簧4的作用下将活塞12推向最下端。因活塞被往下推时，橡皮膜下方气室内的空气都通过橡皮膜10、弱弹簧9和活塞12肩部所形成的单向阀，经上气室缝隙顺利排掉，因此，延时与不延时的微动开关15与16都迅速复位。

将电磁机构翻转180°安装后，可得到如图2.28（b）所示的断电延时型时间继电器。它的工作原理与通电延时型时间继电器相似，微动开关15是在吸引线圈断电后延时动作的。

空气阻尼式时间继电器的优点是延时范围大、结构简单、寿命长、价格低；缺点是延时精度较低，延时误差大（±10%~±20%）。

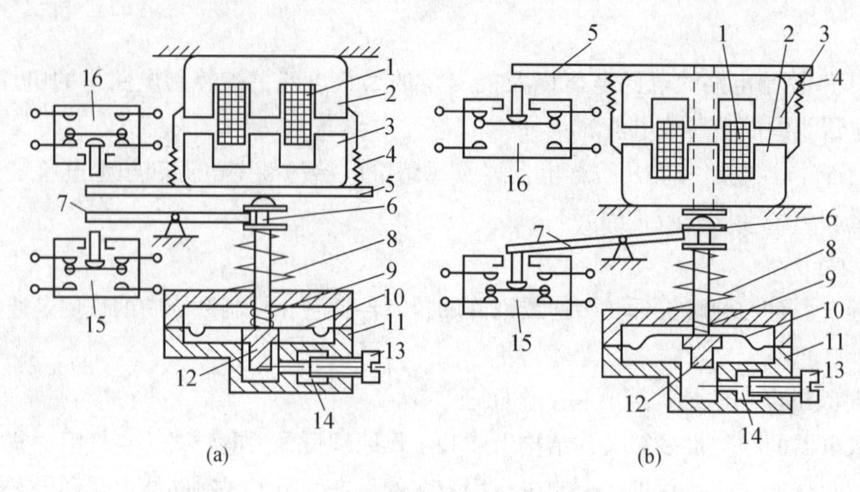

图 2.28 JS7－A 系列时间继电器动作原理图

（a）通电延时型；（b）断电延时型

1—线圈；2—铁心；3—衔铁；4—复位弹簧；5—推板；6—活塞杆；7—杠杆；8—塔形弹簧；9—弱弹簧；10—橡皮膜；11—空气室壁；12—活塞；13—调节螺杆；14—进气孔；15、16—微动开关

图 2.29 晶体管时间继电器外形图

② 晶体管时间继电器

晶体管时间继电器由稳压电源、RC 充放电电路、电压鉴别电路、输出电路和指示电路等部分组成，其外形如图 2.29 所示。图 2.30 所示为 JS20 系列晶体管时间继电器的电路原理图。

晶体管时间继电器具有延时范围广、体积小、精度高、调节方便及寿命长等优点。

（2）时间继电器的图形符号和文字符号

时间继电器的图形符号和文字符号如图 2.31 所示。

（3）时间继电器的选用原则

① 根据控制电路对延时触点的要求选择延时方式，即通电延时型或断电延时型。

② 根据延时范围和延时精度要求选用合适的时间继电器。

③ 根据工作条件选择时间继电器的类型。

3. 热继电器

热继电器是利用电流的热效应原理来切断电路的保护电器，主要用于电动机或其他负载的过载保护。

（1）热继电器的结构组成和工作原理

热继电器主要由双金属片、加热元件、动作机构、触点系统、整定调整装置及温度

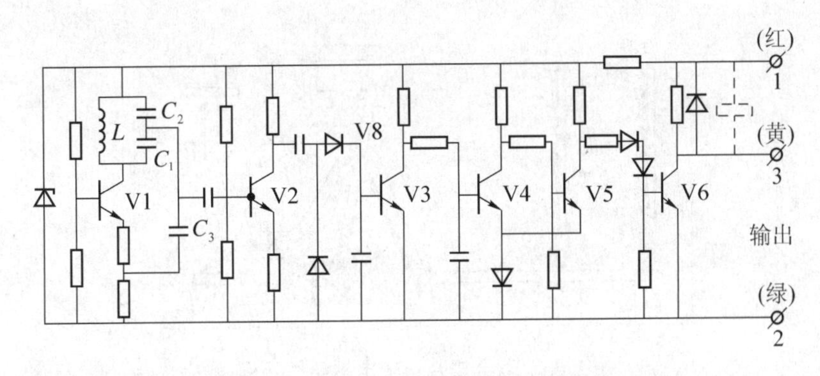

图 2.30　JS20 系列晶体管时间继电器的电路原理图

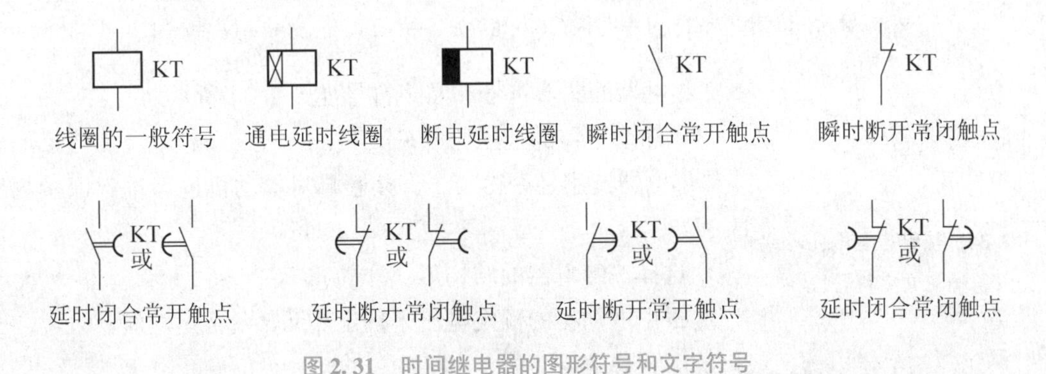

图 2.31　时间继电器的图形符号和文字符号

补偿元件等组成，其外形如图 2.32 所示。图 2.33 所示为双金属片热继电器结构示意图。

图 2.33 中，双金属片由两种膨胀系数不同的金属碾压而成，当双金属片受热膨胀时会弯曲变形。实际应用时，将双金属片与发热元件串接于电动机的控制电路中，当负载电流超过整定电流值并经过一定时间后，发热元件所产生的热量使双金属片受热弯曲，带动动触点与静触点分断，切断电动机的控制回路，使接触器线圈断电释放，从而断开主电路，实现对电动机的过载保护。电源切断后，电流消失，双金属片逐渐冷却，经过一段时间后恢复原状，动触点在失去作用力的情况下，靠自身弹簧的弹性自动复位。

图 2.32　热继电器外形图

由此可见，热继电器由于热惯性，当电路短路时不能立即动作使电路立即断开，因此不能用作短路保护。

（2）热继电器的主要技术参数和电气符号

热继电器的主要技术数据有整定电流、额定电压、额定电流、相数及热元件编号等。所谓整定电流，是指长期通过发热元件而不动作的最大电流。

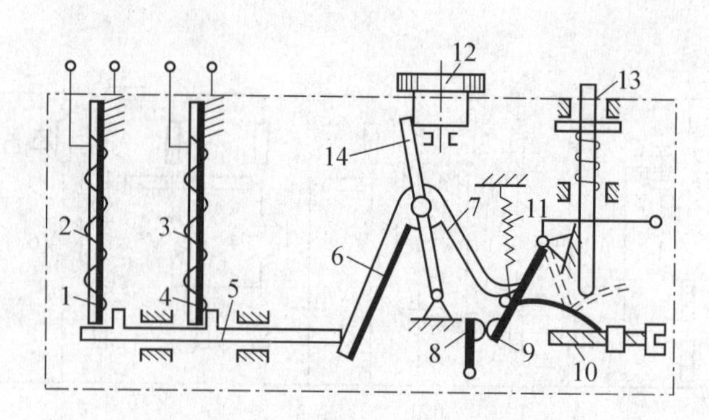

图 2.33 双金属片热继电器结构示意图

1、4—主双金属片；2、3—加热元件；5—导板；6—温度补偿片；7—推杆；8—静触点；9—动触点；10—调节螺钉；11—弹簧；12—轮旋钮；13—手动复位按钮；14—支撑杆

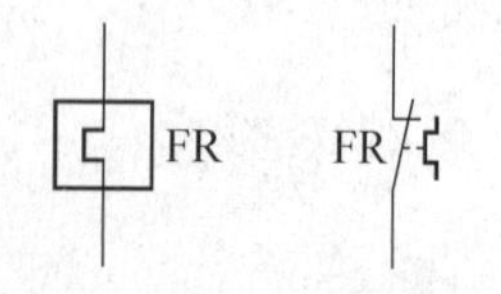

图 2.34 热继电器的图形符号和文字符号

热继电器的图形符号和文字符号如图 2.34 所示。

（3）热继电器的选用原则

热继电器选用是否得当，直接影响对电动机进行过载保护的可靠性。

① 选择热继电器的结构形式。

② 根据电动机的额定电流来确定热元件的额定电流。

热元件的额定电流一般可按下式确定：

$$I_{er} = (0.95 \sim 1.05) I_e$$

式中：I_{er}——热元件的额定电流；

I_e——电动机的额定电流。

对于启动频繁、工作环境恶劣的电动机，则按下式确定：

$$I_{er} = (1.15 \sim 1.5) I_e$$

4. 速度继电器

（1）速度继电器的结构组成和工作原理

速度继电器是一种当转速达到规定值时动作的继电器，主要用作笼形异步电动机的反接制动继电器。它由转子、定子和触头三部分组成。转子是一个圆柱形永久磁铁；定子是一个笼形空心圆环，由硅钢片叠成，并装有笼形绕组。图 2.35 所示为 JY1 系列速度继电器的外形和结构示意图。

速度继电器的工作原理与鼠笼式异步电动机相似。它的转子是一块永久磁铁，与电动机或机械转轴连在一起，随轴转动。它的外边有一个可以转动一定角度的外环，并装有鼠笼形绕组。当转轴带动永久磁铁旋转时，定子外环中的笼形绕组因切割磁力线而产生感应电动势和感应电流，该电流在转子磁场的作用下产生电磁转矩，使定子外环跟随转动一个角度。如果永久磁铁逆时针方向转动，则定子外环带着摆杆向右边动作，使右边的动断触点断开，动合触点接通。当永久磁铁顺时针方向旋转时，使左边的触点改变状态。当电动机转速较低

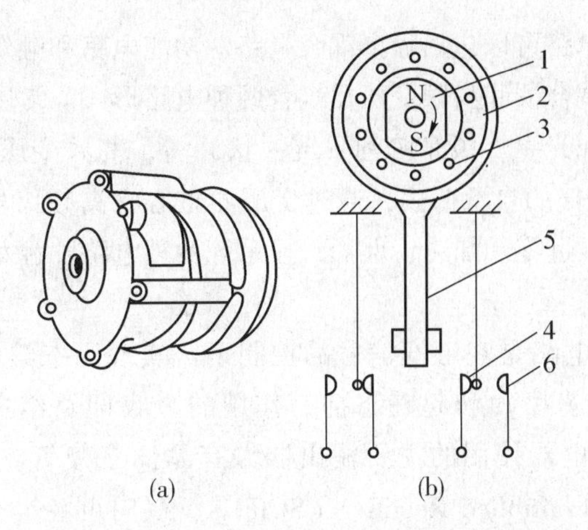

图 2.35　JY1 系列速度继电器的外形和结构示意图

1—转子；2—外环；3—笼形绕组；4—动断触点；5—摆杆；6—动合触点

（a）外形；（b）结构示意

(如小于 100 r/min) 时，触点复位。常用的速度继电器有 JY1 型和 JFZ0 型。一般速度继电器的动作转速为 130 r/min，触头的复位转速在 100 r/min 以下。

（2）速度继电器的图形符号和文字符号

速度继电器的图形符号和文字符号如图 2.36 所示。

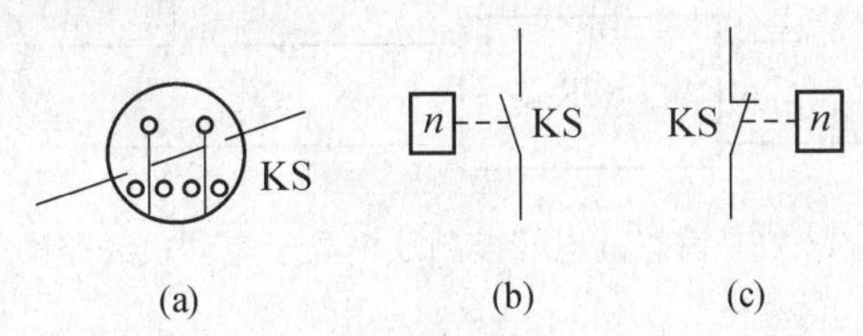

图 2.36　速度继电器的图形符号和文字符号

（a）转子；（b）常开触点；（c）常闭触点

（3）速度继电器的选用原则

速度继电器主要是根据被控电动机的额定转速进行选择的。

5. 固态继电器

固态继电器（Solid State Relays，SSR）是一种无触点的电子开关，主要由输入（控制）电路、驱动电路和输出（负载）电路三部分组成。

固态继电器的输入电路是为输入控制信号提供一个回路，使之成为固态继电器的触发信号源。固态继电器的输入电路多为直流输入，个别的为交流输入。直流输入电路可分为阻性输入和恒流输入。阻性输入电路的输入控制电流随输入电压呈线性的正向变化。恒流输入电路，当输入电压达到一定值时，电流不再随电压的升高而明显增大，这种继电器可适用于相当宽的输入电压范围。

固态继电器的驱动电路可以包括隔离耦合电路、功能电路和触发电路三部分。隔离耦合电路，目前多采用光电耦合器和高频变压器耦合两种电路形式。常用的光电耦合器有光—三极管、光—双向可控硅、光—二极管阵列（光—伏）等。高频变压器耦合，是在一定的输入电压下，形成约10 MHz的自激振荡，通过变压器磁心将高频信号传递到变压器的次级。功能电路包括检波整流、过零、加速、保护、显示等各种电路。触发电路的作用是给输出器件提供触发信号。

固态继电器的输出电路是在触发信号的控制下，实现固态继电器的通断切换。输出电路主要由输出器件（芯片）和起瞬态抑制作用的吸收回路组成，有时还包括反馈电路。目前，各种固态继电器使用的主要输出器件有晶体三极管（Transistor）、单向可控硅［Thyristor 或 Silicon Controlled Rectifier（SCR）］、双向可控硅（Triac）、MOS 场效应管（Metal-Oxide-Semiconductor Field-Effect-Transistor，MOSFET）、绝缘栅双极型晶体管（Insulated Gate Bipolar Transistor，IGBT）等。图 2. 37 所示为固态继电器控制三相异步电动机线路图。

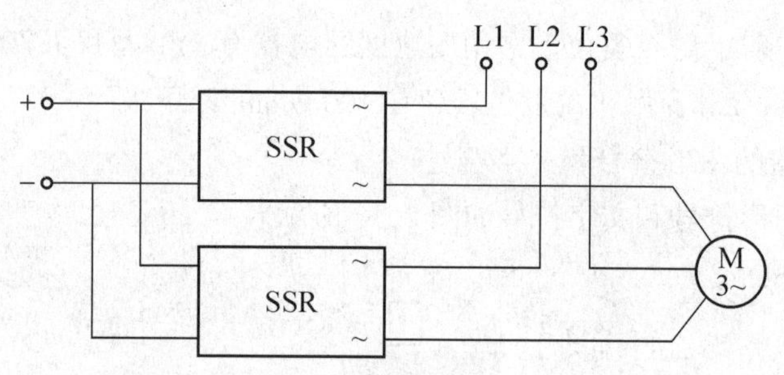

图 2. 37　固态继电器控制三相异步电动机线路图

2. 2　数控机床强电控制系统的基本环节

数控机床种类繁多，加工工艺各异，因此所要求的控制线路也多种多样、千差万别。但它们一般都是由一些基本控制环节组成的，只要分析研究这些基本控制线路的特点，掌握其规律，就能够阅读和设计电气控制线路。

2. 2. 1　电气控制线路的绘制

电气控制系统图有三类：电气原理图、电气元件布置图和电气安装接线图。

1. 电气控制系统图中的图形符号和文字符号

在电气控制系统中，必须使用国家统一规定的电气元件图形符号。国家规定，从1990 年1 月 1 日起，电气系统图中的图形符号和文字符号必须符合最新的国家标准。当前推行的最新标准是《电气简图用图形符号》（GB/T 4728—2005/2008）、《电气技术用文件的编制 第 1 部分：规则》（GB/T 6988. 1—2008）、《顺序功能表图用 GRAFCET 规范语言》(GB/T 21654—2008)。

2. 电气原理图

电气原理图是表达所有电气元件的导电部件和接线端子之间相互关系的图形。根据便于阅读和分析线路及简单、清晰的原则，采用标准电气元件图形符号绘制。电气原理图一般分为主电路和辅助电路两部分。主电路是从电源到电动机等通过大电流的电路。辅助电路包括控制电路、照明电路、信号电路和保护电路等，辅助电路中流过的是小电流。

图 2. 38 所示为某车床电气原理图，以此为例来说明电气原理图的绘制原则。

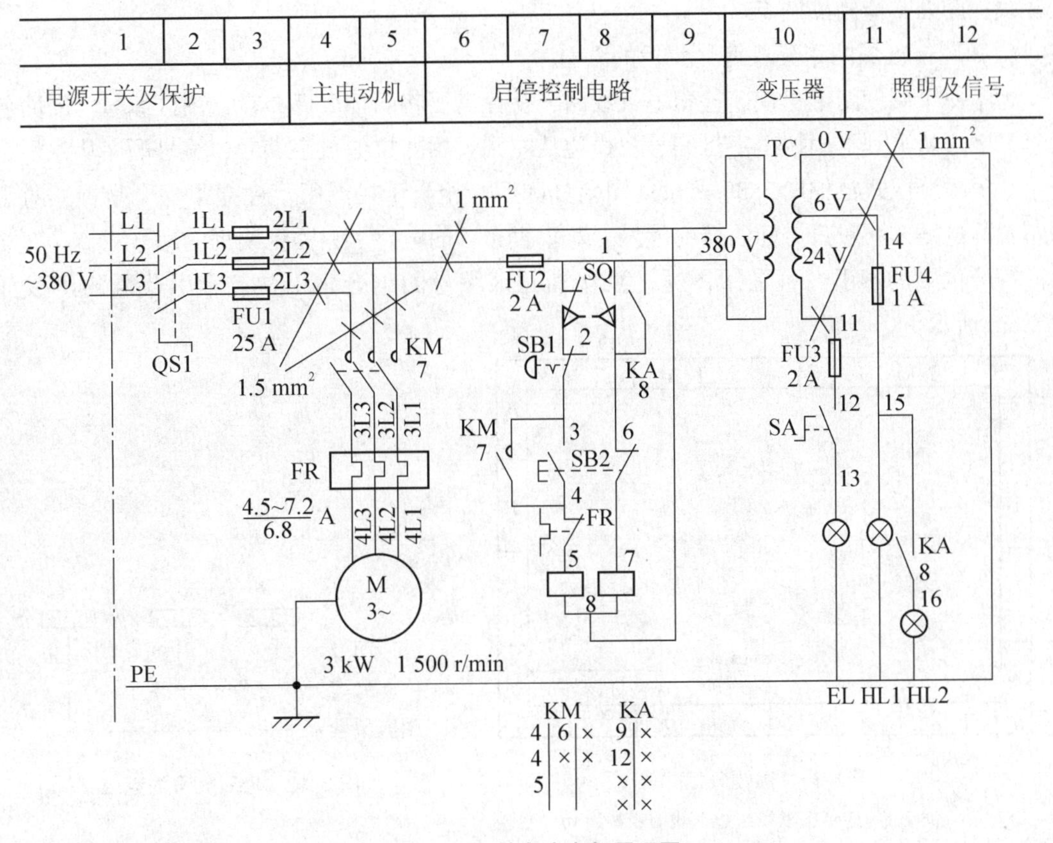

图 2. 38　某车床电气原理图

(1) 绘制电气原理图的基本原则

① 电气原理图按国家标准所规定的图形符号、文字符号和回路标号绘制。图中各电气元件不画实际的外形图，而采用国家统一规定的标准符号。

② 主电路和辅助电路应分别绘制。主电路用粗实线绘制在图面的左侧或上部。辅助电路用细实线绘制在图面的右侧或下部。

③ 各电气元件和部件在控制线路中的位置，应根据便于阅读的原则安排。同一电感元件的各个部件可以不画在一起，但要采用统一的文字符号。如图 2. 38 中接触器的线圈和触点没有画在一起，但采用统一的文字符号“KM”。

④ 所有电气元件的图形符号，均按电气未接通电源和没有受外力作用的状态绘制。触点动作的方向必须是：当图形符号垂直绘制时，从左向右，即在垂线左侧的触点为常开触点，在垂线右侧的触点为常闭触点；当图形符号水平绘制时，从下往上，即在水平线下方的触点为常开触点，在水平线上方的触点为常闭触点。

⑤ 图中电器元件应按功能布置，一般按动作顺序从上到下、从左到右依次排列。垂直布置时，类似项目宜横向对齐；水平布置时，类似项目应纵向对齐。

⑥ 电气原理图中，有直接联系的交叉导线连接点，要用黑圆点表示；无直接联系的交叉导线，交处不能画黑圆点。

（2）图面区域的划分及符号位置的索引

为了便于阅读图纸，快速检索电气线路，往往需要将图幅分区，设立图区编号。图面分区时，竖边从上到下用拉丁字母编号，横边从左到右用阿拉伯数字编号，编号顺序从左上角开始。图幅分区式样如图 2.39 所示。图幅分区后，相当于在图纸上建立了一个坐标，对水平布置的电路，一般只需标明行的编号；对垂直布置的电路，只需标明列的编号。

符号位置的索引，可采用图号、页次和图区编号的组合索引法。索引代号的组成如图 2.40 所示。

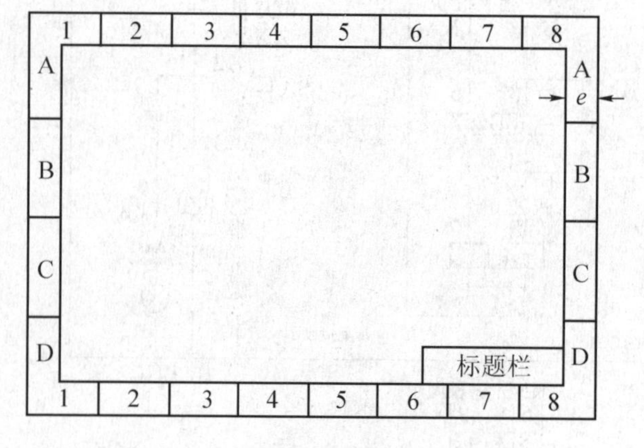

图 2.39 图幅分区式样

注：图中的 e 表示图框线与边框线的距离，A0、A1 号图纸为 20 mm，A2 ~ A4 号图纸为 10 mm

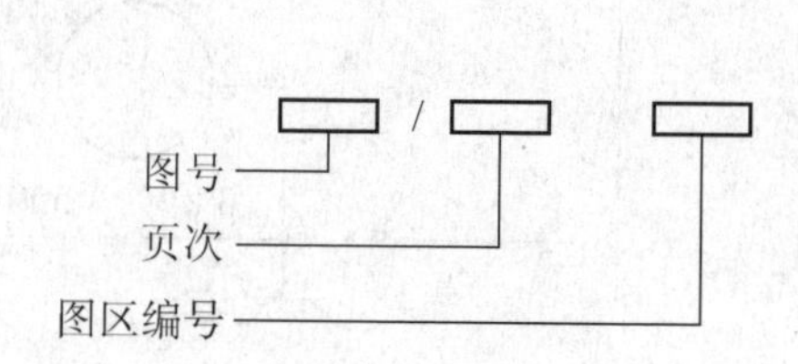

图 2.40 索引代号的组成

当某一元件相关的各符号元素出现在不同图号的图纸上，且每个图号仅有一页图样时，索引代号可省去页次。当某一元件相关的各符号元素出现在同一图号的图纸上，且该图号有几张图纸时，可省略图号。当某一元件相关的各符号元素出现在只有一张图纸的不同图区时，索引代号只需用图区编号表示。

图 2.38 图区 9 中触点 KA 下面的 8，即为最简单的索引代号，它是指继电器 KA 的线圈位置在图区 8；图区 5 中接触器主触点 KM 下面的 7，是指 KM 的线圈位置在图区 7。

在电气原理图中，需建立索引表，以反映接触器、继电器线圈与触点的从属关系，即在原理图中相应线圈的下方给出触点的图形符号，并在其下面注明相应触点的索引代号，对未使用的触点用“×”表明。有时也可采用省去触点图形符号的表示法，如图 2. 38 图区 8 中 KM 线圈和图区 9 中 KA 线圈下方是接触器 KM 和继电器 KA 相应触点的位置索引。

在接触器触点的位置索引中，左栏为主触点所在的图区号（有两个主触点在图区 4，另一个主触点在图区 5），中栏为辅助常开触点所在的图区号（一个在图区 6，另一个没有使用），右栏为辅助常闭触点所在的图区号（两个触点均未使用）。

在继电器 KA 触点的位置索引中，左栏为常开触点所在的图区号（一个在图区 9，一个在图区 12，还有两个触点未使用），右栏为常闭触点所在的图区号（四个触点均未使用）。

（3）电气原理图中技术数据的标注

电气元件的数据和型号，一般用小号字体标注在电气代号的下面，如图 2. 38 中热继电器 FR 的标注，上行表示动作电流值的范围，下行表示整定值。

3. 电气元件布置图

电气元件布置图主要用来表明各种电气元件在机械设备上和电气控制柜中的实际安装位置，为机械电气控制设备的制造、安装、维修提供必要的资料。各电气元件的安装位置是由机床的结构和工作要求决定的，如电动机要和被拖动的机械部件安装在一起，行程开关应安装在要取得信号的地方，操作元件要安装在操纵台及悬挂操纵箱等操作方便的地方，一般电气元件应安装在控制柜内。

机床电气元件布置图主要由机床电气设备布置图、控制柜及控制板电气设备布置图、操纵台及悬挂操纵箱电气设备布置图等组成。在绘制电气设备布置图时，电气元件（设备）均用粗实线绘制出简单的外形轮廓。图 2. 41 所示为某车床电气元件布置图。

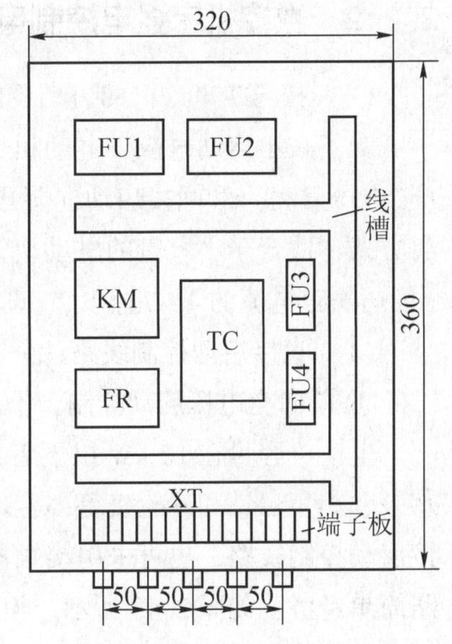

图 2. 41　某车床电气元件布置图

（单位：mm）

4. 电气安装接线图

电气安装接线图是用规定的图形符号，根据原理图，按各电气元件的相对位置绘制的实际接线图。它清楚地表明了各电气元件的相对位置和它们之间电路连接的详细信息，主要是为安装电气设备和电气元件时进行配线或检查、维修电气控制线路故障服务。

电气安装接线图的编制规则主要有以下几点：

（1）在电气安装接线图中，一般都应标出项目的相对位置、项目代号、端子间的电气连接关系、端子号、线号、线缆类型、线缆截面积等。

（2）同一控制盘上的电气元件可直接连接，而盘内元件与外部元件连接时必须通过接线端子板。

（3）电气安装接线图中各电气元件的图形符号与文字符号均应以原理图为准，并保持一致。

（4）互连接线图中的互连关系可用连续线、中断线或线束表示，连接导线应注明导线根数、导线截面积等，一般不表示导线的实际走线路径，而是施工时根据实际情况选择最佳的走线方式。图 2.42 所示为某车床电气互连接线图。

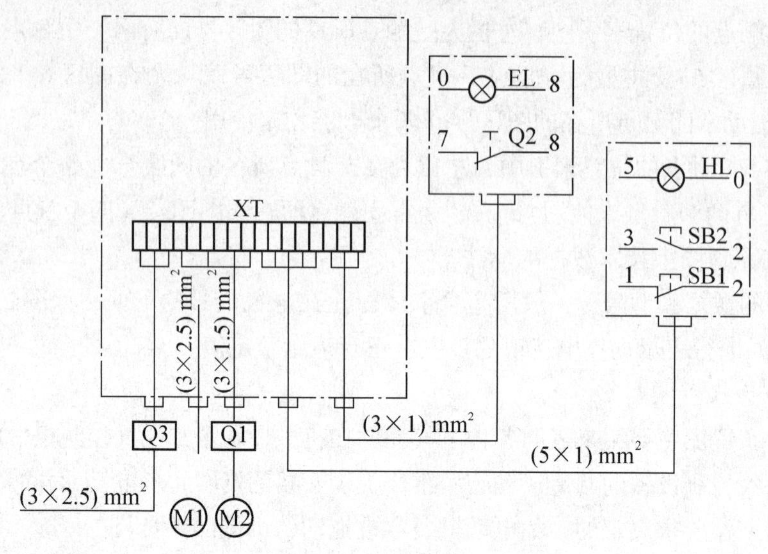

图 2.42　某车床电气互连接线图

2.2.2　数控机床强电控制电路的基本环节

1. 三相异步电动机的启动控制线路

为了减小启动电流，电动机在启动时应采用适当的措施。三相笼形电动机有直接启动（全电压启动）和间接启动（降压启动）两种方式。直接启动是一种简单、可靠、经济的启启方式，适合于小容量的电动机。对于较大容量（大于 10 kW）的电动机，因启动电流大（可达额定电流的 4 ~ 7 倍），一般采用降压启动的方式来降低启动电流。

（1）直接启动控制线路

① 单向全电压启动控制

电动机容量在 10 kW 以下者，一般采用全电压直接启动的方式启动。普通机床上的冷却泵、小型台钻和砂轮机等小容量的电动机，可直接用开关启动。直接启动可采用刀开关直接启动控制线路，也可采用接触器直接启动控制线路，采用刀开关直接启动所用电器少，线路简单经济，如图 2.43 所示。但这种手动控制方法操作劳动强度大，不安全，不能实现远距离的自动控制，故仅适用于控制不频繁启动的小容量电动机。

中小型普通机床的主电路通常采用接触器直接启动控制方式。如图 2.44 所示是采用接触器直接启动的电动机单向全电压启动控制线路，主电路由刀开关 QS、熔断器 FU、接触器 KM 的主触点、热继电器 FR 的热元件与电动机 M 组成。

控制电路由启动按钮 SB2、停止按钮 SB1、接触器 KM 的线圈及其常开辅助触点、热继电器 FR 的常闭触点和熔断器 FU2 组成。

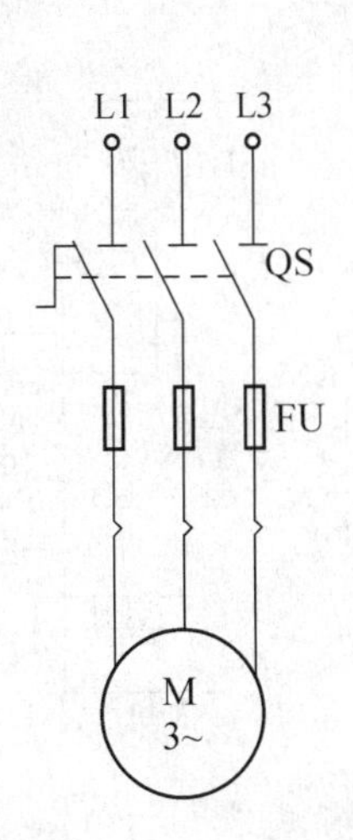

图 2.43　刀开关直接启动控制线路

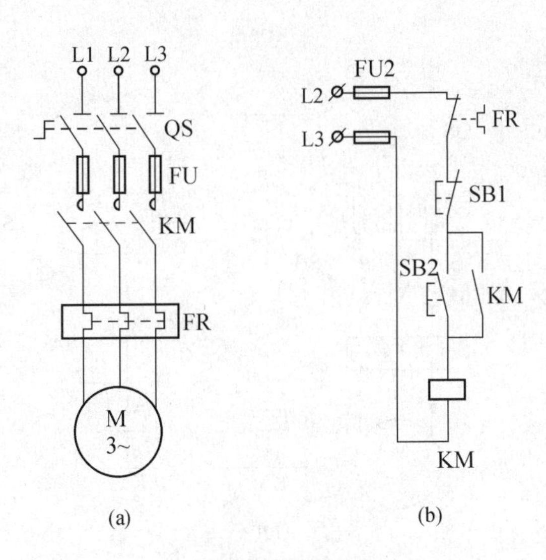

图 2.44　接触器直接启动控制线路

（a）主电路；（b）控制电路

三相电源由 QS 引入，按下启动按钮 SB2，接触器 KM 的线圈通电，其主触点闭合，电动机直接启动运行。同时，与 SB2 并联的辅助触点 KM 闭合，将 SB2 短接，其作用是当放开启动按钮 SB2 后，仍可使 KM 线圈通电，电动机继续运行。这种依靠接触器自身的辅助触点来使其线圈保持通电的现象称为自锁或自保。带有自锁功能的控制线路具有失压保护作用。起自锁作用的辅助触点称为自锁触点。

按停止按钮 SB1，接触器 KM 的线圈断电，其常开主触点断开，电动机停止转动。同时，KM 的自锁触点断开，故松手后 SB1 虽仍闭合，但 KM 的线圈不能继续得电。

② 点动控制

所谓点动控制，就是按下按钮时电动机转动工作，松开按钮时电动机停止工作。点动控制多用于机床刀架、横梁、立柱等快速移动和机床对刀等场合。图 2.45 所示为几种典型的点动控制线路。

图 2.45（a）是最基本的点动控制线路，它由启动按钮 SB、热继电器 FR 和接触器 KM 组成。其控制过程如下：按下按钮 SB，接触器 KM 的吸引线圈通电，动铁心吸合，其常开主触头 KM 闭合，电动机接通电源开始运转；松开按钮 SB 后，接触器吸引线圈断电，动铁心在弹簧力的作用下与静铁心分离，常开主触头断开，电动机断电停转。

图 2.45（b）是带转换开关 SA 的长动—点动控制线路，当需要点动时，将 SA 断开，自锁回路断开，按下按钮 SB2，电动机点动运行；当需要长动运行时，将 SA 接通，按下按钮 SB2，电动机长动运行。

图 2.45（c）也是长动—点动控制线路，按下按钮 SB2，可实现连续运转；按下按钮 SB3，其常闭触点先断开，自锁回路断开，实现点动控制。

图 2.45（d）是利用中间继电器实现的长动—点动控制线路，按下按钮 SB3，继电

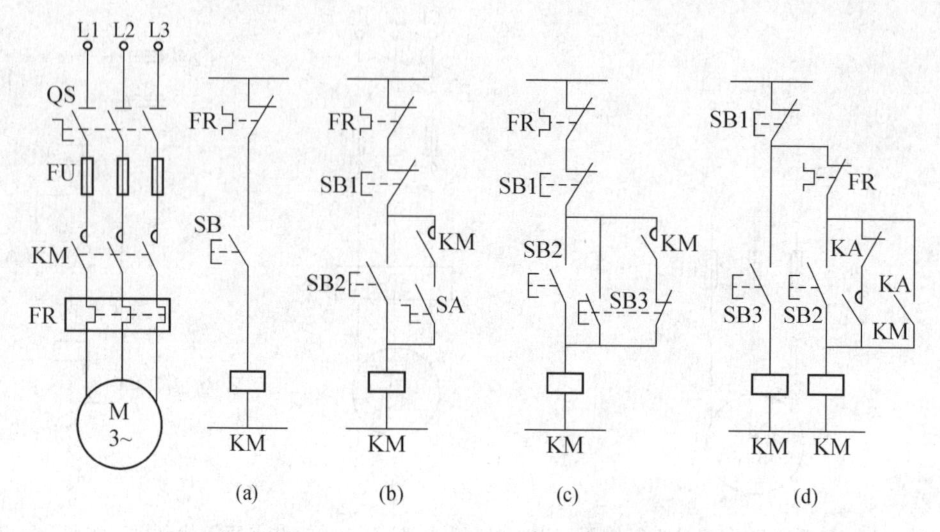

图 2.45 电动机点动控制线路

器 KA 线圈得电，其辅助常闭触点断开自锁回路，同时 KA 的辅助常开触点闭合，接触器 KM 得电，电动机 M 启动运转；松开按钮 SB3，继电器 KA 线圈失电，其辅助常开触点断开，接触器 KM 失电，电动机 M 断电停止。当按下按钮 SB2 时，接触器 KM 线圈得电并自锁，KM 主触点闭合，电动机 M 得电连续运转。需要停机时，按下按钮 SB1 即可。

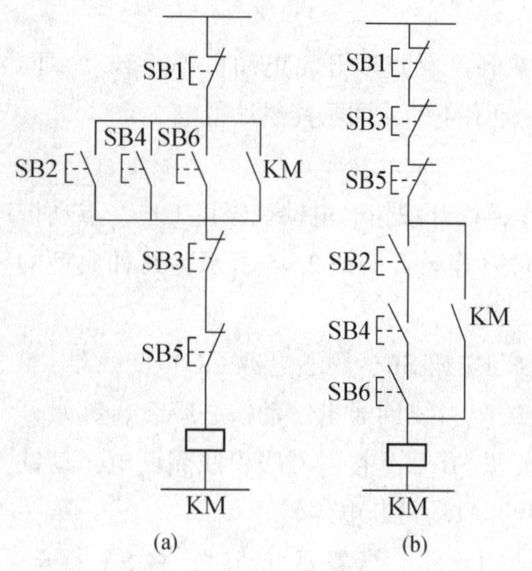

图 2.46 多点控制线路

③ 多点控制

大型机床为了操作方便，常常要求在两个或两个以上的地点都能进行操作。实现多点控制的控制线路如图 2.46（a）所示，即在各操作地点各安装一套按钮，其接线原则是各按钮的常开触点并联连接，常闭触点串联连接。

多人操作的大型冲压设备，为了保证操作安全，要求几个操作者都发出主令（如按下启动按钮）后，设备才能压下，因此，此时应将启动按钮的常开触点串联，如图 2.46（b）所示。

（2）降压启动控制线路

容量较大的电动机（一般大于 10 kW），启动时会产生较大的启动电流，从而引起电网电压的下降，因此必须采取降压启动的方法，限制启动电流。降压启动是指利用启动设备或线路，降低加在电动机绕组上的电压，从而达到减小启动电流的目的。

常用的降压启动方法有定子绕组串接电阻降压启动、星形—三角形降压启动和自耦变压器降压启动。

① 定子绕组串接电阻降压启动控制线路

图 2.47 所示为定子绕组串接电阻降压启动控制线路。电动机启动时在定子绕组串接电阻或电抗器，启动电流在电阻或电抗器上产生电压降，使定子绕组上的电压低于电源电压，启动电流减小。待电动机转速接近额定转速时，再将电阻或电抗器短接，使电动机在额定电压下运行。

电动机启动时，合上电源开关 QS，按下启动按钮 SB2，接触器 KM1、时间继电器 KT 的线圈同时通电并自锁，此时电动机定子绕组串接电阻 R 进行降压启动。当电动机转速接近额定转速时，时间继电器 KT 常开延时触头闭合，接触器 KM2 线圈通电并自锁，KM2 常闭触头断开并切断 KM1 和 KT 线圈电路，使 KM1 和 KT 断电释放，于是形成先由 KM1 主触头串接定子回路电阻 R，再由 KM2 主触头短接定子电阻，电动机经 KM2 主触头在全电压下进入正常运转。

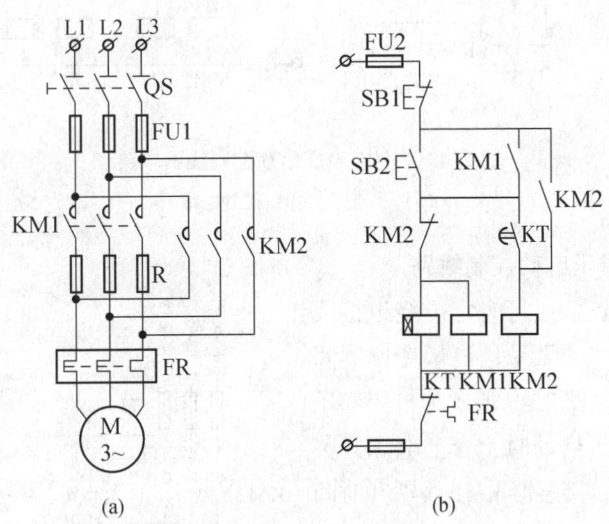

图 2.47 定子绕组串接电阻降压启动控制线路

(a) 主电路；(b) 控制电路

定子绕组串接电阻降压启动方式不受电动机接线形式的限制，较为方便，但启动时会消耗大量的电能，所以不宜用于经常启动的电动机上，并且常用电抗器代替电阻。

② 星形—三角形（Y/△）降压启动控制线路

对于正常运行时电动机额定电压等于电源线电压、定子绕组为三角形接法的电动机，可以在启动时将定子绕组接成星形，绕组上的启动电压为三角形直接启动电压的 $1/\sqrt{3}$，启动电流为三角形直接启动电流的 1/3，从而限制启动电流。等启动完毕后，再改接成三角形，使电动机进入全电压正常运转。

图 2.48 所示为Y/△降压启动控制线路。启动时，按下按钮 SB2，接触器 KM1 和 KM3 线圈得电，KM1 和 KM3 的主触点使定子绕组接成星形，电动机降压启动。同时，时间继电器 KT 线圈得电，经一段延时后，电动机已达到额定转速，其延时断开常闭触点 KT 断开，

使 KM3 线圈失电；而延时闭合常开触点 KT 闭合，接触器 KM2 线圈得电，使电动机定子绕组由星形连接换接到三角形连接，从而实现全电压运行。

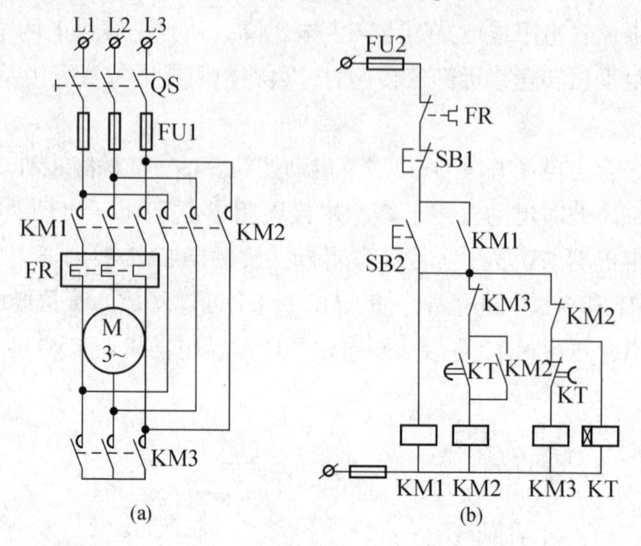

图 2.48 Y/△降压启动控制线路电路

（a）主电路；（b）控制电路

③ 自耦变压器降压启动控制线路

对于容量较大、正常运行时定子绕组接成星形的笼形异步电动机，可采用自耦变压器降低电动机的启动电压。图 2.49 所示为自耦变压器降压启动控制线路。启动时，合上电源开关 QS，按启动按钮 SB2，接触器 KM1 线圈和时间继电器 KT 线圈得电，由 KT 瞬时动作的常开触点闭合自锁，接触器 KM1 主触点闭合，将电动机定子绕组经自耦变压器至电源，定子绕组得到的电压是自耦变压器的二次电压，电动机降压启动。经过一段延时后，时间继电器延时断开常闭触点断开，使 KM1 线圈失电，自耦变压器从电网上切除；而延时闭合常开触点闭合，接触器 KM2 线圈得电，于是电动机直接接到电网上进入全电压正常运行。

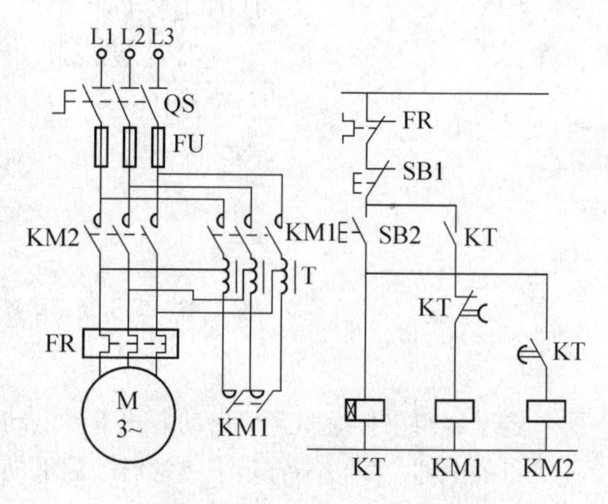

图 2.49 自耦变压器降压启动控制线路

降压启动用的自耦变压器称为补偿降压启动器，有手动和自动操作两种形式，手动操作的启动补偿器有 QJ3、QJ5 等型号，自动操作的启动补偿器有 XJ01 型和 CTZ 系列等。

（3）三相异步电动机正、反转控制线路

在生产实际中，往往要求控制线路能对电动机进行正、反转控制。例如，常通过电动机的正、反转来控制机床主轴的正、反转，或工作台的前进与后退，或起重机起吊重物的上升与下降，以及电梯的升、降等，由此满足生产加工的要求。由电动机原理可知，若将接至电动机的三相电源进线中的任意两相对调，即可使电动机反转。因此，可逆运行控制线路实质上是两个相反方向的单向控制线路，但为避免误动作引起电源相间短路，就在这两个相反方向的单向运行线路上加设了必要的互锁。

图 2. 50 所示为电动机正、反转控制线路。该线路利用两个接触器的常闭触点 KM1 和 KM2 起相互控制作用，对电动机实现“正—停—反”“正—反—停”控制。

① 电动机的“正—停—反”控制线路

图 2. 50（a）控制线路中，两个接触器的常闭触点 KM1 和 KM2 起互锁作用，即当一个接触器通电时，其常闭触点断开，使另一个接触器线圈不能通电。因此，在做电动机的换向操作时，必须先按停止按钮 SB1，才能反方向启动，故常称为“正—停—反”控制线路。

② 电动机的“正—反—停”控制线路

为了提高劳动生产率，减少辅助时间，要求直接按反转按钮使电动机换向。为此，可将启动按钮 SB2 和 SB3 换用复合按钮，用复合按钮的常闭触点来断开转向相反的接触器线圈的通电回路，控制线路如图 2. 50（b）所示。当按下 SB2（或 SB3）时，首先是按钮的常闭触点断开，使 KM2（或 KM1）断电释放，然后是按钮的常开触点闭合，使 KM1（或 KM2）通电吸合，电动机反方向运转。本电路由于电动机运转时可按反转启动按钮直接换向，故常称为“正—反—停”控制线路。

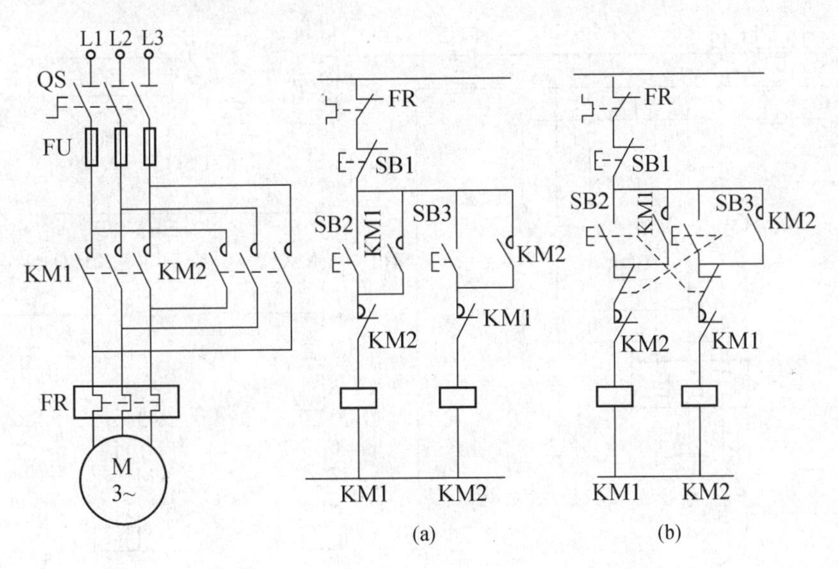

图 2. 50 三相异步电动机的正、反转控制线路

（a）“正—停—反”控制线路；（b）“正—反—停”控制线路

显然，采用复合按钮也能起到互锁作用，但只用按钮连锁而不用接触器常闭触点进行连锁是不可靠的。因此，当接触器主触点被强烈的电弧“烧焊”在一起或者接触器机构失灵使衔铁卡死在吸合状态时，如果另一只接触器动作，就会造成电源短路事故。若接触器常闭

触点互相连锁，则只要一个接触器处在吸合状态位置时，其常闭触点必然会将另一个接触器线圈电路切断，故能避免电源短路事故的发生。

2. 工作台往返自动控制电路

生产机械的运动部件往往有行程限制，如磨床的工作台带动工件做自动往返，以便旋转的砂轮能对工件的不同位置进行磨削加工。为此，常用行程开关作为控制元件来控制电动机的正、反转。图2.51为电动机带动部件自动往返示意图。

先合上开关QS。按下SB2，KM1线圈得电，KM1自锁触头闭合自锁，KM1主触头闭合，同时KM1连锁触头分断对KM2连锁，电动机M启动连续正转，工作台向右运动。移至限定位置时，挡铁碰撞位置开关SQ1，SQ1常闭触头分断，KM1线圈失电，KM1自锁触头分断解除自锁，KM1主触头分断，KM1连锁触头解除连锁，电动机M失电停转，工作台停止右移。此时，SQ1常开触头闭合，使KM2自锁触头闭合自锁，KM2主触头闭合，同时KM2连锁触头分断对KM1连锁，电动机M启动连续反转，工作台左移（SQ1触头复位）。移至限定位置时，挡铁碰撞位置开关SQ2，SQ2分断，KM2线圈失电，KM2自锁触头分断解除自锁，KM2主触头分断，KM2连锁触头恢复闭合解除连锁，电动机M失电停转，工作台停止左移，此时SQ2常开触头闭合，使KM1自锁触头闭合自锁，KM1主触头闭合，同时KM1连锁触头分断对KM2连锁，电动机M启动连续正转，工作台向右运动，依次循环动作，使机床工作台实现自动往返动作。

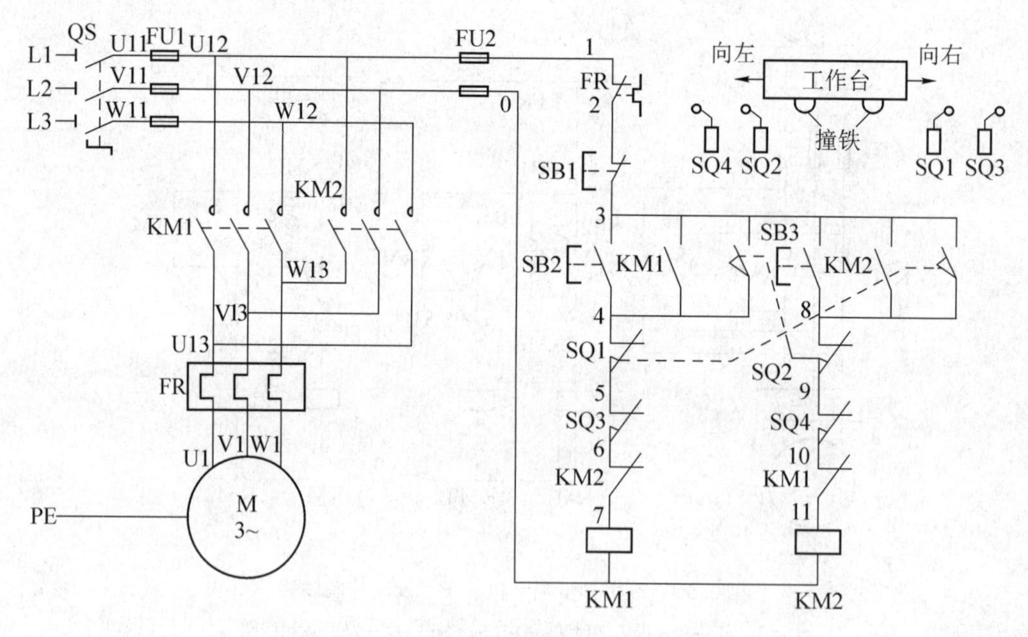

图2.51 工作台往返自动控制电路示意图

3. 三相异步电动机制动控制线路

三相交流异步电动机的定子绕组在脱离电源后，由于机械惯性的作用，转子需要一段时间才能完全停止，而生产中一般都要求机床能迅速停车和准确定位，因此要求对电动机进行制动控制，强迫其立即停车。制动方法一般分为机械制动和电气制动两大类。机械制动是用机械抱闸、液压制动器等机械装置制动的。电气制动是产生一个与原来转动方向相反的制动力矩而迫使电动机立即停止的。下面介绍机床上常用的能耗制动和反接制动。

（1）能耗制动控制线路

能耗制动是在按停止按钮切断电动机三相电源的同时，定子绕组接通直流电源，产生静止磁场，利用转子感应电流与静止磁场的作用，产生电磁制动转矩而制动的。能耗制动的控制可以根据时间控制原则，用时间继电器进行控制；也可以按速度控制原则，用速度继电器进行控制。

图 2.52 所示是按能耗制动时间原则用时间继电器进行控制的单向能耗制动控制线路。停车时，按下复合停止按钮 SB1，接触器 KM1 断电释放，电动机脱离三相电源，接触器 KM2 和时间继电器 KT 同时通电吸合并自锁，KM2 主触点闭合，将直流电源接入定子绕组，电动机进入能耗制动状态。当转子转速接近零时，时间继电器延时断开常闭触点动作，KM2 线圈断电释放，断开能耗制动直流电源；常开辅助触点 KM2 复位，断开 KT 线圈电路，电动机能耗制动结束。

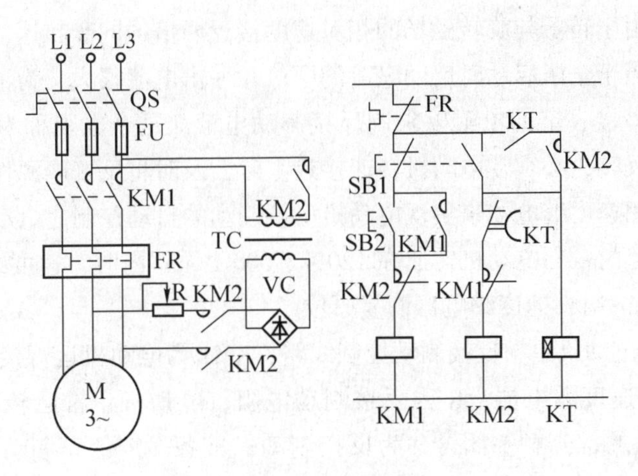

图 2.52　按时间原则控制的单向能耗制动

图 2.53 所示是按能耗制动速度原则用速度继电器控制的单向能耗制动控制线路。电动机转动时，转速较高，速度继电器 KS 的常开触点闭合，为接触器 KM2 线圈通电做好准备。按下停止按钮 SB1，KM1 线圈断电释放，电动机脱离三相电源做惯性转动，接触器 KM2 线圈通电吸合并自锁，直流电源被接入定子绕组，电动机进入能耗制动状态。当电动机惯性转速接近零时，KS 常开触点复位，KM2 线圈断电释放，能耗制动结束。

能耗制动的优点是制动准确、平稳，能量消耗小；缺点是需要一套整流设备，故适用于要求制动平稳、准确和启动频繁的容量较大的电动机。

（2）反接制动控制线路

反接制动是在电动机的三相电源被切断后，立即通上与原相序相反的三相交流电源，使

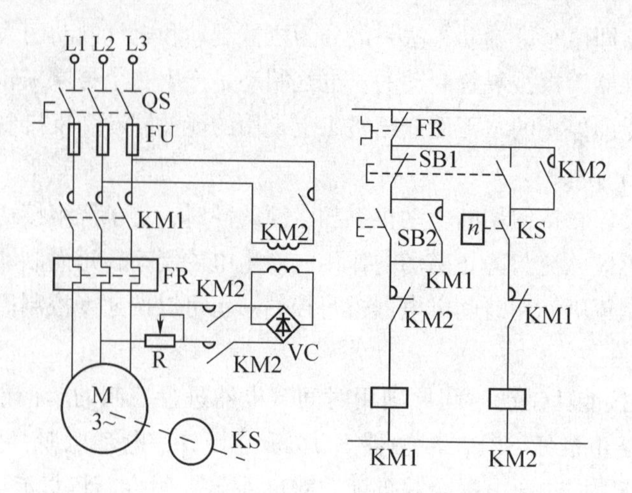

图 2.53 按速度原则控制的单向能耗制动线路

定子绕组产生的旋转磁场与转子惯性旋转方向相反，利用这个反方向的制动力矩使电动机迅速停止转动。

反接制动时，由于转子与旋转磁场的相对速度接近两倍的同步转速，所以定子绕组中流过的反制动电流相当于全压启动时启动电流的两倍，冲击电流很大。为了减小冲击电流，需在电动机主电路中串接一定的电阻以限制反接制动电流，这个电阻称为反接制动电阻。另外，为防止电动机反转，必须在电动机转速接近零时，及时将反接电源切除。

机床中广泛应用速度继电器来实现电动机反接制动的自动控制。电动机与速度继电器转子是同轴连接在一起的，当电动机转速在 120 ~ 3 000 r/min 内时，速度继电器的触点动作；当转速低于 100 r/min 时，速度继电器恢复原位。

图 2.54 所示是电动机单向反接制动控制线路，KM1 为电动机运行接触器，KM2 为反接制动接触器，KS 为速度继电器，R 为反接制动电阻。电动机正常运转时，KM1 通电并自锁，速度继电器 KS 的常开触头闭合，为反接制动做准备。需停车制动时，按下复合按钮 SB1，KM1 线圈断电释放，其三对主触头断开，切除三相交流电源，电动机以惯性旋转。当按钮 SB1 按到底时，其常开触点闭合，同时使 KM2 线圈通电并自锁，电动机定子串接三相电阻接入反相序三相电源进行反接制动，电动机转速迅速下降。当电动机转速接近零时，速度继电器 KS 的常开触点复位，KM2 线圈断电释放，切断了电动机的反相序电源，反接制动结束。

反接制动的优点是制动力矩大、制动迅速；缺点是制动准确性差，制动过程冲击强烈，易损坏传动部件，制动消耗能量大。反接制动一般适用于系统惯性大，制动要求迅速且不频繁的场合，如用于镗床、铣床等中型车床的主轴制动。

4. 电动机控制的保护环节

为确保设备长期、安全、可靠、无故障地运行，机床电气控制线路都必须有保护环节，用来保护电动机、电网、电气设备及人身安全。常用的保护环节有短路保护、过载保护、零

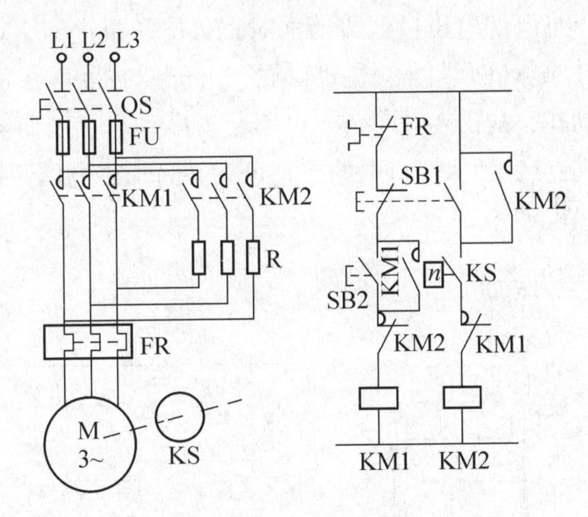

图 2.54 电动机单向反接制动控制线路

电压和欠电压保护等。

(1) 短路保护和过载保护

电动机绕组或导线的绝缘损坏或线路发生故障时，都可能造成短路事故。短路时，若不迅速切断电源，会产生很大的短路电流和电动力，从而损坏电气设备。常用的短路保护元件有熔断器和自动开关。电动机长期超载运行时，其绕组温升将超过允许值，会造成绝缘材料变脆、寿命减少，甚至损坏电动机。常用的过载保护元件是热继电器，其保护原理及元件的选择方法等在本章 2.1 节中已做介绍，故不再重复。

热继电器不会受电动机短时过载冲击电流或短路电流的影响而瞬时动作，所以在使用热继电器作过载保护的同时，还必须设有短路保护，并且选作短路保护熔断器的熔体额定电流不应超过热继电器发热元件额定电流的 4 倍。

(2) 零电压和欠电压保护

当电动机在运行时，如果电源电压因某种原因消失，那么在电源电压恢复时，必须防止电动机自行启动，否则，将可能造成生产设备的损坏，甚至发生人身事故。对电网来说，若同时有许多电动机自行启动，将会引起不允许的过电流及瞬间电网电压下降。这种为了防止电网失电后恢复供电时电动机自行启动的保护，称为零电压保护。

当电动机正常运转时，如果电源电压过分地降低，将引起一些电气释放，造成控制线路工作不正常，甚至可能产生事故。电源电压过低，对电动机来说，如果负载不变，则会造成绕组电流增大，电动机发热甚至烧坏。因此，在电源电压降到允许值以下时，需要采用保护措施将电源切断，这就是欠电压保护。图 2.55 所示是电动机常用的保护电路，熔断器 FU 作短路保护，热继电器作过载保护，过电流继电器 KI1 和 KI2 作过流保护，欠电压继电器 KV 作欠压保护。图 2.55 中，手动控制器 SA 有 3 个操作位置：SA0、SA1 和 SA2。要使电动机启动，必须先将控制器打到零，使触点 SA0 闭合，中间继电器 KA 线圈得电并自锁，然后将控制器打向 SA1 或 SA2，使接触器 KM1 或 KM2 线圈得电，电动机才能运行。中间继电器

KA 起零电压保护作用，当电源电压过低或消失时，欠电压继电器 KV 的常开触点断开，使 KA 线圈断电释放，KM1 或 KM2 线圈也立即释放。由于控制器不在零位，所以在电源电压恢复时，KA 不会得电动作，故 KM1 或 KM2 也不会得电动作，从而实现零电压保护。若接触用按钮启动，由常开触点自锁保持得电的，则可不必另加零电压保护继电器，因为电路本身兼备了零电压保护环节。

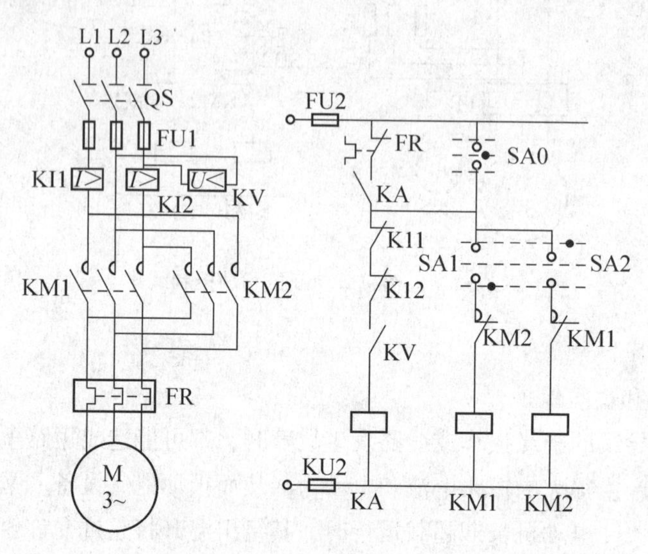

图 2.55 电动机常用的保护电路

2.3 典型机床电气控制线路分析

2.3.1 电气原理图的阅读分析方法和步骤

在仔细阅读了设备说明书，了解了电气控制系统的总体结构、电动机和电气元件的分布状况及控制要求等内容之后（如了解电动机和电磁阀等的控制方式、位置及作用，各种与机械有关的位置开关和主令电器的状态等)，便可以按以下步骤阅读分析电气原理图了。

1. 分析主电路

从主电路入手，根据每台电动机和电磁阀等执行电气的控制要求去分析它们的控制内容，控制内容包括启动、方向控制、调速和制动等。

2. 分析控制电路

根据主电路中各电动机和电磁阀等执行电气的控制要求，逐一找出控制电路中的控制环节，利用前面学过的基本环节的知识，按功能不同划分成若干个局部控制线路来进行分析。分析控制电路最基本的方法是查线读图法。

3. 分析辅助电路

辅助电路包括电源显示、工作状态显示、照明和故障报警等部分，它们大多是由控制电路中的元件来控制的，因此，在分析辅助电路时还要对照控制电路进行分析。

4. 分析连锁与保护环节

机床对安全和可靠性有很高的要求，要实现这些要求，除了合理地选择拖动和控制方案以外，在控制线路中还设置了一系列的电气保护和必要的电气连锁。

5. 总体检查

经过“化整为零”，逐步分析了每一个局部电路的工作原理以及各部分之间的控制关系之后，还必须用“集零为整”的方法，检查整个控制线路，看是否有遗漏，特别是要从整体角度去进一步检查和理解各控制环节之间的联系，理解电路中每个元件所起的作用。

2.3.2 CA6140 型卧式车床电气控制线路分析

普通车床是应用极为广泛的金属切削机床，主要用于车削外圆、内圆、端面螺纹和定型表面，并可通过尾架进行钻孔、铰孔和攻螺纹等切削加工。

1. 主要结构、运动形式、电力拖动形式及控制要求

CA6140 型卧式车床主要由床身、主轴、刀架、溜板箱和尾架等部分组成，如图 2.56 所示。

图 2.56 CA6140 型卧式车床外形图

1—床身；2—主轴；3—刀架；4—溜板箱；5—尾架

车削加工中，该车床有两种主要运动：一种是安装在床身主轴箱中的主轴的转动，称为主运动；另一种是溜板箱中的溜板带动刀架的直线运动，称为进给运动。刀具安装在刀架上，与滑板一起随溜板箱沿主轴轴线方向实现进给移动。车削加工中，车床的主运动为主轴通过卡盘或顶尖带动工件的旋转运动，它承受车削加工时的主切削功率。根据被加工零件的材料性质、车刀材料、零件尺寸、加工方式及冷却条件的不同，要求具有不同的切削速度，CA6140 型卧式车床的调速范围（最高转速与最低转速之比）$D=140$。卧式车床加工时一般不要求反转，但在加工螺纹时，为避免乱扣，加工完毕后要求反转退刀，再纵向进刀继续加工，这就要求主轴能正、反转。主轴的反转是由主轴电动机经传动机构实现的，有些车床也可通过机械方式使主轴反转。车床的进给运动是溜板带动刀架的纵向与横向运动，运动方式有手动和机动两种。

车削螺纹时，工件的旋转速度与刀具的进给速度应有严格的比例关系，因此，车床主轴箱输出轴经交换齿轮箱传给进给箱，再经光杆传给溜板箱，以获得纵、横两个方向的进给运动。车床的辅助运动为溜板箱的快速移动、尾座的移动和工件的夹紧与松开。

2. 主电路分析

图 2.57 所示的主电路中有 3 台电动机：M1 为主轴电动机，拖动主轴旋转并通过进给机构实现车身的进给运动；M2 为冷却泵电动机，提供切削液；M3 为溜板与刀架快速移动电动机，拖动刀架快速移动。

断路器 QF 将 380 V 的三相电源引入。由于 3 台电动机的容量均小于 10 kW，因此均采用全压直接启动。主电动机 M1 由交流接触器 KM1 控制启动，热继电器 FR1 实现对主轴电动机 M1 的过载保护。冷却泵电动机 M2 由交流接触器 KM2 控制启动，热继电器 FR2 实现对冷却泵电动机的过载保护。刀架快速移动电动机由交流接触器 KM3 控制。

3. 控制电路分析

控制变压器二次侧输出 110 V 电压为控制回路的电源。

(1) 主轴电动机的控制

按下绿色启动按钮 SB1，接触器 KM1 线圈得电吸合并自锁，其主触点闭合，主轴电动机 M1 启动。按下红色蘑菇形停止按钮 SB2，主轴电动机 M1 停止转动，此按钮按下后即行锁住，右旋后方能复位。

(2) 冷却泵电动机的控制

冷却泵电动机 M2 只有在主轴电动机启动后才能启动。转动转换开关 SC1，接触器 KM2 线圈得电吸合，冷却泵电动机启动。

(3) 刀架快速移动电动机的控制

刀架快速移动电动机 M3 是由安装在进给操纵手柄顶端的按钮 SB3 来控制的，它与接触器 KM3 组成点动控制电路。将操作手柄扳到所需方向，压下按钮 SB3，接触器 KM3 线圈得电吸合，电动机 M3 启动，刀架按指定方向快速移动。

(4) 电气保护

控制电路由熔断器进行短路保护，热继电器进行过载保护。为了保护人身安全，通过行程开关 SQ1 和 SQ2 进行断电保护。当将开关锁 SC2 左旋锁上，或打开控制配电盘闭合进行维护时，行程开关 SQ2 闭合，QS 线圈通电，断路器 QS 自动断开，若出现误操作，又将 QS 合上，QS 将在 0.1 s 内再次自动跳闸。由于机床接通电源需使用钥匙开关，故增加了安全性。

在机床主轴传动带罩处设有安全开关 SQ1，当打开主轴传动带罩后，SQ1 断开，接触器 KM1、KM2 和 KM3 线圈断电释放，电动机全部停止转动，以确保人身安全。

当需要打开控制闭合门进行带电操作时，只要将 SQ2 开关的传动杆拉出，此时 QS 线圈断电，QS 开关仍可合上。当检修完毕，关上闭合门后，SQ2 开关传动杆复原，保护作用照常。

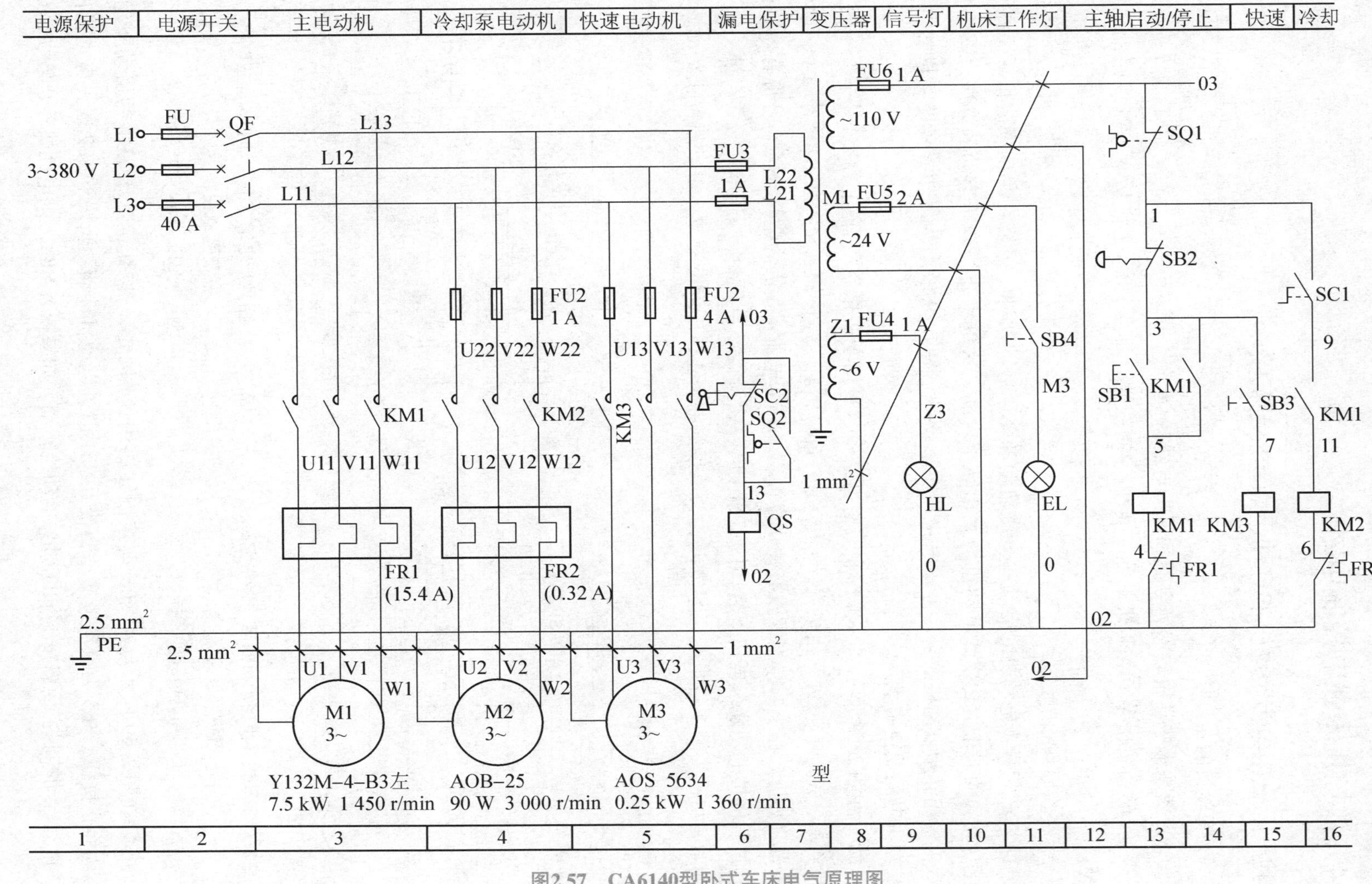

图2.57　CA6140型卧式车床电气原理图

2.4 数控机床强电控制电路实验

实验一 三相异步电动机的启动、点动控制实验

1. 实验目的

（1）熟悉一些常用的控制电器和保护电器。

（2）学会三相异步电动机的启、停和控制线路，加深理解这些基本控制线路的工作原理。

2. 实验原理和电路

（1）三相异步电动机的启动有全压启动和降压启动两种，一般在小功率的情况下采用全压启动，而对于大功率的电动机均采用降压启动。这里将介绍全压启动的方法，图2.58所示为三相异步电动机的启、停主电路及控制线路，图2.59所示为三相异步电动机的点动和长动主电路及控制线路。

（2）在图2.58所示启、停控制实验电路中，采用了一个空气开关（QF），一个三相交流接触器（KM），一台三相交流异步电动机（M），启、停按钮（SB1、SB2）各一个，两个熔断器（FU）。在主回路当中没有使用熔断器和热继电器，是因为空气开关本身带有短路保护和过载保护的功能。当按下启动按钮SB1时，交流接触器KM线圈通电吸合并自锁，电动机开始转动；当按下停止按钮SB2时，交流接触器KM线圈断电释放，电动机停止转动。

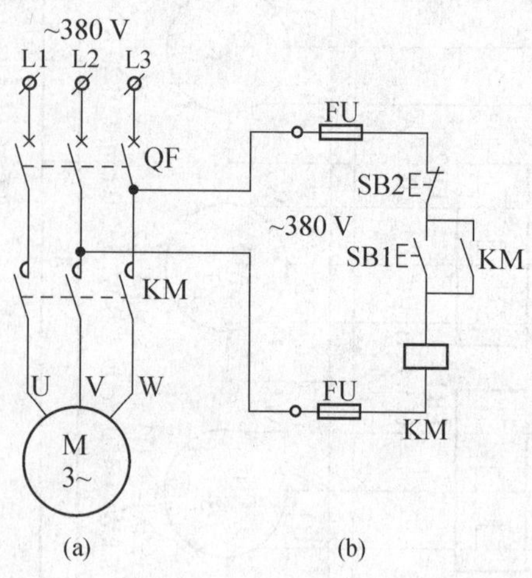

图2.58 三相异步电动机的启、停主电路及控制线路

（a）主电路；（b）控制电路

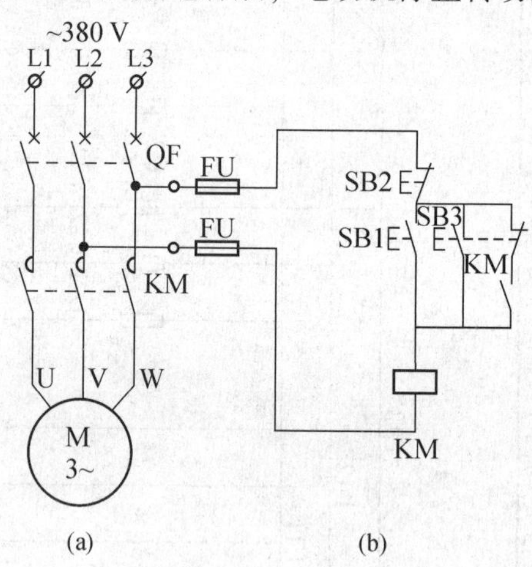

图2.59 三相异步电动机的点动和长动主电路及控制线路

（a）主电路；（b）控制电路

（3）在图2.59所示点动和长动控制线路中使用了3个按钮，其中SB1为启动按钮，SB2为停止按钮，SB3为点动按钮。当按下SB1时，电动机转动；当按下SB2时，电动机停止，称为启动控制；而当按下SB3时，电动机转动，如果松开SB3，则电动机停止转动，说

明它没有自锁功能，称为点动控制。

（4）主电路采用 380 V 交流供电，控制电路供电根据所选电气是 380 V 或 220 V 的线圈电压来确定。本次实验是选 380 V 供电，如选 220 V 供电，则控制回路的一端应接在三相四线制的零线上。

3. 实验内容及步骤

（1）三相异步电动机的启动

① 将空气开关（QF）手柄置于“关”位置。

② 按图 2.58 接线，接线应按照主回路、控制回路分步来接，接线次序应遵循自上而下、从左向右，即先主后辅、先串后并的基本原则。接线尽可能整齐、清晰，能用短线的地方，就用短线连接，以便于检查。在连线时，通过转动插头将接插件自行锁紧，可使接点牢固、可靠。

③ 在图 2.58 和图 2.59 的两个实验中，电动机都采用星形接法。

④ 接线完毕后，需经指导教师检查线路后，方能接通电源。

⑤ 合上空气开关 QF，按下启动按钮 SB1，观察电动机的转动情况。

⑥ 按下停止按钮 SB2，观察电动机是否停止。

⑦ 先切断电源（拉下空气开关 QF），再拆线，主电路仍保留。

（2）三相异步电动机的电动控制

① 按图 2.59 接线，步骤和以上相同。

② 接线完毕后，需经教师检查线路后，方能接通电源。

③ 按下按钮 SB1，电动机启动；按下按钮 SB2，电动机停止；按下按钮 SB3，电动机为点动，分别记录电动机的转动情况。

④ 按下按钮 SB1，电动机运转，此时若按下按钮 SB3（注意不要按到底），观察电动机的运转情况。

（3）实验结束，先切断电源（拉断空气开关 QF），再拆线，并将实验器材整理好。

4. 实验设备

（1）机床电气控制实验台　　1 台

（2）电动机实验台　　1 台

（3）连接导线　　若干

5. 实验报告要求

（1）按照一定的格式书写实验报告。

（2）画出实验电路图，叙述实验操作步骤。

（3）回答如下问题：

① 为什么在主回路中没有采用热继电器进行过载保护？

② 在点动控制线路实验中，按下按钮 SB1，电动机处在运转状态，此时若按下按钮 SB3（注意不要按到底），会出现什么状况？

实验二 电动机的能耗制动控制实验

1. 实验目的

（1）掌握三相异步电动机能耗制动的控制电路及其工作原理。

（2）进一步熟悉时间继电器的使用方法。

2. 实验原理和电路

（1）三相异步电动机从切除电源到完全停止旋转，由于惯性的作用，总要经过一段时间，这往往不能适应某些生产机械加工工艺的要求。为了提高生产效率和准确定位，不管是组合机床，还是铣床、镗床等，都要求电动机能迅速停车，对其进行制动控制。本实验采用能耗制动法对电动机进行电气制动。三相异步电动机能耗制动控制电路如图 2. 60 所示。能耗制动就是在切断电动机的三相交流电源后，给定子绕组加上一个直流电压，利用转子感应电流与静止磁场的作用达到制动的目的。通常，能耗制动适用于电动机容量较大和启动、制动频繁的场合。在本实验电路中，采用两个接触器 KM1 和 KM2，分别担任启动和制动的任务。SB1 为正转按钮，SB2 为制动按钮。

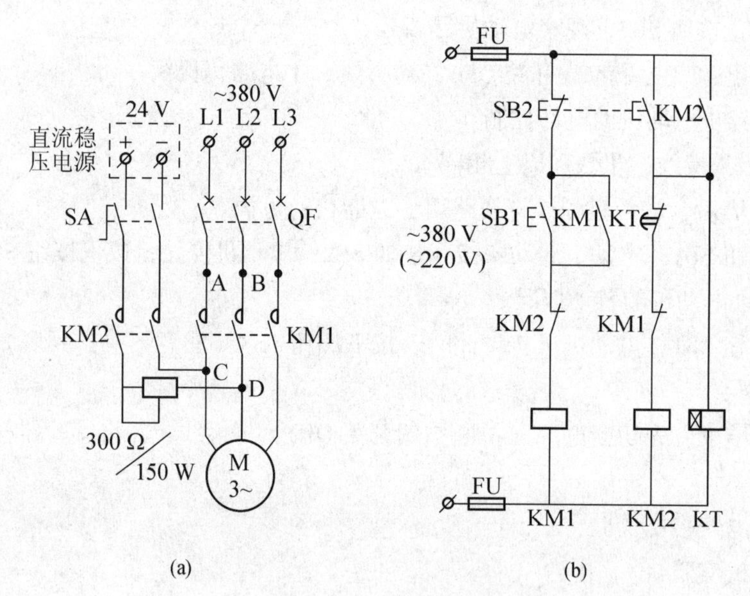

图 2. 60 三相异步电动机能耗制动控制线路

（a）主电路；（b）控制电路

（2）时间继电器的时间常数一般整定在 3 s 左右，它的主要作用是提供一个合适的能耗制动时间。

（3）制动电源是一台直流稳压电源，参数要求为 U：24 ~ 30 V；I：3 ~ 5 A。

（4）在本实验中还需一个滑线变阻器，主要用来调节电流的大小，电阻阻值为300 Ω左右，功率为150 W。

3. 实验内容及步骤

（1）将空气开关（QF）手柄置于“关”位置。

（2）按图 2.60 接线。接线应按照主回路、控制回路分步来接，接线尽可能整齐、清晰，以便于检查。在连线时，通过转动插头将接插件自行锁紧，可使接点牢固、可靠。

（3）实验中电动机采用星形接法。

（4）经教师检查线路后，方可通电。

（5）合上空气开关 QF，将稳压电源开关打开。

（6）将滑线变阻器调至阻值的 1/3 处，按下启动按钮 SB1，使电动机转动。按下按钮 SB2（注意按到底），观察制动效果如何？如制动效果不明显，将滑线变阻器的阻值逐步调小，重新试验，以达到制动效果较明显为宜。注意变阻不宜过小，否则稳压电源会因过载而烧坏。

（7）实验结束，先切断电源（断开 QF），再拆线，并将实验器材整理好。

4. 实验设备

（1）机床电气控制实验台

（2）电动机实验台

（3）连接导线

（4）滑线变阻器（1 kΩ/150 W）

（5）直流稳压电源（24 ~ 30 V/3 A）

5. 实验报告要求

（1）按照一定的格式书写实验报告。

（2）画出实验电路图，叙述电路工作原理和实验操作步骤。

（3）回答下列问题：

① 在按下制动按钮 SB2 时，如不按到底，会出现什么情况？

② 如制动时间常数调整得太大，会出现什么情况？

复习思考题

1. 什么是低压电器？常用的低压电器有哪些？

2. 常用的熔断器有哪些？如何选择熔体的额定电流？

3. 熔断器的额定电流、熔体的额定电流和熔体的极限分断电流三者有何区别？

4. 在使用和安装 HK 系列刀开关时，应注意些什么？铁壳开关有哪些特点？试比较瓷底胶盖闸刀开关与铁壳开关的差异及各自的用途。

5. 组合开关有哪些特点？它的用途是什么？

6. 按钮和行程开关的作用分别是什么？如何确定按钮的结构形式？

7. 接触器由哪几部分组成？它在控制电路中起何作用？

8. 交流接触器线圈断电后，触头不能复位，电动机不停，请分析故障原因，并说明应如何处理。

9. 常用的继电器有哪些？分别画出它们的图形符号和文字符号。

10. 中间继电器的作用是什么？它和交流接触器有何区别？

11. 试比较电磁式时间继电器、空气阻尼式时间继电器的优点和缺点及其应用场合。

12. 低压断路器具有哪些脱扣机构？试分别说明其功能。

13. 断路器在电路中的作用是什么？

14. 电动机启动电流很大，当电动机启动时，热继电器会不会动作？为什么？

15. 机床继电器－接触器控制线路中一般应设哪些保护？各有什么作用？短路保护和过载保护有什么区别？

16. 继电器和接触器有什么区别？

17. 什么是直接启动？直接启动有何优点和缺点？

18. 什么是降压启动？降压启动有哪几种方式？

19. 什么是反接制动？什么是能耗制动？各有什么特点？

20. 简述电气原理图分析的一般步骤，在读图分析中采用最多的是哪种方法？

21. 设计一个控制电路，要求第一台电动机启动 10 s 后，第二台电动机自行启动，运行 5 s 后，第一台电动机停止并同时使第三台电动机自行启动，再运行 15 s 后，电动机全部停止。

第3章
数控装置的结构

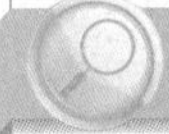

学习目标

1. 了解数控装置的各种硬件结构；
2. 了解数控装置的软件组成；
3. 掌握数控系统的干扰途径及抗干扰手段。

内容提要

本章主要介绍计算机数控装置的工作原理，包括数控装置的硬件结构和软件组成，详细讲述了对数控系统正常工作影响很大的干扰问题。通过本章的学习，了解数控装置的组成结构、工作过程，掌握数控系统的抗干扰方法和措施。

3.1 概 述

计算机数控系统是计算机技术在机械制造领域的一种典型应用，它集计算机、机械加工、微电子和自动控制等多项技术于一体，是近年来应用领域中发展十分迅速的一项高新技术。计算机数控系统由输入/输出设备、数控装置、伺服系统和机床电器逻辑控制装置组成。机床数控装置是数控系统的指挥中心，其主要功能是正确识别和解释数控加工程序，并完成零件的自动加工。它接收数字化了的零件图样和工艺要求等信息，按照一定的数学模型进行插补运算，用运算结果实时地对机床的各运动坐标进行速度和位置控制，从而完成零件的加工。

3.1.1 数控装置的组成

目前的数控装置大多基于微型计算机的硬件和软件来实现其功能，称为计算机数控（CNC）装置。图3.1所示为CNC装置硬件的基本组成，它一方面具有一般微型计算机的基本结构，如中央处理单元（CPU）、总线、存储器、输入/输出接口等；另一方面又具有数控机床完成特有功能所需要的功能模块和接口单元，如手动数据输入（Manual Data Input，MDI）接口、PLC接口、纸带阅读机接口等。

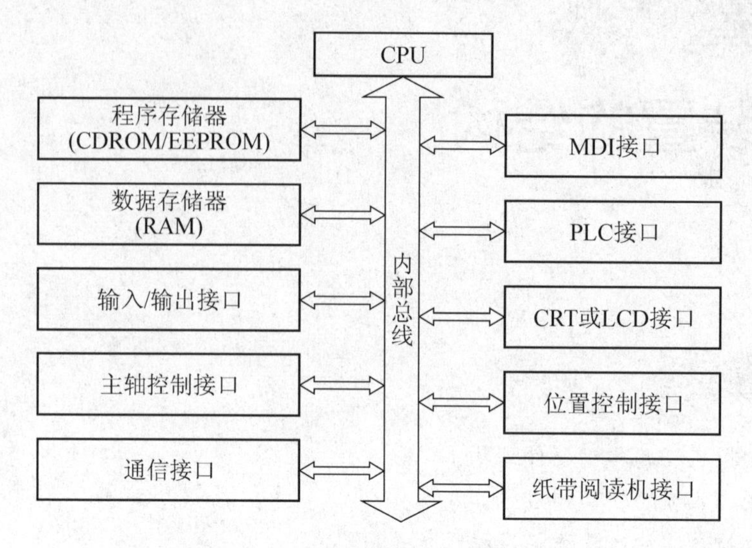

图 3.1　CNC 装置硬件的基本组成

CNC 装置在上述硬件的基础上还必须编写相应的系统软件来指挥和协调硬件的工作，两者缺一不可。CNC 装置的软件由管理软件和控制软件两部分组成，前者主要为某个系统建立一个软件环境，协调各软件模块之间的关系，并处理一些实时性不太强的软件功能，如数控加工程序的输入/输出及其管理、系统显示等；后者主要完成系统中一些实时性要求较高的关键控制功能，如刀补计算处理、位置控制等。

下面以 FANUC - 0iA 数控系统相关功能及连接为例，了解数控系统的基本功能及各部件连接，如图 3.2 所示。

1. 系统主模块的连接

JD1A：系统 I/O Link 接口，它是一个串行接口，用于 CNC 与各种 I/O 单元的连接，如机床标准操作面板、I/O 扩展单元及具有 I/O Link 接口的放大器连接，从而实现附加轴的可编程机床控制（Programmable Machine Controller，PMC）。

JA7A：系统串行主轴或主轴位置编码器的信号接口。当机床采用串行主轴时，JA7A 与主轴放大器的 JA7B 连接；当机床采用模拟量主轴时，JA7A 与主轴独立位置编码器连接。

JA8A：模拟量主轴信号接口，系统发出的主轴速度信号（0 ~ 10 V）作为变频器的频率给定信号。

JS1A ~ JS4A：第一轴至第四轴的伺服信号接口，分别与伺服放大器的第一轴至第四轴的 JS1B ~ JS2B（两个伺服放大器）连接。

JF21 ~ JF24：位置检测装置反馈信号接口，分别与第一轴至第四轴的位置检测装置（如光栅尺）连接。

JF25：绝对编码器的位置检测装置电池接口（标准为 6 V）。

CP8：系统随机存取存储器（Random Access Memory，RAM）用的电池接口，标准为 3 V的锂电池。

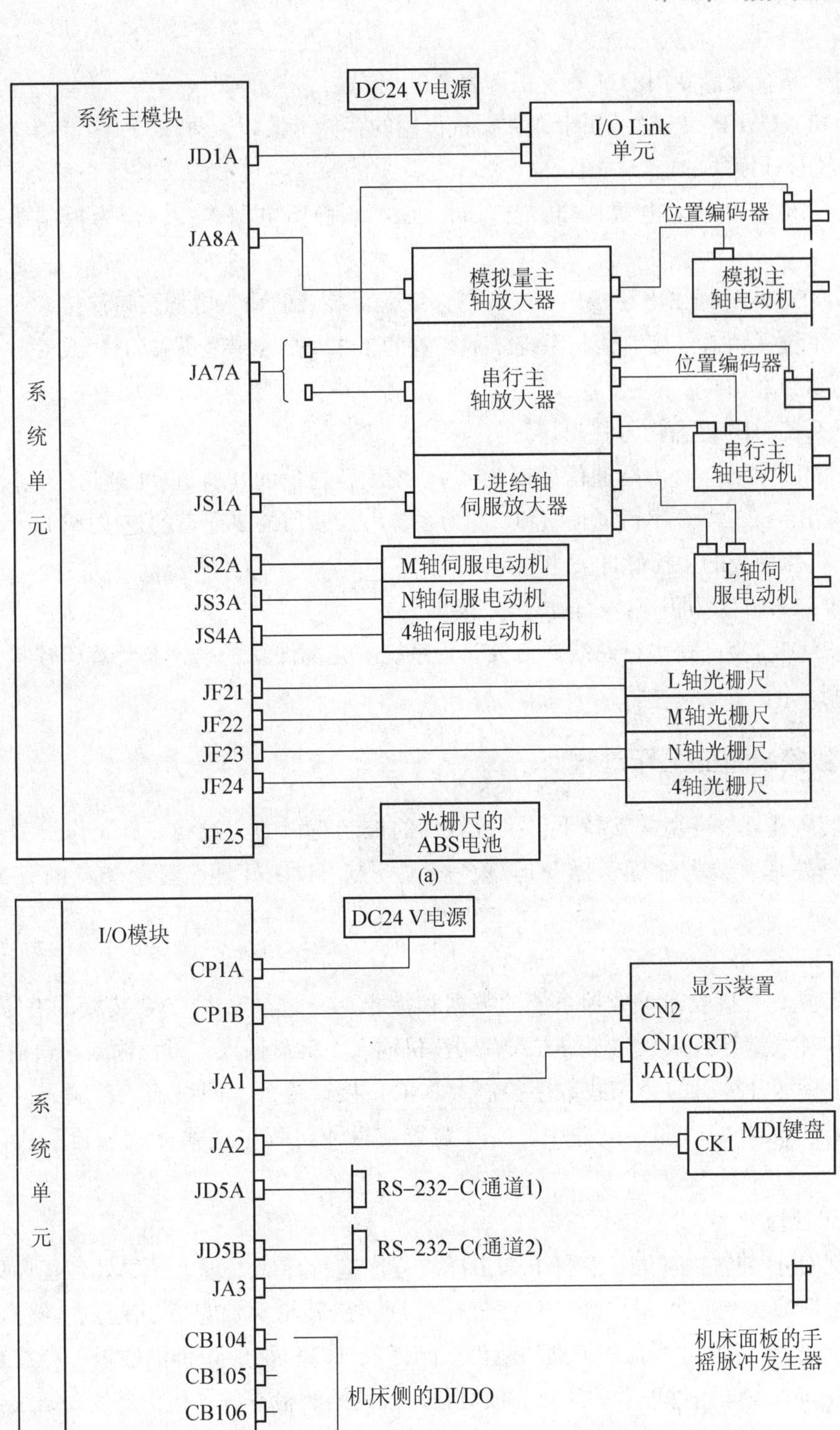

图 3.2　FANUC -0iA 数控系统连接示意图

（a）系统主模块连接图；（b）系统 I/O 模块连接图

RSW1：系统维修专用的开关（正常为“0”位置）。

MEMORY CARD：PMC 编辑卡或数据备份用的存储卡接口。

2. 系统 I/O 模块的连接

CP1A：DC24 V 输入电源接口，与外部 DC24 V 稳压电源连接，作为控制单元的输入电源。

CP1B：DC24 V 输出电源接口，一般与系统显示装置的输入电源接口连接。

JA1：系统视频信号接口，与系统显示装置的 JA1（显示装置为 LCD）或 CN1（显示装置为 CRT）接口连接。

JA2：系统 MDI 键盘信号接口。

JD5A：RS－232－C 串行通信接口 1，为系统串行通信的 0 通道、1 通道的连接接口。

JD5B：RS－232－C 串行通信接口 2，为系统串行通信的 2 通道的连接接口。

JA3：机床面板的手摇脉冲发生器接口。

CB104～CB107：机床输入/输出信号接口。

MINI SLOT：将高速串行总线通信板（为系统可先配件）的插槽与计算机连接，进行数据通信控制。

3.1.2 数控装置的工作过程

CNC 装置在硬件环境的支持下，执行软件的控制逻辑的全过程。其工作过程主要是对输入、译码处理、数据处理、插补运算、位置控制、I/O 处理、显示和诊断等方面进行控制。

1. 输入

CNC 装置首先接收输入数控系统的数据和指令。通常，输入 CNC 装置的有零件程序、控制参数和补偿量等数据。输入的方式有阅读机输入、键盘输入、磁盘输入、通信接口输入以及连接上一级计算机的分布式数字控制（DNC）接口输入、网络输入。输入的全部信息都存放在 CNC 装置的内部存储器中。CNC 装置在输入过程中还需完成校检和代码转换等工作。

2. 译码处理

输入到 CNC 装置内部的信息接下来由译码程序进行译码处理。译码处理程序以零件程序的一个程序段为单位将用户加工程序进行处理，使其轮廓信息（如起点、终点、直线、圆弧等信息）、加工速度信息和辅助功能信息翻译成计算机能够识别的数据，存放在指定的内存专用空间。在译码过程中，还要完成对程序段的语法检查等工作，若发现语法错误，便立即报警。

3. 数据处理

数据处理的任务就是将经过译码处理后存放在指定存储空间的数据进行处理。数据处理程序一般包括刀具补偿、进给速度处理等。刀具补偿包括刀具长度补偿和刀具半径补偿。

4. 插补运算

数控系统在加工曲线时，用折线轨迹逼近所要加工的曲线，这种依照一定方法确定刀具轨迹的过程称为插补运算。插补程序在每个插补周期运行一次，在每个插补周期中，根据指令进给速度计算出一个微小的直线数据段，通常经过若干次插补周期加工完成一个程序段，即从数据段的起点走到终点。

CNC 装置一边插补，一边加工，使刀具和零件做精确的符合各段程序的相对运动，从而加工出所需要的零件。

5. 位置控制

由于插补运算的结果是产生一个采样周期内的位置增量，因此，位置控制的主要任务是：在每个采样周期内，将理论位置与实际反馈位置相比较，用其差值去控制电动机，进而控制数控机床工作台（或刀具）的位移。在位置控制中，通常还要完成位置回路的增益调整、各坐标方向的螺距误差补偿和反向间隙补偿，以提高数控机床的定位精度。

6. I/O 处理

I/O 处理主要是处理 CNC 装置与机床之间来往信息的输入、输出和控制。

7. 显示

CNC 装置的显示主要是为操作者提供方便，通常有零件程序显示、参数显示、刀具位置显示、机床状态显示、刀具加工轨迹动态模拟图像显示（经济型机床一般没有该显示功能）、报警显示等。

8. 诊断

CNC 装置可利用内部自诊断程序进行故障诊断，及时对数控加工程序的语法错误、逻辑错误等进行集中检查，并加以提示。现代 CNC 装置中都有联机和脱机诊断功能。联机诊断是指 CNC 装置中的自诊断程序随时检查不正常的事件；脱机诊断是指系统在空运转条件下的诊断。一般 CNC 装置都配备有脱机诊断程序磁盘，用以检查存储器、外围设备和 I/O 接口等。脱机诊断还可以采用远程通信方式进行诊断，把使用的 CNC 装置通过电话线与远程通信诊断中心的计算机相连，由诊断中心的计算机对客户的 CNC 装置进行诊断、故障定位和修复。

3.1.3　数控装置的特点

1. 具有灵活性

CNC 装置以固定接线的硬件结构来实现特定的逻辑电路功能，一旦制成，就难以改变。而 CNC 装置只要改变相应的控制软件，就可改变和扩展其功能，以满足用户的不同需要。

2. 具有通用性

CNC 装置的硬件结构有多种形式，模块化硬件结构使系统易于扩展，模块化软件能满足各类数控机床（如车床、铣床、加工中心等）的不同控制要求。CNC 装置标准化的用户接口、统一的用户界面，既方便系统维护，又方便用户培训。

3. 丰富的数控功能

利用计算机的高速数据处理能力，CNC 装置能方便地实现许多复杂的数控功能，如二次曲线插补功能、曲面的直接插补功能、各类固定循环、函数和子程序调用、坐标系偏移和旋转、动态图形显示、刀具半径和长度补偿功能等。

4. 系统的可靠性高

零件 NC 程序在加工前输入 CNC 装置，经系统检查后调用执行，避免了零件程序错误。系统的许多功能都由软件来实现，使硬件的元器件数目大为减少，整个系统的可靠性得到改善，特别是采用大规模和超大规模集成电路时，硬件高度集成、体积小，进一步提高了系统的可靠性。

5. 使用维修方便

CNC 装置有诊断程序，当数控系统出现故障时，可显示出故障信息，使操作和维修人员能了解故障部位，从而减少维修、停机时间。CNC 装置有零件程序编辑功能，程序编制很方便。有的 CNC 装置还有对话编程和蓝图编程功能，使程序编制更加简便。零件程序编好后，可显示程序，甚至通过空运行，将刀具轨迹显示出来，以便检验程序的正确性。

6. 基于 PC 平台的机床数控系统的特点

以往数控系统的很多新性能都是从通用计算机移植而来的，一般有 5 年的滞后期。基于个人计算机（Personal Computer，PC）平台的机床数控系统大大缩短了滞后期，像触摸屏幕输入、声控输入、联网通信、超大容量存储等新性能，只要用户需要，基于 PC 平台的机床数控系统都能提供。

3.2 数控装置的硬件结构

3.2.1 数控装置的硬件结构类型

数控装置是整个数控系统的核心，其硬件结构按 CNC 装置中各印刷电路板的插接方式，可以分为大板式结构和功能模块式结构；按 CNC 装置硬件的制造方式，可以分为专用型结构和个人计算机式结构；按 CNC 装置中微处理的个数，可以分为单微处理器结构和多微处理器结构。

1. 大板式结构和功能模块式结构

（1）大板式结构

大板式结构的特点是：CNC 装置以一块大板为主，称为主板。主板上装有主 CPU 和各轴的位置控制电路等（集成度较高的系统把所有的电路都安装在一块板上），而其他具有一定功能的子板，如 ROM 板、RAM 板和 PLC 板都插在主板上面。大板式结构 CNC 装置的优点是结构紧凑、体积小、可靠性高、价格低，有很高的性能价格比，如 FANUC－6、

FANUC－0及A－B公司的8601就是大板式结构的CNC装置。大板式结构的缺点是硬件功能不易变动，柔性低。图3.3所示为FANUC－0大板式结构示意图。

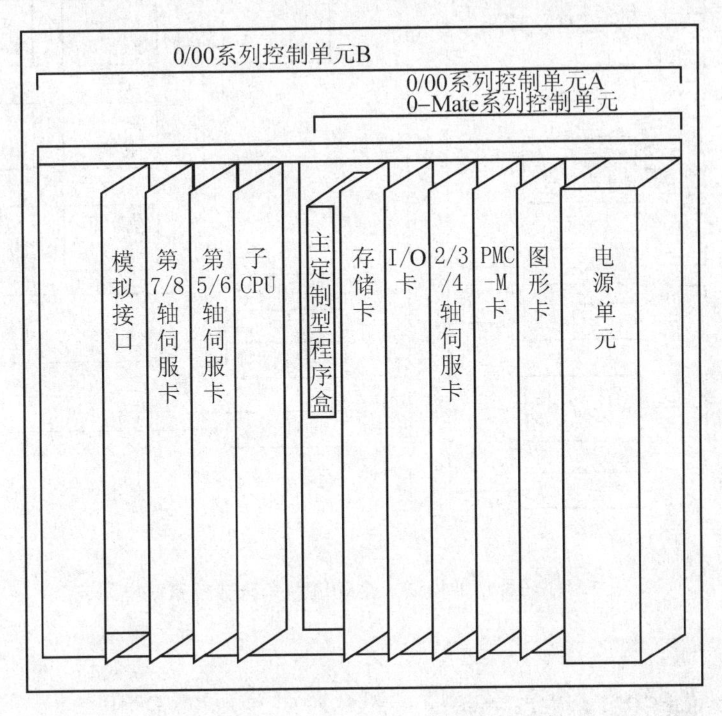

图3.3 FANUC－0大板式结构示意图

（2）功能模块式结构

在采用功能模块式结构的CNC装置中，将整个CNC装置按功能划分为模块，硬件和软件的设计都采用模块化设计方法，即每一个功能模块被做成尺寸相同的印刷电路板（称为功能模板），相应功能模块的控制软件也模块化。这样形成一个所谓的交钥匙CNC系列，用户只要按需要选用各种控制单元母板及所需功能模板，将各功能模板插入控制单元母板的槽内，就搭成了自己所需要的计算机数控系统的控制装置。常见的功能模板有CNC控制板、位置控制板、PLC板、图形板和通信板等。

例如，一种功能模块式结构的全功能型车床数控系统框图如图3.4所示，系统由CPU板（为微机基本系统）、扩展存储器板、显示控制板、手轮接口板、键盘和录音机板、强电输入板、伺服接口板和3块轴反馈板共10块板组成，连接各模块的总线可按需选用各种工业标准总线，如工业PC总线、STD总线、VME总线、Multibus总线（Ⅰ、Ⅱ）和Q总线等。FANUC系统15系列就采用了功能模块式结构。图3.5所示为FANUC 0i Mate TD数控车床CNC装置硬件的基本连接。

2. 专用型结构和个人计算机式结构

按CNC装置硬件的制造方式，可以将数控装置的硬件结构分为专用型结构和个人计算机式结构。

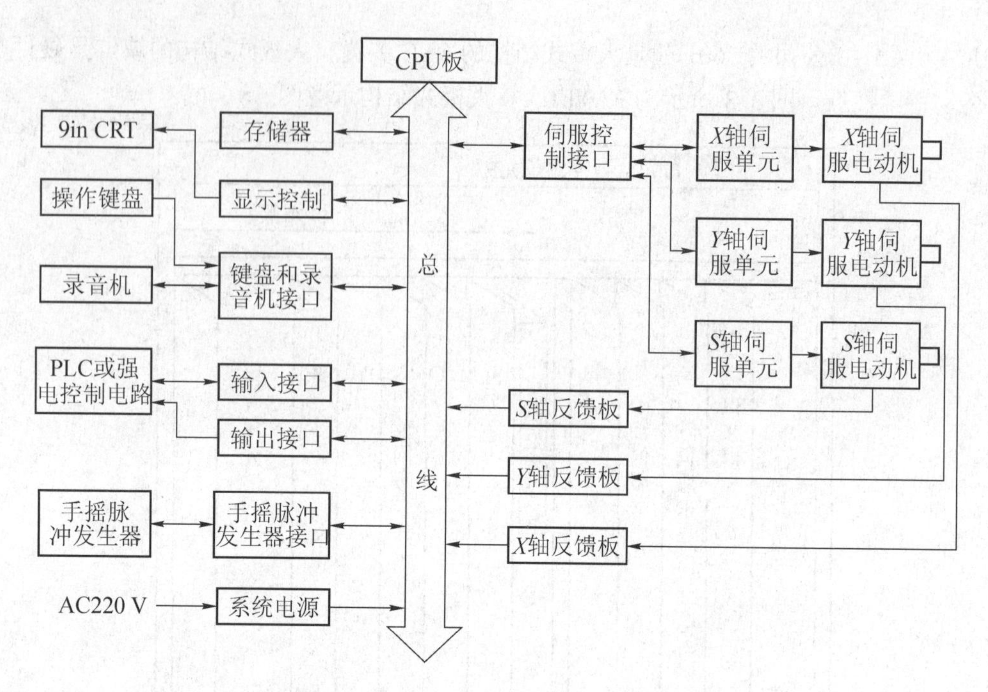

图 3.4 一种功能模块式全功能型车床数控系统框图

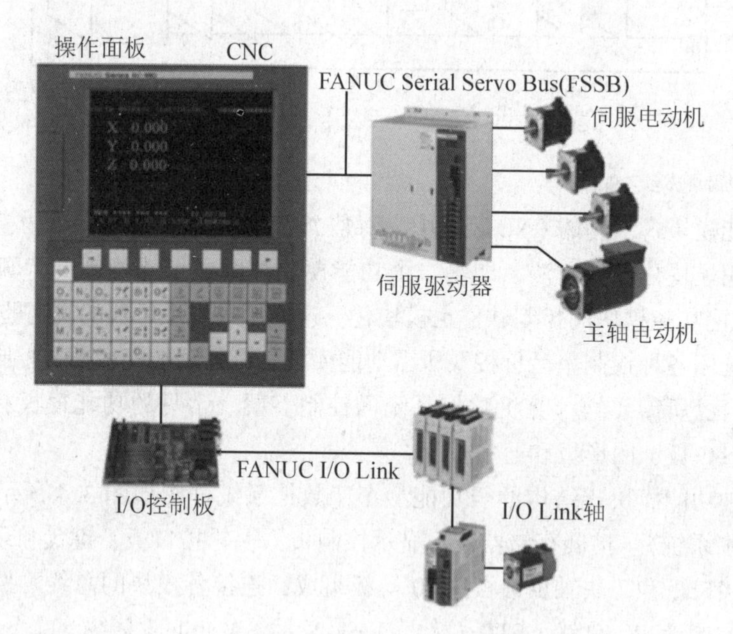

图 3.5 FANUC 0i Mate TD 数控车床 CNC 装置硬件的基本连接

（1）专用型结构

专用型结构计算机数控系统的硬件一般由数控系统生产厂商为其系统专门设计，布局合理、结构紧凑、专用性强，但硬件之间彼此不能交换和替代，没有通用性。如 FANUC 数控系统、SIEMENS 数控系统、美国的 A – B 系统、法国的 NUM 系统及我国的一些数控系统生产厂家生产的数控系统，都属于专用型。

(2) 个人计算机式结构

个人计算机式结构的计算机数控系统，是以工业PC机作为CNC装置的支撑平台，由各数控机床制造厂根据数控的需要，插入自己的控制卡和数控软件，构成相应的CNC装置，如图3.6所示。因为工业标准PC机采用与一般PC机同样的总线标准，所以，个人计算机式结构的CNC系统综合了一般PC机和工业控制计算机的特点。

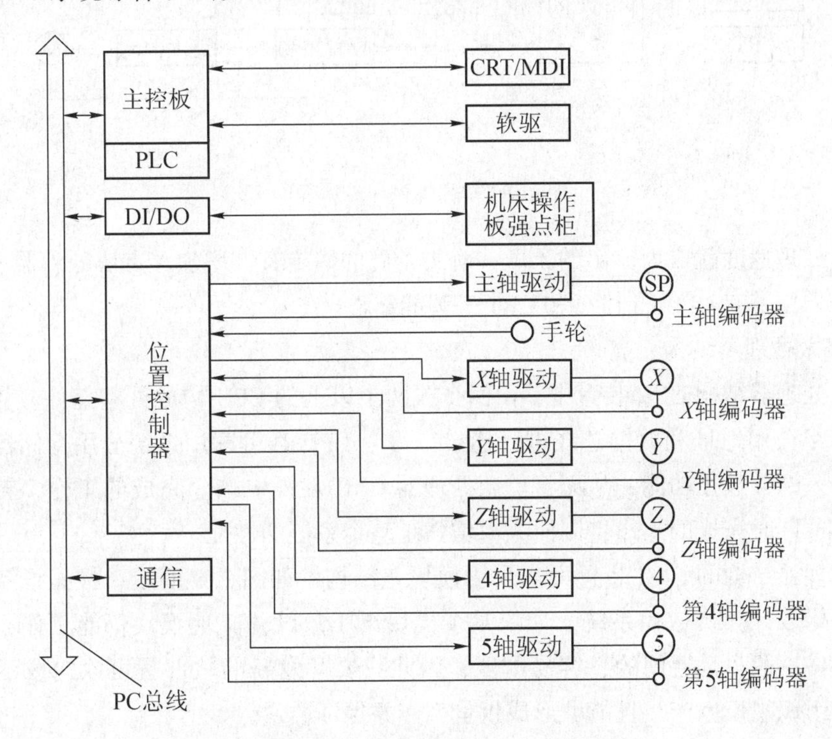

图3.6 以工业PC机为技术平台的数控系统

3. 单微处理器结构和多微处理器结构

(1) 单微处理器结构

所谓单微处理器结构，是指在CNC装置中只有一个微处理器（CPU），工作方式是集中控制、分时处理数控系统的各项任务，如存储、插补运算、输入/输出控制、CRT显示等，都需要通过总线与微处理相连。某些CNC装置中虽然用了两个以上的CPU，但能够控制系统总线的只是其中的一个CPU，它独占总线资源，通过总线与存储器、输入/输出控制等各种接口相连；其他的CPU则作为专用的智能部件，它们不能控制总线，也不能访问存储器，这是一种主从结构，故被归纳于单微处理器结构中。单微处理器结构框图如图3.7所示，其结构简单、容易实现。

在单微处理器结构中，由于仅由一个微处理器进行集中控制，故其功能将受CPU字长、数据字节数、寻址能力和运算速度等因素的限制。如果插补等功能由软件来实现，则数控功

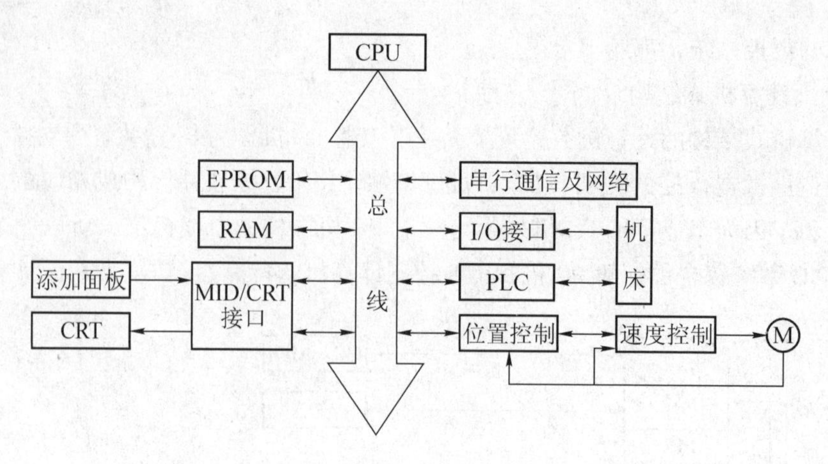

图 3.7 单微处理器结构框图

能的实现与处理速度就成为突出的矛盾。解决矛盾的措施有：增加浮点协处理器，由硬件分担精插补，采用带有 CPU 的 PLC 和 CRT 等智能部件。

（2）多微处理器结构

在多微处理器结构 CNC 装置中，由两个或两个以上的 CPU 构成处理部件。各处理部件之间通过一组公用地址和数据总线进行连接。每个 CPU 都可享用系统公用存储器或 I/O 接口，并分担一部分数控功能，从而将单微处理器 CNC 装置中顺序完成的工作，转变为多微处理器并行、同时完成的工作，因而大大增强了整个系统的性能。

多微处理器结构的 CNC 装置大都采用模块化结构，如图 3.8 所示。根据设备要求，选用功能模块构成计算机数控系统。如果某个模块出了故障，其他模块仍能工作，故可靠性高。由于硬件一般都是通用的，容易配置，因此只要开发新的软件就可以构成不同的 CNC 装置，便于组织规模生产，且能够形成批量生产并保证质量。

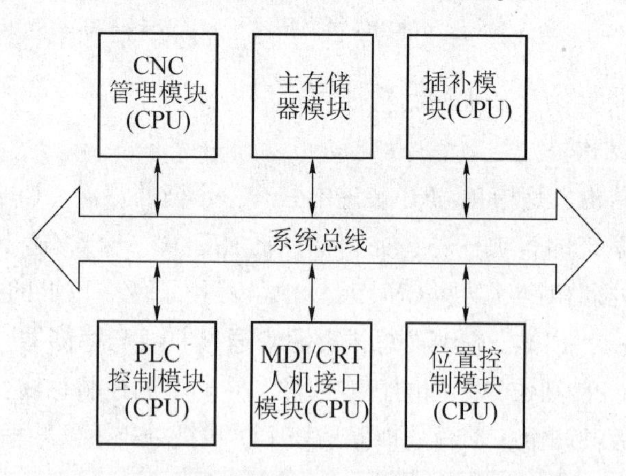

图 3.8 多微处理器结构的 CNC 装置组成框图

在设计多微处理器结构的 CNC 装置时，可根据具体情况合理划分其功能模块。常见的多微处理器结构 CNC 装置的基本功能模块有下面 6 种，如果希望扩充功能，可以再增加相应模块。

① CNC 管理模块

具有管理和组织整个 CNC 系统工作过程的职能，例如系统初始化、中断管理、总线裁决、系统出错识别和处理、系统软硬件诊断等。

② CNC 插补模块

首先完成对工件加工程序译码、刀具补偿、坐标位移量计算和进给速度处理等插补前的预处理工作，然后按给定的插补类型和轨迹坐标进行插补计算，向各个坐标轴发出位置指令值。

③ 位置控制模块

将插补后的坐标位置指令值与位置检测单元反馈回来的实际位置值进行比较，并进行自动加减速、回基准点、伺服系统滞后量的监视和漂移补偿，最后得到速度控制的模拟电压，进而驱动进给电动机。

④ PC 模块

对加工程序中的开关功能和来自机床的信号进行逻辑处理，实现各功能与操作方式之间的连锁，如机床电气设备的启动与停止、刀具交换、回转台分度、工件数量和运行时间的计算等。

⑤ 数据输入/输出和显示模块

数据输入/输出和显示模块包括加工程序、参数和数据、各种操作命令的输入（如通过磁盘、键盘或上级计算机等）和输出（如通过打印机、磁盘等）以及显示（如通过 CRT、液晶显示器等）所需要的各种接口电路。

⑥ 存储器模块

存储器模块是存放程序和数据的主存储器，也可以是各功能模块间传送数据用的共享存储器。

3.2.2　数控装置的接口电路

1. 输入设备接口

CNC 装置常配备的输入设备有纸带阅读机、手动数据输入、磁带机、磁盘机及其相应接口，其中最常用的是纸带阅读机和手动数据输入(键盘)。

手动数据输入(MDI)方式通过数控面板上的键盘手动输入程序段和数据。MDI 方式多用于加工过程中程序段的修改、插入和删除，以及数控机床的调试。在这种方式下，操作者可以一边输入数据，一边对 CRT 显示的信息进行观察、判断，并做相应的处理。

键盘是 CNC 装置常用的人机对话输入设备。键盘分为编码键盘和非编码键盘两种。由于非编码键盘可以为计算机数控系统软件自行定义，而且已有很多专用可编程接口芯片都实现了键盘功能，因此，实际应用中一般都采用非编码式键盘。这种键盘可提供行和列的矩阵，按键的识别和相应编码的产生由专用程序完成。

2. I/O 接口电路

CNC 装置与外部设备连接时，其输入/输出接口芯片一般不能与外部设备直接相连，常需要附加 I/O 接口电路，负责与设备的连接。

(1) I/O 接口电路的主要任务

① 实现和不同外部设备的速度匹配

不同外部设备的工作速度差别很大，但大多数外部设备的速度都很慢，无法与微秒级的 CPU 媲美。CPU 和外部设备间的数据传送方式共有同步、异步、中断和直接内存访问（Direct Memory Access，DMA）四种，不论设计者采用哪种数据传送方式来设计 I/O 接口电路，所设计的接口电路本身必须能实现 CPU 和外部设备间工作速度的匹配。通常，I/O 接口采用中断方式传送数据，以提高 CPU 的工作效率。

② 改变数据传送方式

通常，I/O 数据有并行和串行两种传送方式。一般 CPU 内部数据传送是并行的，而有些外部设备中的数据传送是串行的。因此，在和采用串行传送数据的外部设备联机工作时，CPU 必须采用能够改变数据传送方式的 I/O 接口电路，也就是说，这种 I/O 接口电路必须具有能把串行数据变换成并行传送（或把并行数据变换成串行传送）的功能。

③ 进行电平转换和功率放大

CNC 装置的信号一般都是晶体管 - 晶体管逻辑集成（Transistor-Transistor Logic，TTL）电平，但被控制设备特别是机床的控制信号不一定都是 TTL 电平，因此有必要进行电平转换，即把开关或继电器具有的“开”、“关”两种状态信号变成 CNC 装置可识别的高、低电平。CNC 装置输出的信号也必须经过驱动功放环节，将其放大后驱动继电器等动作。

④ 防止干扰

为防止外围设备、电源等引起的干扰（如噪声引起的误动作），常使用光电耦合器、脉冲变压器和继电器，把 CNC 装置与被控制设备的信号进行隔离，并实现不同电源的外部设备与 CNC 装置的接口。

(2) 输入接口电路

输入接口电路是 CNC 装置的接收电路，用于接收送入 CNC 装置的信号，如机床操作面板开关信号、按钮信号和机床的各种限位开关信号等。图 3.9 所示是触点输入接口电路，当机床一侧的触点闭合时，+24 V 的电压加到接收器电路上，经滤波和电平转换处理后，送入 CNC 装置，成为 CNC 可以接收和处理的信号。图 3.10 所示是电压输入接口电路，电压信号若是频率较高的信号，应使用屏蔽电缆，并注意去除噪声。直流输入信号也可以采用光电耦合器，此时，图中的滤波和电平转换电路由光电耦合器取代。

(3) 输出接口电路

输出接口电路是 CNC 装置的输出电路，用于 CNC 装置给机床发送信号，如将各种机床工作状态指示灯的信号送到操作面板或把控制机床动作的信号送到强电电路，即可以驱动指示灯或继电器。如图 3.11（a）中所示 CNC 装置的输出电路采用继电器的触点输出，由于电路采用预通电路，故当触点断开时，加在灯上的电压只有 8 V，触点闭合后为 24 V。图 3. 11（b）中 CNC 装置的输出电路采用光电耦合器实现无触点输出。

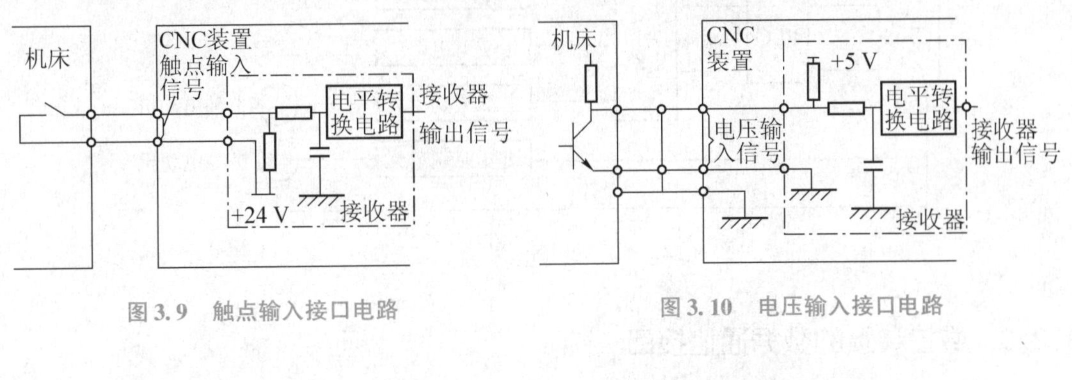

图 3.9　触点输入接口电路

图 3. 10　电压输入接口电路

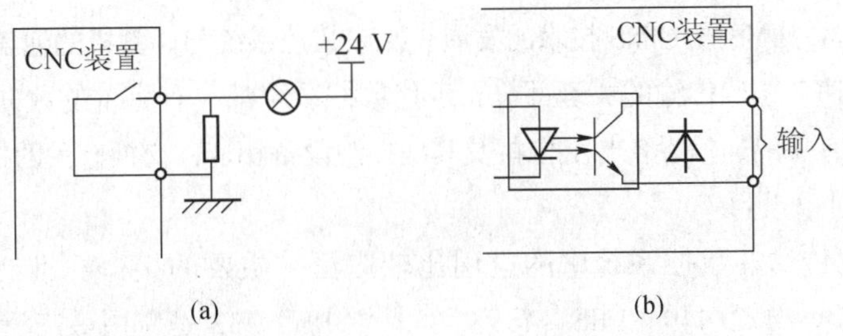

图 3. 11　输出接口电路

3. 可编程序控制器（PLC）接口

PLC 在数控机床上替代了传统机床强电的继电器逻辑控制。PLC 位于机床和 CNC 装置之间，对 CNC 装置和机床的输入/输出信号进行处理。机床一侧包括机床机械部分及液压、气动、冷却、润滑、排屑等辅助装置，以及机床操作面板、继电器线路、机床强电线路等。CNC 装置一侧包括 CNC 软件和硬件，以及与 CNC 装置相连的其他外部设备。

PLC 主要有两类：内装型和独立型。其中，内装型 PLC 使用较多，即在 CNC 装置中带有 PLC 功能。PLC 主要由 CPU 和 I/O 接口组成，可以与 CNC 装置共用一个 CPU，也可以有独立的 CPU。PLC 的 I/O 接口是机床与 CNC 装置交换信息必不可少的接口。图 3. 12 所示为内装型 PLC 用于机床与 CNC 装置进行信息交换的原理示意图。PLC 与 CNC 装置之间的信息交换，主要是由 CNC 发给 PLC 各种功能代码 M、S、T 的信息，PLC 传送给 CNC 的信息主要是数控机床各坐标轴对应机床参考点的信息，以及 M、S、T 功能的应答信号等。

PLC 向机床传递的信息主要是控制机床的执行元件如电磁阀、接触器、继电器，以及确保机床各运动部件状态的信息和故障信息。机床传给 PLC 的信息主要是机床操作面板上及机床床身上的各开关、按钮等信息，包括机床启动/停止、机构变速选择、主轴正反转和停止、冷却液的开和关、各坐标轴的点动、刀架夹盘的夹紧与松开等信号，以及上述各部件的限位开关等保护信号、主轴伺服保护状态监视信号和伺服系统运行准备信号等。

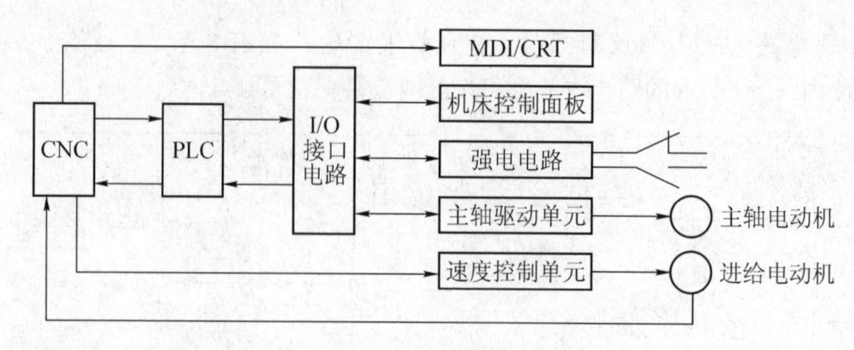

图 3.12 机床与 CNC 装置的信息交换

3.2.3 数控装置的数据通信接口

随着 CAD/CAM、FMS 及 CIMS 技术的发展，机床数控系统与计算机的通信显得越来越重要。接口是保证信号快速、正确传输的关键部分，现代数控系统都具有完备的数据传送和通信接口，通过计算机网络或有关的通信设备与上位机及其他控制设备相连，交换有关的控制信号和数据。

1. 异步串行通信接口

异步串行数据传送在数控系统中的应用比较广泛，主要的接口标准有 EIA RS－232C/20 mA 电流环、EIA－422/449 和 RS－485 等，其中 RS－232 是应用最广泛的标准。

在数控系统中，RS－232C 接口主要用于连接输入/输出设备、外部机床控制面板或手摇脉冲发生器。图 3.13 所示为数控系统中标准的 RS－232C/20 mA 接口结构，它可将 CPU 的并行数据转换成串行数据并发送给外部设备，也可以从外部设备接收串行数据并把它转换成可供 CPU 使用的并行数据。在使用 RS－232C 接口时，应注意以下几个问题。

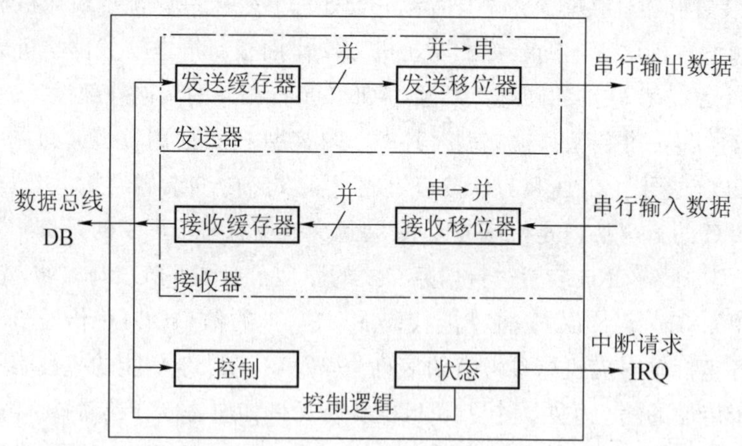

图 3.13 数控系统中标准的 RS－232C 接口示意图

（1）RS－232C 协议规定了数据终端设备（Data Terminal Equipment，DTE）与数据通信设备（Data Communication Equipment，DCE）间连接的信号关系。在连接设备时要区分是数据终端设备还是数据通信设备，在接线时注意不要接错。

（2）公布的RS-232C协议规定，一对器件间的电缆总长不得超过30 m，传输速率不得超过9 600 bps。西门子的数控系统规定连接距离不得超过50 m。

（3）RS-232C协议规定的电平与TTL和MOS电路不同。RS-232C协议规定，逻辑“0”要高于3 V，逻辑“1”要低于-3 V，电源采用±12 V或±15 V。

数控系统中的20 mA电流通常与RS-232C一起配置。20 mA电流环用于控制电流，逻辑“1”为20 mA电流，逻辑“0”为零电流，在环路中只有一个电流源。电流环对共模干扰有抵制作用，可采用隔离技术消除接地回路引起的干扰，其传输距离可达1 000 m。

数控机床和电脑的连接如图3.14所示，RS-232C接口在数控机床上有25针串口，其特点是结构简单，用一根RS-232C电缆和电脑进行连接，实现在计算机和数控机床之间进行系统参数、PMC参数、螺距补偿参数、加工程序、刀补等数据的传输，完成数据备份和数据恢复，以及DNC加工和诊断维修。

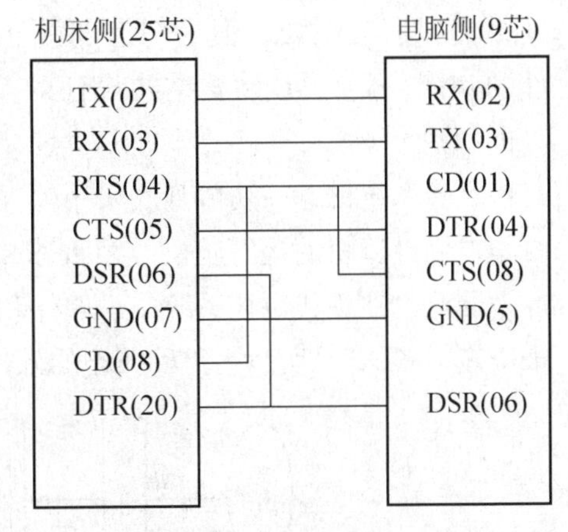

图3.14　数控系统中RC-232C与电脑连接示意图

2. 网络接口

随着工业生产自动化技术的发展，单台数控早已不能满足要求，需要与其他设备和计算机一起通过工业局部网络（Local Area Networks，LAN）联网，以构成FMS或CIMS。计算机网络就是利用通信设备和线路将分布在不同地理位置的、功能独立的多个计算机系统连接起来，以功能完善的网络软件（网络通信协议及网络操作系统等）实现网络中资源共享和信息传递的系统。但当用户应用程序、文件传输信息包、数据库管理系统和电子部件等互相通信时，它们必须事先约定一种规则（如交换信息的代码、格式以及如何交换等），这种规则、标准或约定就称为协议。

现代网络通信以多种通信协议模型为理论基础，比较著名的、基础性较强的是由国际标准化组织提出的“开放系统互联参考模型”OSI和IEEE802局部网络的有关协议。

3.3　数控装置的软件结构

数控系统的软件结构取决于CNC装置中软件和硬件的分工，也取决于软件本身所应完成的工作内容。下面将介绍CNC装置中软件结构的特点。

3.3.1　数控系统的软、硬件界面

数控系统由软件和硬件组成，软件的运行要依靠硬件环境的支持。软件与硬件的关系非常密切，两者缺一不可。没有硬件，软件不能成立；没有软件，硬件便无法工作。如果硬件性能不高，字长短，指令系统不丰富，运算速度慢，内存容量小，缺乏专用的

大规模集成电路，就无法运行高性能的软件。只有高性能的硬件，才有可能编出高性能的控制软件；而高性能的软件还可以弥补硬件的某些不足，控制软件在整个数控系统中的地位是举足轻重的。

数控系统的设计必须兼顾硬件和软件，同一般计算机系统一样，由于软件和硬件在逻辑上是等价的，因此，在数控系统中，由硬件完成的工作在理论上讲也可以由软件来完成。但是，硬件和软件在实现这种功能时各有不同的特点：硬件处理速度快（一般为微秒级），但成本高，灵活性差，实现复杂控制的功能较差；软件处理花费少，设计灵活，适应性强，但处理速度慢（一般为毫秒级）。因此，如何合理地确定软件、硬件的功能，是 CNC 装置结构设计的重要任务。这就是所谓的软件和硬件的功能界面划分的概念。

数控系统的某一功能到底采用软件实现还是硬件实现，须由多种因素决定，这些因素主要是专用计算机的运算速度、所要求的控制精度、插补算法和运算时间，以及性能价格比等。因此，在现代数控系统中，软件和硬件的界面关系是不固定的，设计者可根据具体情况来确定。图 3. 15 所示为 4 种典型的软件和硬件的界面关系。

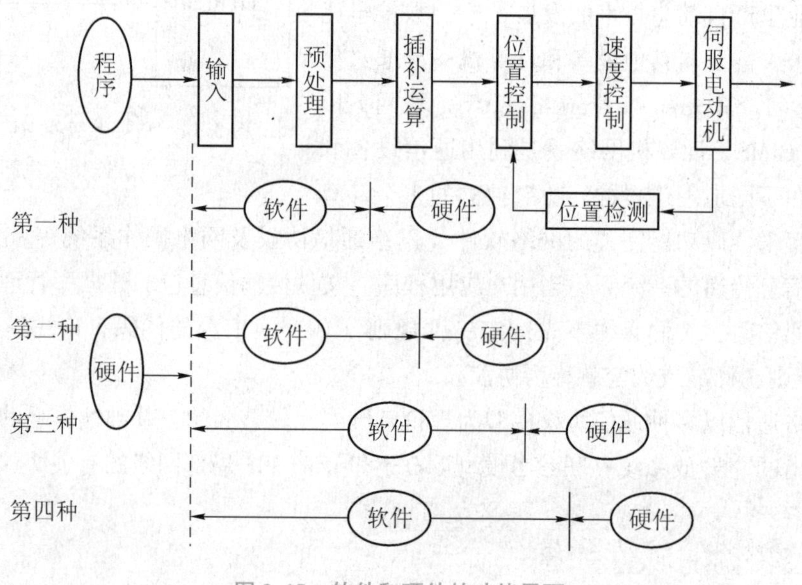

图 3. 15　软件和硬件的功能界面

3. 3. 2　数控装置软件分析

1. 内部信息流的转换过程

根据零件图纸和机械加工工艺编写出数控加工程序并输入 CNC 装置，在内部进行一系列的处理后，输出相应的位置控制信号给伺服系统，经过电动机和滚珠丝杆螺母副驱动工作台或刀具进行移动，最后加工出合格的零件。CNC 装置中内部数据的转换过程如图 3. 16

所示。

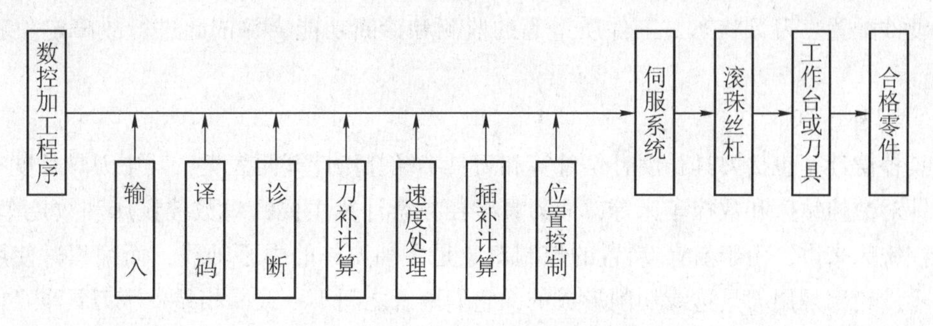

图3.16　CNC装置中内部数据的转换过程

（1）输入

输入CNC装置的信息包括数控加工程序、系统控制参数和各种补偿数据等。对于其中大量的数控加工程序来讲，输入方式主要有光电式纸带阅读机输入、键盘输入、存储器输入和通信方式输入4种。纸带阅读机输入只在早期使用过，由于其可靠性较差，目前基本不再采用。存储器输入又分为内存储器输入和外存储器输入两种。所谓内存储器输入，是指将数控加工程序一次且全部输入CNC装置的内部存储器中（如CMOSRAM、NVNAM、EEP－ROM、FLASH MEMORY等），加工时再从存储器中逐段调出程序进行处理。所谓外存储器输入，是指通过软盘或硬盘将数控加工程序输入CNC装置中执行。键盘输入方式包括手动数据输入（MDI）和操作面板（PANEL）输入，它们主要输入小型或部分数控加工程序、系统控制参数、操作命令或修改程序、参数等。通信方式输入是现代数控机床使用得越来越多的一种途径，主要包括串行方式、DNC方式和网络方式等。

一个或多个数控加工程序输入CNC装置后，必须按某种约定的格式存储在内存中，并且要求能对它们进行各种编辑处理，包括搜索、插入、删除、替换和修改等操作。

（2）译码

所谓译码，就是将输入的数控加工程序段按一定的规则翻译成CNC装置中计算机能识别的数据形式，并按约定的格式存放在指定的译码结果缓冲器中。具体来讲，译码就是从数控加工程序缓冲器或MDI缓冲器中逐个读入字符，先识别出其中的文字码和数字码，然后根据文字码所代表的功能，将后续数字码发送到相应的译码结果缓冲器单元中。

（3）诊断

在译码过程中，还要进行数控加工程序的诊断，也就是利用控制软件检查加工程序的正确性，把凡是不符合数控机床编程手册规定的加工程序找出来，通过显示器提示，机床操作人员进行修改。诊断内容主要包括数控加工程序的语法错误和逻辑错误，其中语法错误主要是指某个功能代码的错误，而逻辑错误主要是指一个数控机床加工程序段或整个数控加工程序内各个功能代码之间互相排斥、互相矛盾的错误。这种诊断过程大多是贯穿在译码软件中完成的，有时也会专门设计一个诊断软件模块来完成。

在 CNC 装置中，除数控加工程序的诊断外，一般还具有对机床状态、几何精度、润滑情况、硬件配置、刀具状态、工件质量等的监测和诊断功能，并依此进行故障定位和指导修复。

（4）刀补计算

刀具补偿计算包括刀具长度补偿计算和刀具半径补偿计算两大类，其中刀具长度补偿计算主要针对数控钻床和数控车床等，而刀具半径补偿计算主要针对数控铣床和数控车床等。对于数控铣床来讲，由于 CNC 装置的控制对象是主轴刀具的中心轴线，而编程时使用图纸标注的零件轮廓是用刀具边缘切削形成的，它们两者之间不一致，相差一个刀具半径值，可见，刀具半径补偿计算就是将刀具边缘轨迹偏移到刀具中心。

（5）速度处理

数控加工程序中给定的进给速度 F 代码是指零件切削方向的合成线速度，CNC 装置无法对此进行直接控制。因此，速度处理实际上就是根据零件的几何轮廓信息将合成进给速度分解成各个坐标轴的分速度，然后通过各个轴的伺服系统实现相应的分速度控制，最终数控机床就可得到所要求的线速度。另外，数控机床所允许的最低速度、最高速度、最大加速度和最佳升降速曲线的控制，都是在这个环节中实现的。

（6）插补计算

所谓插补，就是根据数控加工程序给定的零件轮廓尺寸，结合精度和工艺方面的要求，在已知的这些特征点之间插入一些中间点的过程。换句话说，就是在零件轮廓起点与终点之间的曲线上进行“数据点的密化过程”。当然，中间点的插入是根据一定的算法由数控装置控制软件或硬件自动完成的，以此来协调、控制各坐标轴的移动，从而获得所要求的运动轨迹。

（7）位置控制

位置控制处在伺服回路的位置环中，这部分工作可以由软件完成，也可由硬件实现。其主要任务就是根据插补结果求得命令位置值，然后与实际反馈位置值相比较，利用其误差值去控制伺服电动机，驱动工作台或刀具朝着减小误差的方向运动。在位置控制中，通常还要完成位置回路的增益调整、各坐标轴的零漂、反向间隙和螺距误差的补偿，以提高机床的定位精度。

2. 软件任务分析

CNC 装置是一个专用的实时多任务计算机系统，其控制软件中融合了管理和控制两种性质的任务。

CNC 装置的控制软件具有多任务性和实时性两大特点。图 3.17 所示表明了 CNC 装置中基本任务之间的并行处理关系。例如，当 CNC 装置正处于加工状态时，为了保证加工的连续性，在各程序段之间不能停顿，因此，各数控加工程序段的预处理、插补计算、位置控制和各种辅助控制任务都要及时进行。为了使操作人员及时了解和干预数控系统的工作状态，在执行加工任务的同时应该及时进行一些人机交互处理，即：显示加工状态，接受操作人员通过面板输入的各种改变系统工作状态的控制命令等。为了及时检查和预报硬、软件的各种故障，系统在运行控制程序和人机交互程序的同时要及时运行诊断程序。此外，系统还可能被要求及时完成通信等其他任务。

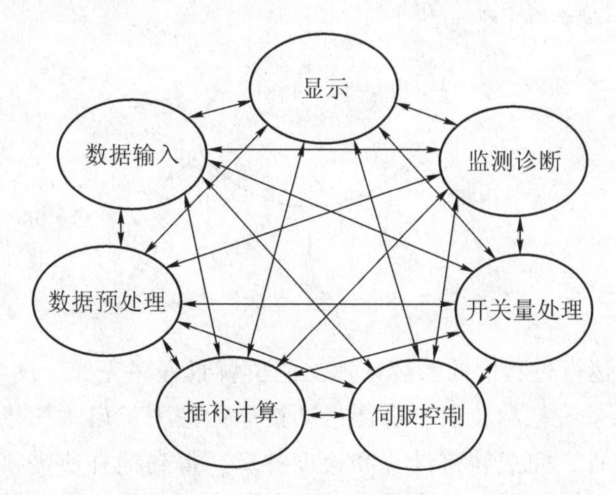

图3.17　数控系统各基本任务之间的并行处理关系

针对数控装置软件的上述特点，可采用并行处理技术来确定整个系统的软件结构。所谓并行处理，就是指在同一时刻或同一时间间隔内完成两种或两种以上性质相同或不相同的工作。从硬件出发，可以采用设备重复的并行处理技术，例如多微处理器的CNC装置就是这种技术的典型应用。从软件出发，可以采用分时的并行处理技术和多重中断的并行处理技术，下面将对此进行更深入的介绍。

3.3.3　数控装置的软件结构类型

CNC装置是一个实时性很强的多任务计算机系统，在它的控制软件中，融会了许多当今计算机软件先进技术，其中前后台型软件结构、中断型软件结构和功能模块型软件结构最为突出。

1. 前后台型软件结构

前后台型软件结构适合于采用集中控制的单微处理器CNC装置。在这种软件结构中，CNC装置软件由前台和后台程序组成，前台程序为实时中断程序，承担了绝大部分的实时功能，这些功能都与机床动作直接相关，如位置控制、插补、辅助功能处理、监控、面板扫描及输出等。后台程序主要用来完成准备工作和管理工作，包括输入、译码、插补准备及管理等，通常称为背景程序。背景程序是一个循环运行程序，在其运行过程中不断插入实时中断程序，前后台程序相互配合完成加工任务。如图3.18所示，程序启动后，运行完初始化程序即进入背景循环程序，同时开放定时中断，每隔一固定时间间隔（如10.24 ms）发生一次中断，执行一次中断服务程序，就这样，中断程序和背景程序有条不紊地协调工作。

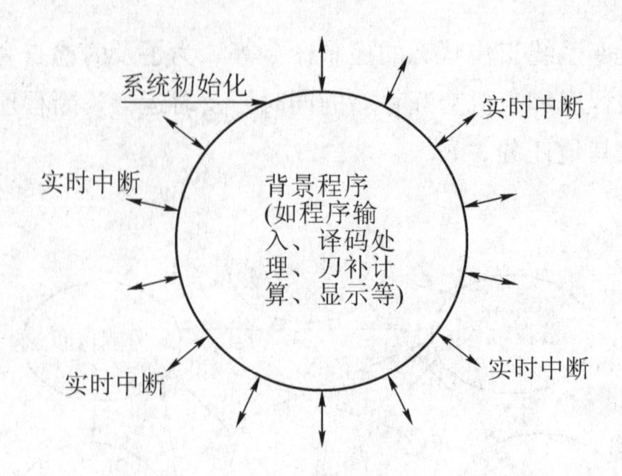

图 3.18 前后台型软件结构

前后台型软件在运行过程中的调度管理功能由背景程序完成。图 3.19 所示是一个经过简化的程序框图，系统初始化后，等待启动按钮的按下，启动按钮按下后，对第一个程序段译码进行预处理，完成轨迹计算和速度计算，得到插补所需要的各项数据，如刀具中心轨迹的起点和终点坐标、刀具中心的位移量、圆弧插补时圆心的各坐标分量等，并将所得到的数据发送至插补缓冲存储区保存。若有辅助功能代码（M、S、T），则将其发送至系统工作寄存器。接下来，将插补缓冲存储区的内容送至插补工作存储区，系统工作寄存器中的辅助功能代码送至系统标志单元，以供使用。完成交换后设置标志（数据交换结束标志、开始插补标志），标志尚未设置之时，尽管定时中断照常发生，但并不执行插补及辅助信息处理等功能，仅执行一些例行的扫描、监控等功能。只有在标志设置之后，实时中断程序才能进行插补、伺服输出、辅助功能处理，同时开始对下一段程序进行译码、预处理。系统必须保证在当前程序插补过程中完成下段程序的译码和预处理，否则将会出现加工中停刀的现象。由上述可知，背景程序是通过设置标志来达到对实时中断程序的管理和控制的。

自设立两个标志，到程序段插补完成这段时间，数控系统工作最为繁忙。在这段时间里，中断程序进行本程序段的插补及伺服输出，同时背景程序完成下一程序的译码和预处理，即在一个插补周期内，实时中断程序占一部分时间，其余的时间则留给背景程序。插补、伺服输出与译码、预处理分时共享（占用）CPU，以完成多任务并行处理，这就是所谓的资源分时共享。

通常，下一程序段的译码和预处理时间比本程序的插补运行时间短，因此，在背景程序中还有一个等待插补完成的循环，在等待的过程中不断进行 CRT 显示。本程序段插补加工结束后，整个零件的加工尚未结束，则系统开始新的循环，直至整个零件加工结束，则停机。

定时中断服务程序是系统的核心，除了进行插补和位置控制外，还要完成面板扫描、机床逻辑控制及实时诊断等任务。定时中断服务程序框图如图 3.20 所示。

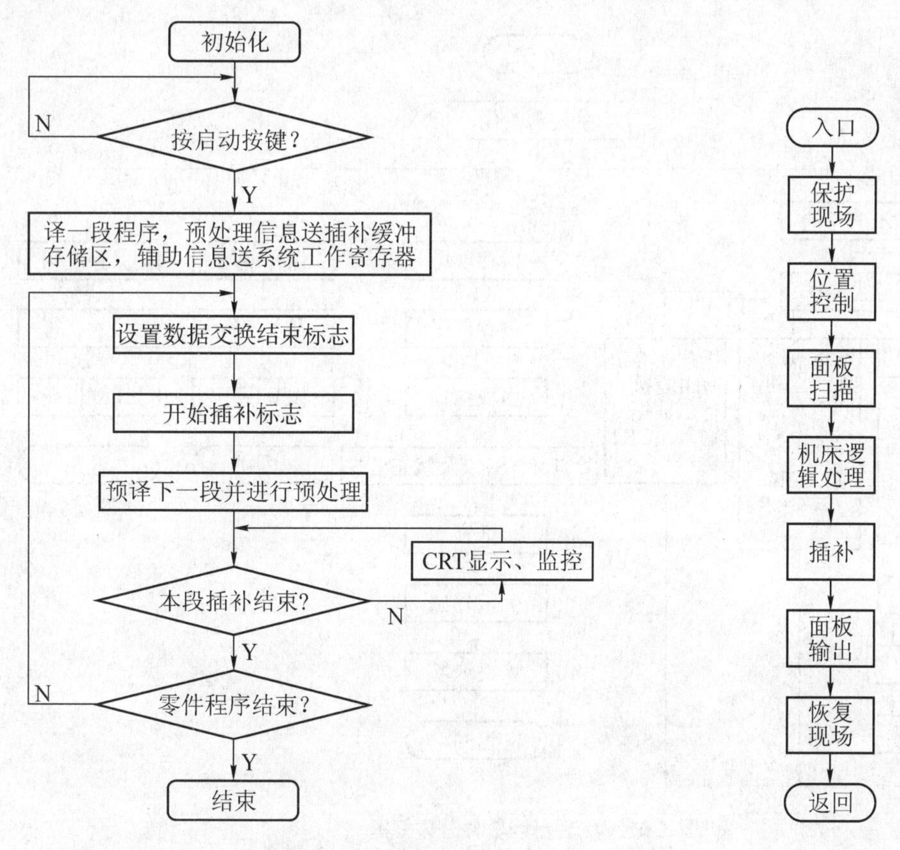

图 3.19　背景程序的调度管理功能　　　　图 3.20　定时中断服务程序框图

在定时中断服务程序中，首先要进行位置控制，对前一插补周期中坐标轴的实际位移增量进行采样；再根据前一插补周期插补得到的位置（经过齿隙补偿）计算出当前的跟随误差，进而得到进给速度指令，驱动电动机运动；接下来对主控制面板和辅助控制面板进行扫描，设置面板状态的系统标态。

机床逻辑处理包括调用 PLC 程序执行 M、S、T 辅助功能及机床逻辑状态监控；处理程序面板的输入信息，对诸如启动、停止、改变工作方式、手动操作、进给率调节做出响应；进行各种故障的诊断处理，如超程、超温、熔断、阅读机出错、急停、辅助功能执行状态等。

当插补条件得到满足时，执行插补程序，算出位置增量，作为下一插补周期的位置增量数据。面板输出是指扫描和修正控制面板的显示，为操作者指明系统的当前状态。

图 3.21 所示是一个 CNC 装置的前后台型软件总体框图。该软件设置 3 种中断：可屏蔽 10.24 ms 定时中断、光电阅读机中断和键盘中断。其中，光电阅读机中断优先级最高，10.24 ms定时中断次之，键盘中断最低。10.24 ms 中断定时发生，光电阅读机中断在启动阅读机后发生，键盘中断在键盘方式下发生。

CNC 装置接通电源或复位后，首先运行初始化程序，然后设置有关标志和参数，设置

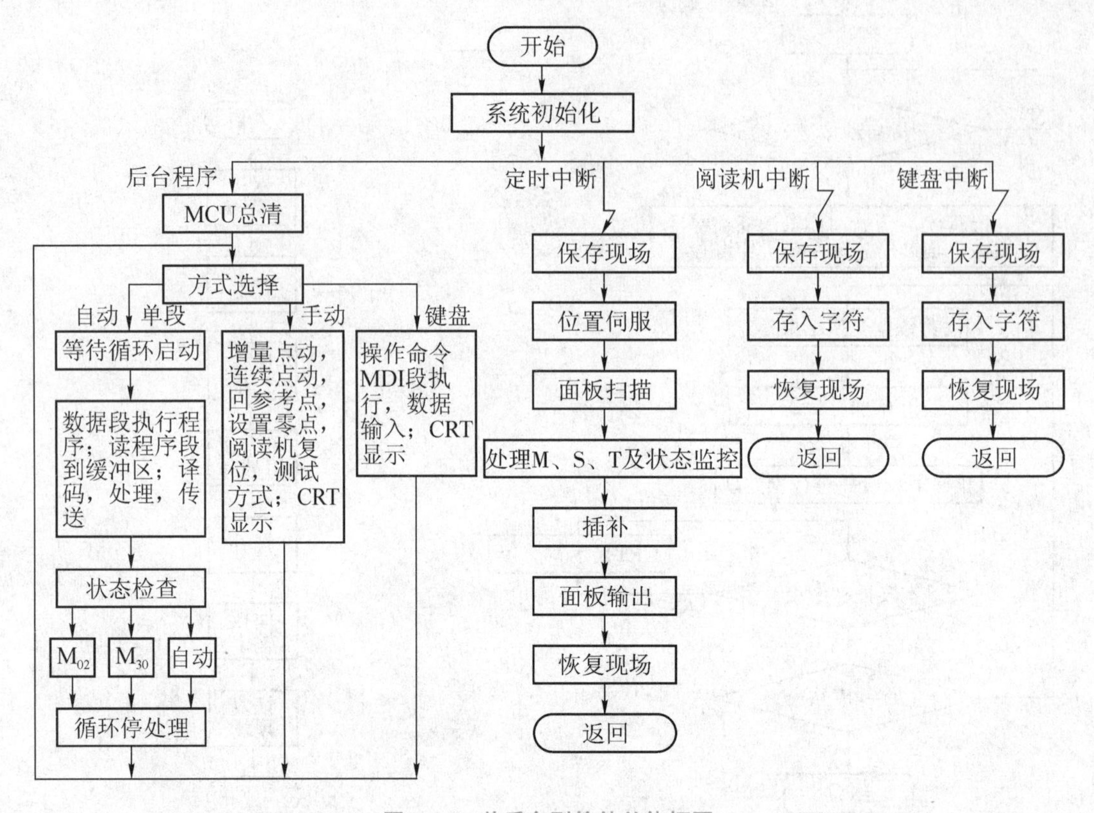

图 3.21　前后台型软件总体框图

中断向量，开放 10.24 ms 定时中断。后台程序启动后，进行机床控制单元（Machine Control Unit，MCU）总清零，清零件缓冲区、键盘 MDI 缓冲区、暂存区、插补参数区等，并使系统进入初始控制状态。系统设有 4 种工作方式，即自动、单段、键盘和手动方式，其中：自动、单段方式在加工中采用；键盘方式主要处理各种各样的键盘命令，如编辑、输入/输出数据、设定参数等；手动方式主要处理点动、回原点等。按方式选择开关（当 10.24 ms 中断程序扫描到面板上方式选择开关状态的变化时），即可进入相应方式的服务程序，各方式的服务程序的出口又返回到方式选择程序。

2. 中断型软件结构

中断型软件结构没有前后台之分，除了初始化程序外，根据各控制模块实时要求的不同，把控制程序安排成不同级别的中断服务程序，整个软件是一个大的多重中断系统，系统的管理功能主要通过各级中断服务程序之间的通信来实现。表 3.1 所列为一典型的数控系统中断型软件结构，该结构将控制程序分为 8 级中断程序，其中 7 级中断级别最高，0 级中断级别最低。位置控制被安排在级别较高的中断程序中，其原因是刀具运动的实时性要求最高，CNC 装置必须提供及时的服务。CRT 显示级别最低，在不发生其他中断的情况下才进行显示。

表 3.1 数控系统中断型软件结构

中断级别	主 要 功 能	中 断 源
0	控制 CRT 显示	硬件
1	译码、刀具中心轨迹计算、显示处理	软件，16 ms 定时
2	键盘监控、I/O 信号处理、穿孔机控制	软件，16 ms 定时
3	外部操作面板、电传打字机处理	硬件
4	插补计算、终点判别及转段处理	软件，8 ms 定时
5	阅读机中断	硬件
6	位置控制	4 ms 硬件时钟
7	测试	硬件

3. 功能模块型软件结构

在数控系统中，为了实现实时性和并行性的控制任务，多微处理器结构越来越多地被使用，从而使数控装置的功能进一步增强，处理速度更快，结构更加紧凑。它更适合于多轴控制、高进给速度、高精度和高效率的数控系统。

多微处理器 CNC 装置一般采用模块化结构，每个微处理器分担各自的任务，形成特定的功能模块，相应的软件也模块化，形成功能模块型软件结构，固化在对应的硬件功能模块中，各功能模块之间有明确的软、硬件接口。

许多数控系统生产厂家都采用了这种功能模块型结构，如 SIEMENS 公司的 SINUMERIK 840C 系统就是这种结构的一个实例，如图 3.22 所示。该系统的 CNC 单元主要由三大模块组成，即人机通信（Man-Machine Interface，MMC）模块、数控核心（Numerical Control Kernel，NCK）模块和可编程序控制器（PLC）模块。每个模块都是一个微处理器系统，且三者可以相互通信。

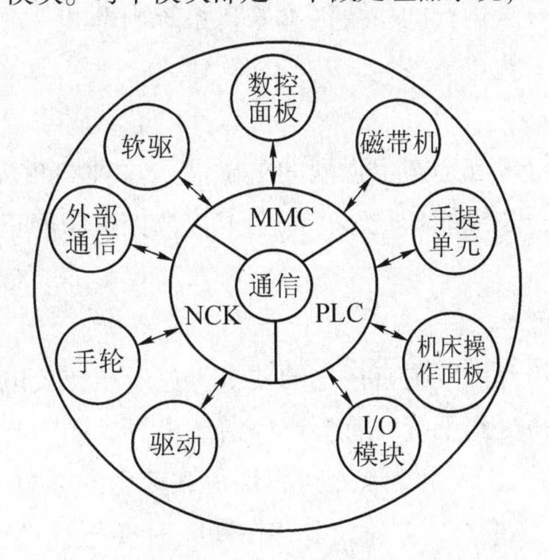

图 3.22 SINUMERIK 840C 系统结构图

MMC 模块完成与数控操作面板、软盘驱动器及磁带机之间的连接，实现操作、显示、编程、诊断、调试、模拟加工及维修等功能。面板上设有连接显示器的 RGB 插座、连接操作面板的串行口1插座、连接软盘驱动器的串行口2（RS-232C/V24）插座、连接磁带机的并行口，此外，还有视频图形陈列（Video Graphics Array，VGA）监视器接口和PC机标准键盘接口。

NCK模块完成程序段准备、插补、位置控制等功能，可与驱动装置、电子手连接，还可与外部PC机进行通信，实现各种数据的变换，例如2D/3D坐标变换、车削加工中心上的车/铣方式变换、CAD结果的转换，以及用于构成柔性制造系统时信息的传递、转换和处理等。SIEMENS公司的许多数控装置都采用了超大规模集成电路（Very Large Scale Integration，VLSI）多CPU系统，其插补功能可以由软件或专用大规模集成电路芯片实现。

PLC模块完成机床的逻辑控制，通过选用SINECL2或SINECL2-DP接口实现联网通信，可连接机床控制面板、手提操作单元（便携式移动操作单元，上面带有各种按键、急停按钮和功能转换开关）和I/O模块。它带有2个R-485接口，可连接分布的机床辅助设备端子板（每一个端子板有多达128点输入或128点输出）。它还具有8个中断输入，作为PLC报警处理。

3.4 数控系统的抗干扰

数控系统的干扰一般是指那些与信号无关的，在信号输入、传输和输出过程中出现的一些不确定的有害的电气瞬变现象。这些瞬变现象会使数控系统中的数据在传输过程中发生变化，增大误差，使局部装置或整个系统出现异常情况，从而引起故障。

3.4.1 干扰的因素

影响数控系统可靠、安全运行的主要因素来自系统内部和外部的各种电磁波干扰，以及供电线路干扰和信号传输干扰等。

1. 电磁波干扰

工厂中电火花高频电源等都会产生强烈的电磁波，这种高频辐射能量通过空间的传播，被附近的数控系统所接收，如果能量足够，就会干扰数控机床的正常工作。

2. 供电线路干扰

（1）电网电压波动的影响

数控系统对输入电压的允许范围有一定的要求，过电压或欠电压都会引起电源电压监控报警，从而停机。如果线路受到干扰，就会产生谐波失真，频率与相位漂移。

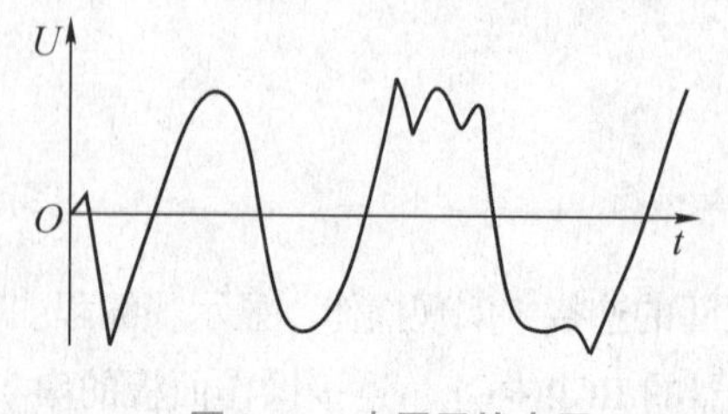

图3.23 电网干扰电压

（2）感性负载产生的影响

大电感在断电时要把存储的能量释放出来，从而在电网中形成高峰尖的脉冲，它的产生是随机的，其波形如图3.23所示。这种电感负载产生的干扰脉冲频域宽，特别是高频窄脉冲，峰值高，能量大，干扰严重，但变化迅速，不会引起电源监控的反应，如果通过供电线路串入数控系统，引起的错误信息将会导致CPU停止运行，系统数据丢失。

（3）晶闸管通断时的干扰

晶闸管通断时的电流变化率很大，使得晶闸管在导通瞬间流过一个具有高次谐波的大电流，在电源阻抗上产生很大的压降，从而使电网电压出现缺口，这种畸变了的电压波形含有高次谐波。

3. 信号传输干扰

数控机床电气控制的信号在传递过程中若受到外界干扰，常会产生差模干扰（又称为串模干扰）和共模干扰。

图3.24所示为串模干扰的等效电路及电压波形。从图中可以看出，串模干扰电压U_{NI}叠加在有用信号上，从而对信号传输产生干扰。

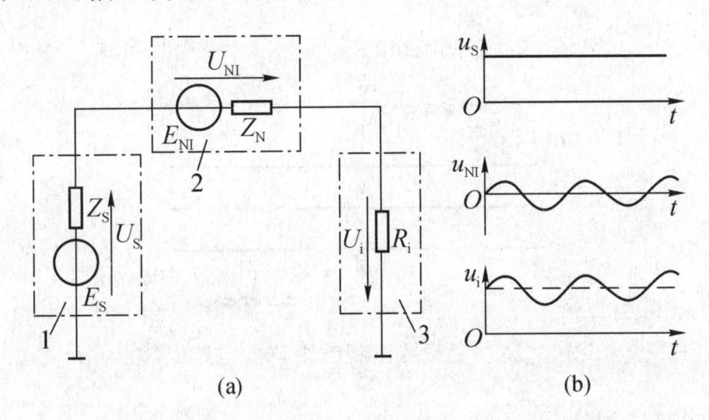

图3.24 串模干扰的等效电路及电压波形

1—有用信号源；2—串模干扰源；3—测量装置

（a）等效电路；（b）输入端的电压波形

图3.25为共模干扰的等效电路。当干扰电压对两根信号线的干扰大小相等、相位相同时，属于共模干扰，由于接收装置的共模抑制较高，所以U_{NI}对系统的影响不大。但当接收装置的两个输入端出现很难避免的不平衡时，共模电压的一部分将转换为串模干扰电压。

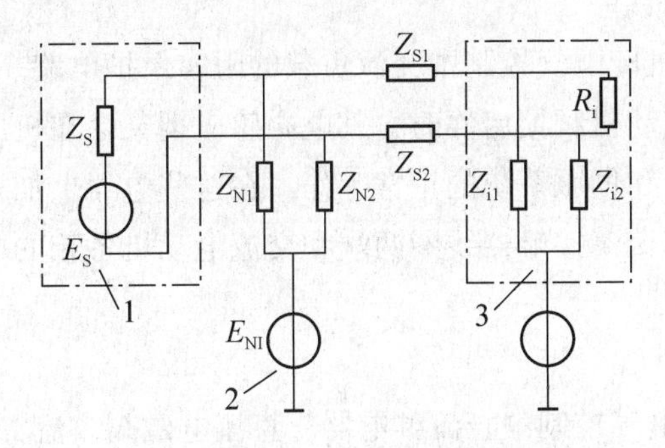

图3.25 共模干扰的等效电路

1—有用信号源；2—共模干扰源；3—检测装置

3.4.2 抗干扰的措施

1. 减少供电线路干扰

数控机床的安置要远离中频、高频的电气设备；要避免大功率启动、停止频繁的设备；电火花设备同数控机床应位于同一供电干线上，且最好是采用独立的动力线供电。在电网电压变化较大的地区，供电电网与数控机床之间应加自动调压器或电子稳压器，以减小电网电压的波动；动力线与信号线要分离，信号线采用绞合线，双绞线有抵消电磁感应干扰的作用，以减少和防止磁场耦合和电场耦合的干扰。如变频器中的控制电路接线要距离电源线至少100 mm以上，且两者绝对不可放在同一个导线槽内。另外，控制电路配线与主电路配线相交时要成直角相交，如图 3. 26 所示，控制电路的配线应采用屏蔽双绞线。

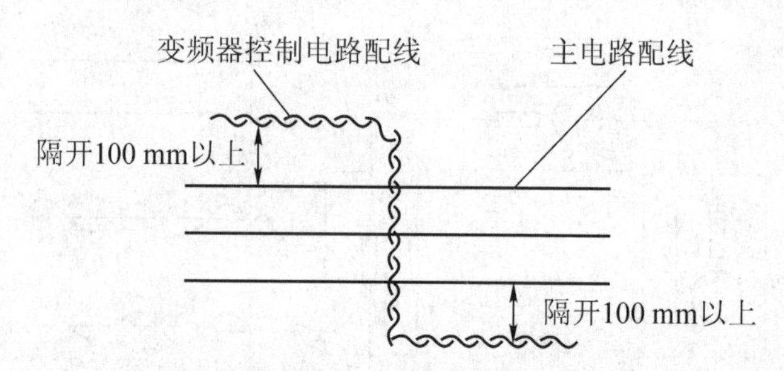

图 3. 26 变频器控制电路与主电路配线

2. 减少机床控制中的干扰

（1）压敏电阻保护

图 3. 27 所示为数控机床伺服驱动装置电源引入部分压敏电阻的保护电路。在电路中加入压敏电阻，又称为浪涌吸收器，可对线路中的瞬变、尖峰等噪声起一定的保护作用。压敏电阻是一种非线性的过电压保护元件，抑制过电压能力强，反应速度快，平时漏电流很小，而放电能力异常大，可通过数千安培的电流，且能重复使用。

（2）阻容保护

图 3. 28 所示为数控机床电气控制中交流负载的阻容保护电路。

交流接触器和交流电动机频繁启停时，其电磁感应现象会在机床的电路中产生浪涌或尖峰等噪声，干扰数控系统和伺服系统的正常工作。在这些电器上加入阻容吸收回路，会改变电感元件的线路阻抗，使交流接触器线圈两端和交流电动机各相的电压在启停时平稳，抑制了电器产生的干扰噪声。

（3）续流二极管保护

图 3. 29 为数控机床电气控制中直流继电器、直流电磁阀续流二极管保护电路。

直流电感元件在断电时，线圈中将产生较大的感应电动势，在电感元件两端反向并联一个续流二极管，释放线圈断电时产生的感应电动势，可减小线圈感应电动势对控制电路的干扰噪声。

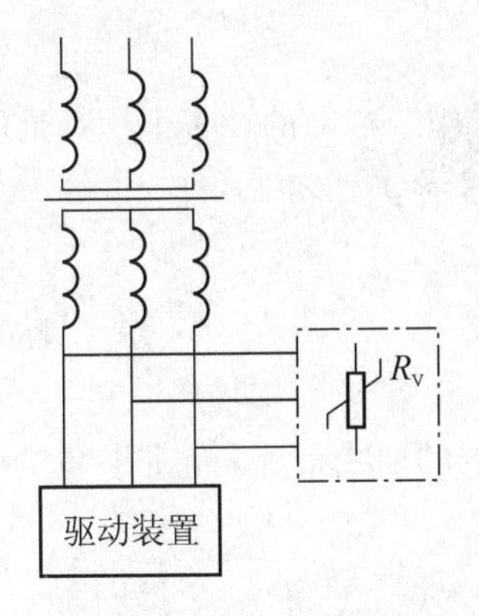

图 3.27 压敏电阻保护电路

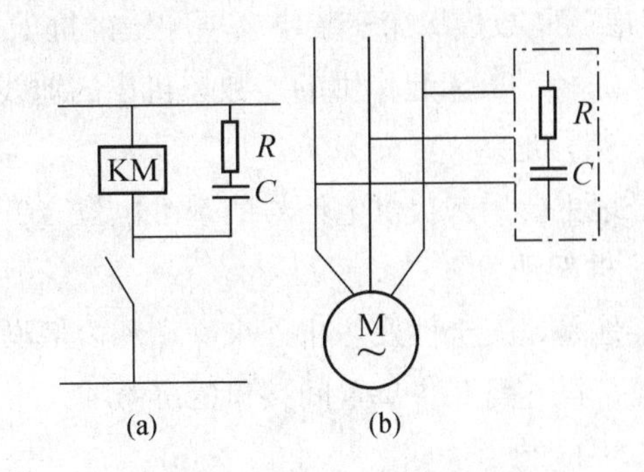

图 3.28 交流负载的阻容保护
（a）交流接触器线圈；（b）驱动电路

3. 屏蔽

利用金属材料制成容器，将需要防护的电路或线路包在其中，可以防止电场或磁场的耦合干扰、噪声干扰，此方法称为屏蔽。屏蔽可以分为静电屏蔽、电磁屏蔽和低频磁屏蔽等几种。通常使用的铜质网状屏蔽电缆能同时起到静电屏蔽和电磁屏蔽的作用；将屏蔽线穿在铁质蛇皮管或普通铁管内，可达到电磁屏蔽和低频磁屏蔽的目的；仪器的铁皮外壳接地，能同时起到静电屏蔽和电磁屏蔽的作用。

抑制干扰有两种屏蔽接地方式，如图 3.30 所示。图 3.30（a）为两端接地方式，它对于频率大于 5 倍截频的干扰源有很好的抑制效果；而当频率低于 5 倍截频时，其屏蔽对磁场的辐射只有部分作用。图 3.30（b）为单端接地方式，由于干扰源电流 I_1 全部流过屏蔽体，故与干扰电流 I_S 的磁场相抵消。

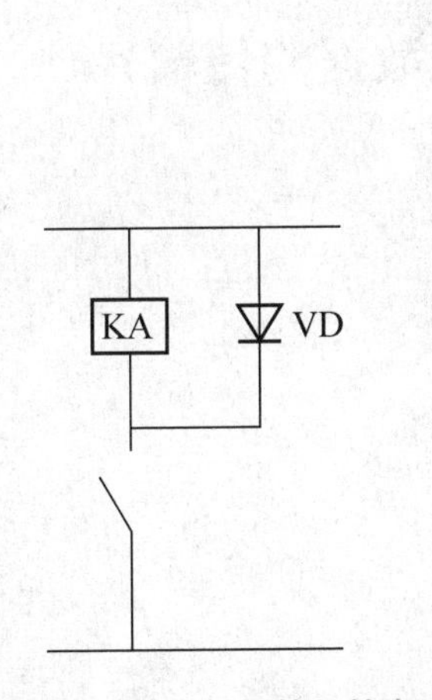

图 3.29 续流二极管保护电路

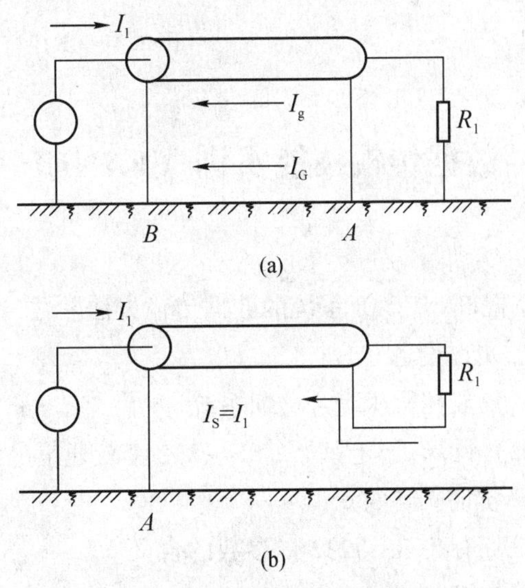

图 3.30 屏蔽接地方式
（a）两端接地；（b）单端接地

4. 保证“接地”良好

“接地”是数控机床安装中一项关键的抗干扰技术措施。电网的许多干扰都是通过“接地”这条途径对机床起作用的。数控机床的地线系统有3种：

(1) 信号地

信号地主要用来提供电信号的基准电位（0 V）。

(2) 框架地

框架地是以安全性及防止外来噪声和内部噪声为目的的地线系统，它是装置的面板、单元的外壳、操作盘及各装置间接口的屏蔽线。

(3) 系统地

系统地是将框架地与大地相连接的地线系统。

图3.31所示为数控机床的地线系统。

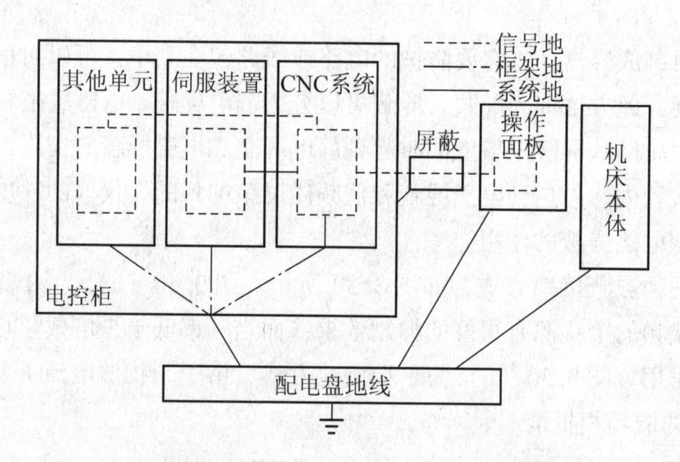

图3.31 数控机床的地线系统

3.5 数据传输技能实训（FANUC 0i系统数据的传输）

1. 实训目的

掌握FANUC 0i系统的数据传输方法。

2. 实训设备

(1) 数控机床综合培训系统

(2) 计算机(电脑)及RS-232串行通信电缆

3. 实训必备的知识

(1) 有关RS-232口参数的含义

① PRM0000

						ISO	

ISO 0：用 EIA 代码输出

1：用 ISO 代码输出

② PRM0020：选择 I/O 通道

0：通道 1

1：通道 1

2：通道 2

③ PRM0101

NFDASI				ASI			SB2

NFD 0：输出数据时，输出同步孔

1：输出数据时，不输出同步孔

ASI 0：输入/输出时，用 EIA 或 ISO 代码

1：用 ASCII 代码

SB2 0：停止位是 1 位

1：停止位是 2 位

④ PRM0102：输入/输出设备的规格号

0：RS－232C（使用代码 DC1～DC4）

1：FANUC 磁泡盒

2：FANUC Floppy cassette adapter F1

3：PROGRAM FILE Mate，FANUC FA card adapter，FANUC Floppy cassette adapter，FANUC Handy file，FANUC SYSTEM P－MODEL H

4：RS－232C（不使用代码 DC1～DC4）

5：手提式纸带阅读机

6：FANUC PPR，FANUC SYSTEM P－MODEL G，FANUC SYSTEM P－MODEL H

⑤ PRM0103：波特率（设定传送速度）

1：50	5：200	9：2 400
2：100	6：300	10：4 800
3：110	7：600	11：9 600
4：150	8：1 200	12：19 200

（2）RS－232 串行通信电缆的连接。

4. 实训内容

（1）输入/输出用参数的设定。

（2）输出 CNC 参数。

（3）输入 CNC 参数。

（4）输出零件程序。

（5）输入零件程序。

5. 实训步骤

（1）输入/输出用参数的设定

按上述 RS－232 口参数的要求设定如下参数：

PRM0000 设定为 00000010

PRM0020 设定为 0

PRM0101 设定为 00000001

PRM0102 设定为 0（用 RS－232 传输）

PRM0103 设定为 10（传送速度为 4 800 波特率），设定为 11（传送速度为 9 600 波特率）

（2）输出 CNC 参数

① 选择 EDIT（编辑）方式。

② 按 SYSTEM 键，再按 PARAM 软键，选择参数画面。

③ 按 OPRT 软键，再按连续选单扩展键。

④ 启动电脑侧传输软件处于等待输入状态。

⑤ 系统侧按 PUNCH 软键，再按 EXEC 软键，开始输出参数。同时，画面下部状态显示上的“OUTPUT”闪烁，直到参数输出停止，按 RESET 键可停止参数的输出。

（3）输入 CNC 参数

① 进入急停状态。

② 按数次 SETTING 键，可显示设定画面。

③ 确认［参数写入 =1］。

④ 按选单扩展键。

⑤ 按 READ 软键，再按 EXEC 软键后，系统处于等待输入状态。

⑥ 电脑侧找到相应数据，启动传输软件，执行输出，系统就开始输入参数。同时，画面下部状态显示上的“INPUT”闪烁，直到参数输入停止，按 RESET 键可停止参数的输入。

⑦ 输入完参数后，关断一次电源，再打开。

（4）输出零件程序

① 选择 EDIT（编辑）方式。

② 按 PROG 键，再按［程序］键，显示程序内容。

③ 先按［操作］键，再按扩展键。

④ 用 MDI 输入要输出的程序号。要全部程序输出时，按键 0 ~ 9 999。

⑤ 启动电脑侧传输软件处于等待输入状态。

⑥ 按 PUNCH、EXEC 键后，开始输出程序。同时，画面下部状态显示上的“OUTPUT”闪烁，直到程序输出停止，按 RESET 键可停止程序的输出。

(5) 输入零件程序

① 选择 EDIT (编辑) 方式。

② 将程序保护开关置于“ON”位置。

③ 按 PROG 键，再按软键［程序］，选择程序内容显示画面。

④ 按软键 OPRT，再按连续选单扩展键。

⑤ 按软键 READ，再按 EXEC 软键后，系统处于等待输入状态。

⑥ 电脑侧找到相应程序，启动传输软件，执行输出，系统就开始输入程序。同时，画面下部状态显示上的“INPUT”闪烁，直到程序输入停止，按 RESET 键可停止程序的输入。

6. 实训思考题

(1) 当要求以 9 600 波特率传送数据时，相应的参数应该怎么修改?

(2) 用计算机的 RS－232 口输入/输出参数时，系统应该处于什么方式?

复习思考题

1. 试简述数控装置的组成及其工作过程。
2. 试简述数控装置的作用和特点。
3. 试简述数控装置硬件结构的分类及其主要特点。
4. 计算机数控装置的接口电路有哪些? 它们分别对应实现数控机床的哪些功能?
5. 模块化结构的多微处理器 CNC 装置的基本功能模块包括哪些?
6. 单微处理器和多微处理器的结构有什么区别?
7. 数控装置软件结构类型有哪几种? 各有什么特点?
8. 影响数控系统的干扰源来自哪几方面? 我们应采取哪些措施?

第4章 数控机床的伺服驱动

学习目标

1. 熟练掌握数控伺服驱动系统的分类及特点；
2. 熟练掌握步进电动机的驱动系统；
3. 了解直流及交流伺服系统；
4. 掌握主轴驱动系统，包括准停装置。

内容提要

本章简要地介绍了数控机床对进给伺服系统及主轴驱动系统的要求，主要讲解了开环步进电动机驱动系统、直流伺服系统、交流伺服系统、机床主轴驱动等内容。通过本章的学习，掌握步进电动机、直流伺服电动机、交流伺服电动机的结构特点、特性和工作原理，熟悉常用伺服驱动电路的控制原理，掌握伺服驱动系统的应用方法及主轴定向控制。

4.1 伺服驱动概述

伺服系统是指以机械位置或角度作为控制对象的自动控制系统。在数控机床中，伺服系统主要是指各坐标轴进给驱动的位置控制系统。伺服系统接收来自 CNC 装置的进给脉冲，经变换和放大后，再驱动各加工坐标轴运动。这些轴有的带动工作台，有的带动刀架，通过几个坐标轴的综合联动，使刀具相对于工件产生各种复杂的机械运动，最后加工出所要求的形状。

进给伺服系统是数控装置和机床机械传动部件间的联系环节，也是数控机床的重要组成部分。它包含机械、电子、电动机等，涉及强电与弱电控制，是一个比较复杂的控制系统。在现有技术条件下，CNC 装置的性能已相当优异，并正在迅速地向更高的水平发展。数控机床的最高运动速度、跟踪及定位精度、加工表面质量、生产率及工作可靠性等技术指标，主要决定于伺服系统的动态和静态性能。可见，提高伺服系统的技术性能和可靠性，对于数控机床具有重大意义，研究与开发高性能的伺服系统是现代数控机床的关键技术之一。

4.1.1 伺服系统的组成

数控机床的伺服系统一般由位置检测装置、位置控制模块、伺服驱动装置、伺服电动机及机床进给传动链组成，如图4.1所示。

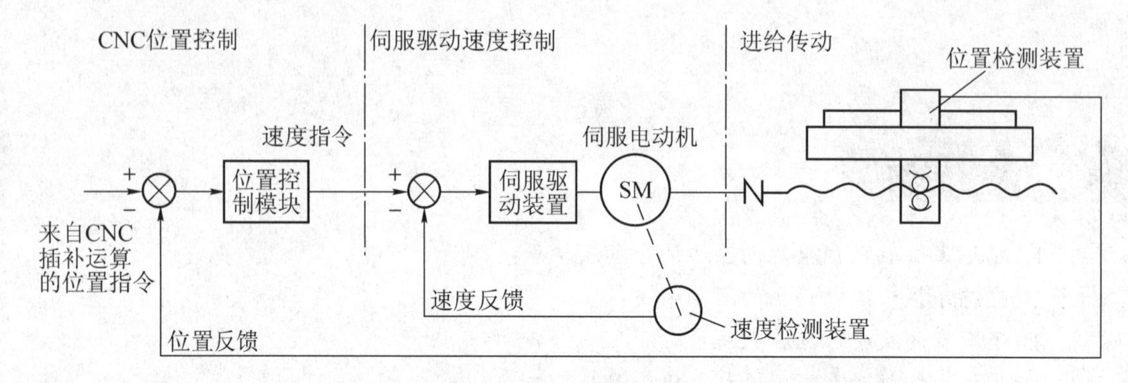

图4.1 闭环伺服系统的组成

闭环伺服系统的一般结构通常由速度环和位置环组成。速度环的速度控制单元是一个独立的单元部件，它由伺服电动机、伺服驱动装置、测速装置及速度反馈组成；位置环由数控系统中的位置控制、位置检测装置及位置反馈组成。

在伺服系统位置控制中，根据数控装置插补运算得到的位置指令（一串脉冲或二进制数据），与位置检测装置反馈来的机床坐标轴的实际位置相比较，形成位置偏差，经变换为伺服装置提供控制电压，驱动工作台向误差减小的方向移动。在速度控制中，伺服驱动装置根据速度给定电压和速度检测装置反馈的实际转速对伺服电动机进行控制，以驱动机床传动部件。

4.1.2 数控机床对进给伺服系统的要求

进给机床主轴驱动伺服系统的高性能在很大程度上决定了数控机床的高效率、高精度。为此，数控机床对进给伺服系统的位置控制、速度控制、伺服电动机、机械传动等方面都有很高的要求。

1. 可逆运行

在加工过程中，机床工作台根据加工轨迹的要求，随时都可能实现正向或反向运动，同时要求在方向变化时，不应有反向间隙和运动的损失。从能量角度看，应该能实现能量的可逆转换，即在加工运行时，电动机从电网吸收能量变为机械能；在制动时应把电动机的机械惯性能量变为电能回馈给电网，以实现快速制动。

2. 速度范围宽

为适应不同的加工条件，数控机床要求进给能在很宽的范围内无级变化。这就要求伺服电动机有很宽的调速范围和优异的调速特性。经过机械传动后，电动机转速的变化范围即可转化为机床进给速度的变化范围。对一般数控机床而言，进给速度在 0 ~ 24 m/min 时，都可满足加工要求。

3. 具有足够的传动刚性和高的速度稳定性

伺服系统应具有良好的静态与动态负载特性，即伺服系统在不同的负载情况下或切削条件发生变化时，应使进给速度保持恒定。刚性良好的系统，速度受负载力矩变化的影响很小。通常要求承受的额定力矩变化时，静态速降应小于 5%，动态速降应小于 10%。

4. 快速响应无超调

为了保证轮廓切削形状精度和低的加工表面粗糙度，对位置伺服系统除了要求有较高的定位精度外，还要求有良好的快速响应特性，即要求跟踪指令信号的响应要快。这就对伺服系统的动态性能提出了两方面的要求：一方面，在伺服系统处于频繁地启动、制动、加速、减速等动态过程中，为了提高生产效率和保证加工质量，要求加、减速度足够大，以缩短过渡过程时间，一般电动机速度由零到最大，或从最大减少到零，时间应控制在 200 ms 以下，甚至少于几十毫秒，且速度变化时不应有超调（超过给定速度值）；另一方面，当负载突变时，过渡过程恢复时间要短且无振荡，这样才能得到光滑的加工表面。

5. 高精度

为了满足数控加工精度的要求，关键是保证数控机床的定位精度和进给跟随精度，这也是伺服系统静态特性与动态特性指标是否优良的具体表现。位置伺服系统的定位精度一般要求能达到 1 μm 甚至 0.1 μm，相应地，对伺服系统的分辨力也提出了要求，当伺服系统接受 CNC 送来的一个脉冲时，工作台相应移动的单位距离叫分辨力，也称为脉冲当量。系统的分辨力取决于伺服系统的稳定工作性能和所使用的位置检测元件。目前，闭环伺服系统都能达到 1 μm 的分辨力（脉冲当量），高精度的数控机床可达到 0.1 μm 的分辨力甚至更小。

6. 低速大转矩

机床的切削加工大多在工作台低速时进行，因此，低速时进给驱动要有大的转矩输出，以满足低速进给切削的要求。

4.1.3 伺服系统的分类

1. 按执行机构的控制方式分类

（1）开环伺服系统

如图 1.10 所示，开环伺服系统即为无位置反馈的系统，其驱动元件主要是步进电动机。步进电动机的工作实质是数字脉冲到角度位移的变换，它不是用位置检测元件实现定位的，而是靠驱动装置本身转过的角度正比于指令脉冲的个数进行定位的，运动速度由进给脉冲的频率决定。

开环系统结构简单，易于控制，但精度差，低速不平稳，高速扭矩小，一般用于轻载且负载变化不大或经济型数控机床上。

(2) 闭环伺服系统

如图1.11所示，闭环系统是误差控制随动系统。数控机床进给系统的误差，是CNC输出的位置指令和机床工作台（或刀架）实际位置的差值。系统运动执行元件不能反映机床工作台（或刀架）的实际位置，因此需要有位置检测装置。该装置可测出实际位移量或实际所处位置，并将测量值反馈给CNC装置，与指令进行比较，求得误差，依此构成闭环位置控制。

由于闭环伺服系统是反馈控制，且反馈测量装置精度很高，所以系统传动链的误差、环内各元件的误差及运动中造成的误差都可以得到补偿，从而大大提高了跟随精度和定位精度。系统精度只取决于测量装置的制造精度和安装精度。

(3) 半闭环系统

如图1.12所示，位置检测元件不直接安装在进给坐标的最终运动部件上，而是经过中间机械传动部件的位置转换（称为间接测量），即坐标运动的传动链有一部分在位置闭环以外。由于在环外的传动误差没有得到系统的补偿，因此这种伺服系统的精度低于闭环系统。

半闭环和闭环系统的控制结构是一致的，不同点只是闭环系统环内包括较多的机械传动部件，传动误差均可被补偿，理论上精度可以达到很高。但由于受机械变形、温度变化、振动及其他因素的影响，系统的稳定性难以调整。此外，机床运行一段时间后，由于机械传动部件的磨损、变形及其他因素的改变，容易使系统的稳定性改变，精度发生变化。因此，目前使用半闭环系统较多，只有在具备传动部件精密度高、性能稳定，使用过程温差变化不大的高精度数控机床上才使用全闭环伺服系统。

2. 按使用的伺服电动机类型分类

(1) 直流伺服系统

直流伺服系统常用的伺服电动机有小惯量直流伺服电动机和永磁直流伺服电动机（也称为大惯量宽调速直流伺服电动机）。

小惯量伺服电动机最大限度地减少了电枢的转动惯量，所以能获得最好的快速性，在早期的数控机床上应用较多，现在也有应用。小惯量伺服电动机一般都具有高的额定转速和低的转动惯量，因此，应用时要经过中间机械传动（如齿轮副）才能与丝杠相连接。

永磁直流伺服电动机能在较大的过载转矩下长时间地工作，电动机的转子惯量较大，能直接与丝杠相连而不需中间传动装置。此外，它还有一个特点是可在低速下运转，如能在1 r/min甚至在0.1 r/min下平稳地运转。因此，自20世纪70年代至80年代中期，它在数控机床的应用中占有统治地位。永磁直流伺服电动机的缺点是有电刷，限制了转速的提高，一般额定转速为1 000～1 500 r/min，而且结构复杂，价格较贵。

(2) 交流伺服系统

交流伺服系统使用交流异步伺服电动机（一般用于主轴伺服电动机）和永磁同步伺服电动机（一般用于进给伺服电动机）。直流伺服电动机存在一些固有的缺点，使其应用环境受到限制。而交流伺服电动机没有这些缺点，且转子惯量较直流电动机小，使得动态响应好。另外，在同样体积下，交流电动机的输出功率可比直流电动机提高 10%~70%；其容量也可以比直流电动机造得大，以达到更高的电压和转速。因此，交流伺服系统得到了迅速发展，且已经形成潮流。从 20 世纪 80 年代后期开始，就大量使用交流伺服系统，目前，已基本取代了直流伺服电动机。

3. 按驱动类型分类

(1) 进给伺服系统

进给伺服系统是指一般概念的伺服系统，它包括速度控制环和位置控制环。进给伺服系统可完成各坐标轴的进给运动，具有定位和轮廓跟踪功能，是数控机床中要求最高的伺服控制。

(2) 主轴伺服系统

严格来说，一般的主轴控制只是一个速度控制系统，主要是实现主轴的旋转运动，提供切削过程中的转矩和功率，且保证任意转速的调节，完成在转速范围内的无级变速。具有 C 轴控制的主轴与进给伺服系统一样，为一般概念的位置伺服控制系统。

此外，刀库的位置控制只是为了在刀库的不同位置选择刀具，与进给坐标轴的位置控制相比，性能要低得多，故称为简易位置伺服系统。

4. 按其处理信号的方式分类

交流伺服系统根据其处理信号的方式不同，可以分为模拟式伺服系统、数字模拟混合式伺服系统和全数字式伺服系统。

随着微电子技术、计算机技术和伺服控制技术的发展，数控机床的伺服系统已开始采用高速、高精度的全数字伺服系统。由位置、速度和电流构成的三环反馈全部数字化，使用灵活，柔性好。数字伺服系统采用了许多新的控制技术和改进伺服性能的措施，使控制精度和品质大大提高。

4.2　进给驱动系统

4.2.1　步进电动机驱动系统

步进电动机是一种将电脉冲信号转换为机械角位移的机电执行元件，它同普通电动机一样，由转子、定子和定子绕组组成。图 4.2 所示为步进电动机及伺服驱动器外形图。当给步进电动机定子绕组输入一个电脉冲时，转子就会转过一个相应的角度，并由传动丝杠带动工作台移动。由于步进电动机的伺服系统是典型的开环控制系统（见图 4.3），没有任何反馈检测环节，所以其精度主要由步进电动机的步距角和与之相联系的丝杠等传动机构所决定。步进电动机的最高极限速度通常要比伺服电动机低，并且在低速时容易产生振动，影响加工精度，但步进电动机开环伺服系统具有结构简单、调整容易、运行可靠、无累积误差等优点，在速度和精度要求不高的场合仍有广泛的使用价值。

图 4.2　步进电动机及伺服驱动器外形图

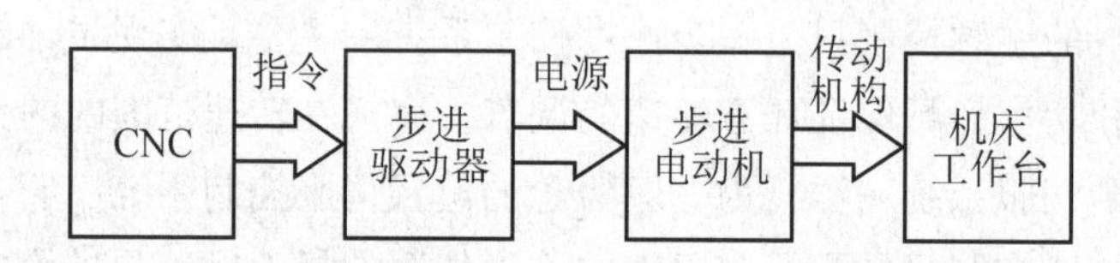

图 4.3　开环控制伺服驱动系统的结构框图

1. 步进电动机的工作原理、特点及使用特性

（1）步进电动机的工作原理

图 4.4（a）所示为三相反应式步进电动机结构图。它是由转子、定子及定子绕组组成。定子上有 6 个均布的磁极，直径方向相对的两个磁极上的线圈串联，构成电动机的一相控制绕组。

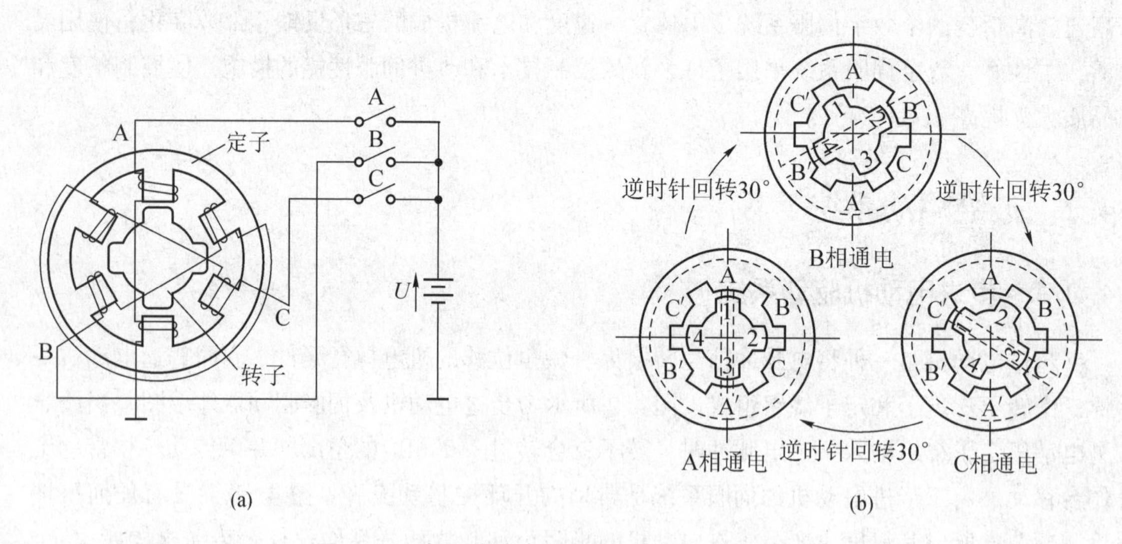

图 4.4　三相反应式步进电动机的结构和工作原理

图 4.4（b）所示为三相反应式步进电动机工作原理示意图。其定子、转子是用硅钢片等软磁材料制成的，定子上有 A、B、C 三对磁极，分别绕有 A、B、C 三相绕组。三对磁极

在空间上相互错开 120°。转子上有 4 个齿，无绕组，它在定子磁场中被磁化而呈现极性。当定子 A 相绕组通电时，形成以 A－A′为轴线的磁场，转子受磁场拉力作用而产生转矩，使转子的 1、3 齿和定子的 A－A′极对齐，如图 4.4（b）所示；当 A 相绕组断电，B 相绕组通电时，以 B－B′为轴线的磁场使转子的 2、4 齿和定子的 B－B′极对齐，转子将在空间逆时针转过 30°角；当 B 相绕组断电，C 相绕组通电时，以 C－C′为轴线的磁场使转子的 1、3 齿和定子的 C－C′极对齐，转子将在空间又逆时针转过 30°角。如此按 A→B→C→A 的顺序通电，转子就会不断地按逆时针方向转动。如按 A→C→B→A 的顺序通电，转子就会不断地按顺时针方向转动。从一相通电换到另一相通电，叫一拍。每一拍转子转动一步，每步转过的角度叫步距角，用 α 表示。

步进电动机的通电方式有 3 种，现以三相步进电动机为例，说明步进电动机的通电方式。

① 三相单三拍通电方式

通电顺序为 A→B→C→A。“三相”即是三相步进电动机每次只有一相绕组通电，而每一个循环只有三次通电，故称为三相单三拍运行。

三相单三拍通电方式每次只有一相控制绕组通电吸引转子，容易使转子在平衡位置附近产生振荡，运行的稳定性较差。另外，在切换时一相控制绕组断电而另一相控制绕组开始通电，容易造成失步，因而实际中很少采用这种通电方式。

② 双三拍通电方式

通电顺序为 AB→BC→CA→AB。这种通电方式有两相同时通电，转子受到的感应力矩大，静态误差小，定位精度高。另外，转换时始终有一相的控制绕组通电，所以工作稳定，不易失步。

③ 三相六拍通电方式

通电顺序为 A→AB→B→BC→C→CA→A。这种通电方式是单、双相轮流通电，具有双三拍的特点，且通电状态增加一倍，而步距角减少一半。

以上介绍的这种结构简单的反应式步进电动机的步距角较大，如果在数控机床中应用，就会影响加工工件的精度。

实际中采用的是小步距角的步进电动机。图 4.5 所示的结构是最常见的一种小步距角的三相反应式步进电动机。它的定子上有 6 个磁极，上面装有绕组并接成 A、B、C 三相。转子上均匀分布着 40 个齿，定子每段极弧上也各有 5 个齿，定子、转子的齿宽和齿距都相同。当 A 相绕组通电时，电动机中产生沿 A 极轴线方向的磁场。因磁通要按磁阻最小的路径闭合，所以就会使转子受到反应转矩的作用而转动，直到转子齿和定子 A 极上的齿对齐为止。因此，反应式步进电动机的步距角较小，如某反应式步进电动机的步距角为 1.5°。

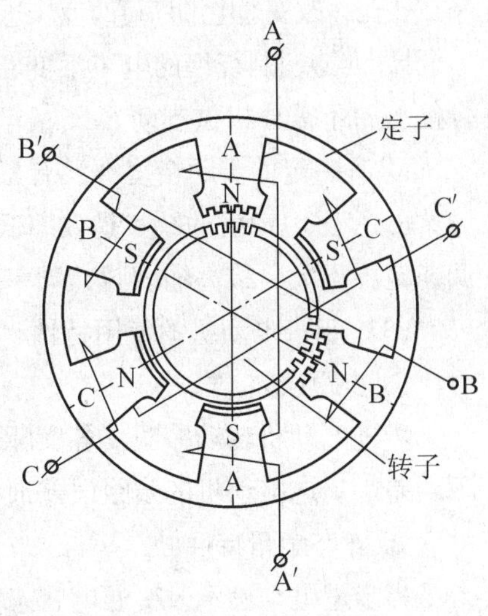

图 4.5 小步距角的三相反应式步进电动机

（2）步进电动机的分类及特点

① 步进电动机的分类

步进电动机的品种规格很多，通常可以分为反应式步进电动机、永磁式步进电动机和混合式步进电机3种类型。

a. 反应式步进电动机

反应式步进电动机的定子和转子由硅钢片或其他软磁材料制成，定子上有励磁绕组，绕组相数一般为二、三、四、五、六相，步距角一般为0.36°~3°。反应式步进电动机的优点是结构简单，价格便宜，步距角小；缺点是励磁电流大，带惯性负载能力差，容易“失步”和“振荡”，断电后无保持转矩（电动机轴可自由转动，不能自锁）。其产品系列代号为BF，如110BF02、110BF03、130BF5、150BF5、160BF5等。

b. 永磁式步进电动机

永磁式步进电动机的定子由软磁材料制成，定子上有励磁绕组；转子由永久磁铁制成，步距角一般为15°、22.5°、30°、45°等。永磁式步进电动机的控制功率小，省电，运行稳定，断电后有保持转矩，但是其步距角太大。其产品系列代号为BY。

c. 混合式步进电动机

混合式步进电动机又叫永磁反应式步进电动机，它在结构和性能上兼有反应式步进电动机和永磁式步进电动机两者的特点，既具有反应式步进电动机步距角小、工作频率高的特点，又具有永磁式步进电动机控制功率小、运行稳定、断电后有保持转矩的特点，因此更适合应用于数控系统中。但是其制造工艺复杂，成本较高。其产品系列代号为BH。

② 步进电动机的特点

a. 步进电动机受脉冲的控制，其转子的角位移量和转速严格地与输入脉冲的数量和脉冲频率成正比，改变通电顺序可改变步进电动机的旋转方向，改变通电频率可改变电动机的转速。

b. 维持控制绕组的电流不变，电动机便停在某一位置上不动，即步进电动机有通电自锁能力，不需要机械制动。

c. 有一定的步距精度，没有累积误差。

d. 步进电动机的缺点是效率低，拖动负载的能力不大，脉冲当量（步距角）不能太大，调速范围不大，最高输入脉冲频率一般不超过18 kHz。

（3）步进电动机的使用特性

① 步距误差

步进电动机转动一圈，各实际步距角与理论值之间会存在误差。误差的最大值，称为步距误差。步进电动机的步距误差通常在10′以内。

② 静态矩角特性

当步进电动机不改变通电状态时，转子处在不动状态。如果在电动机轴上外加一个负载转矩，使转子按一定方向转过一个角度，此时转子所受的电磁转矩 T 称为静态转矩，角度 θ 称为失调角。描述静态时 T 与 θ 的关系称为矩角特性，如图4.6（a）所示。

该特性上电磁转矩的最大值称为最大静转矩。在静态稳定区内，当除去外加转矩时，转子在电磁转矩的作用下，仍能回到稳定平衡点位置。

③ 启动频率

空载时，步进电动机由静止状态突然启动，并进入不丢步的正常运行的最高频率，称为启动频率或突跳频率。加给步进电动机的指令脉冲频率如大于启动频率，则电动机不能正常工作。步进电动机在负载（尤其是惯性负载）下的启动频率比空载要低，而且，随着负载加大（在允许范围内），启动频率会进一步降低。

④ 连续运行频率

步进电动机启动以后，其运行速度能跟踪指令脉冲频率连续上升而不丢步的最高工作频率，称为连续运行频率，其值远大于启动频率。连续运行频率随电动机所带负载的性质和大小而异，与驱动电源也有很大关系。

⑤ 矩频特性与动态转矩

矩频特性 $T=F(f)$ 是描述步进电动机连续稳定运行时，输出转矩与连续运行频率之间的关系，如图4.6（b）所示。该特性上每一个频率所对应的转矩称为动态转矩。使用时要考虑动态转矩随连续运行频率的上升而下降的特点。

⑥ 加减速特性

步进电动机的加减速特性是描述步进电动机由静止到工作频率或由工作频率到静止的加、减速过程中，定子绕组通电状态的频率变化与时间的关系。步进电动机的升速和降速特性用加速时间常数 T_a 和减速时间常数 T_d 来描述，如图4.6（c）所示。

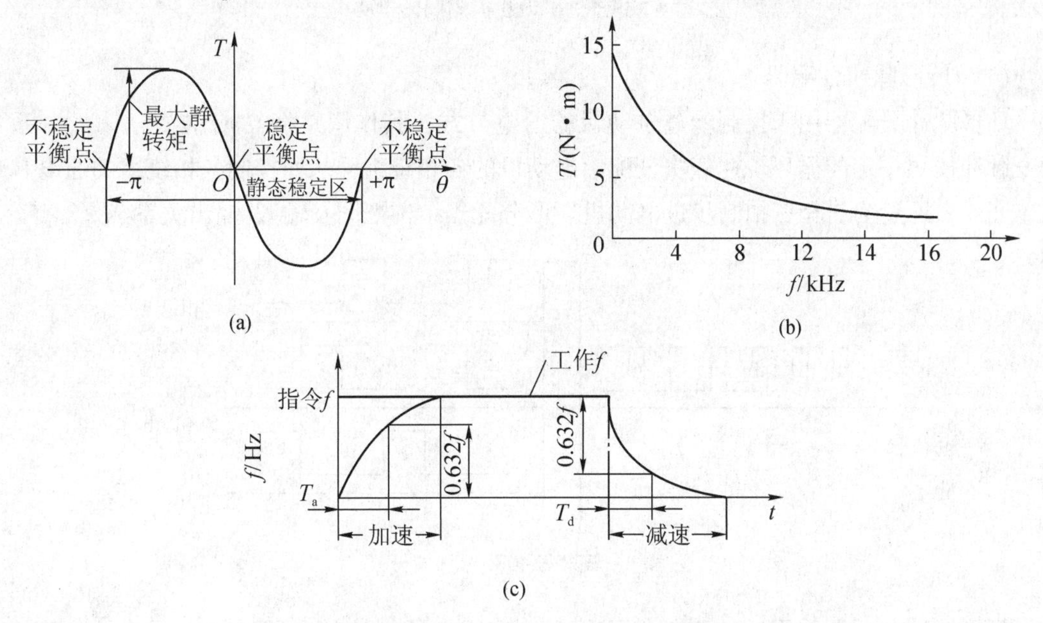

图4.6 步进电动机工作特性

（a）静态矩角特性；（b）矩频特性；（c）指数规律加减速特性

为了保证运动部件的平稳和准确定位，根据步进电动机的加减速特性，在启动和停止时应进行加减速控制。加减速控制的具体实现方法很多，常用的有指数规律和直线规律加减速控制。指数规律加减速控制具有较强的跟踪能力，但当速度变化较大时，平衡性较差，一般适用于跟踪响应要求较高的切削加工中；直线规律加减速控制平稳性较好，适用在速度变化范围较大的快速定位方式中。

在选用步进电动机时，应根据驱动对象的转矩、精度和控制特性来选择步进电动机。

2. 步进电动机的驱动及控制

步进电机的运行性能，不仅与步进电动机本身和负载有关，而且与配套的驱动装置也有十分密切的关系。步进电动机驱动装置由环形脉冲分配器、功率放大驱动电路两大部分组成，如图 4.7 所示。步进电动机功率放大驱动电路主要完成由弱电到强电的转换和放大，也就是将逻辑电平信号变换成电动机绕组所需的具有一定功率的电流信号。

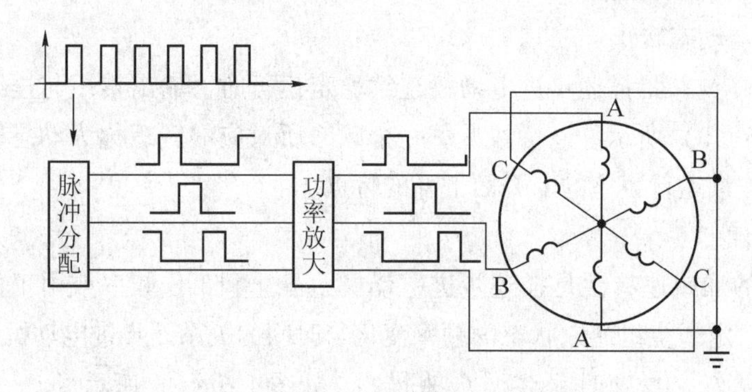

图 4.7　步进电动机控制驱动电路

(1) 环形脉冲分配器

环形脉冲分配器用于控制步进电动机的通电方式，其作用是将 CNC 装置送来的一系列指令脉冲按照一定的循环规律依次分配给电动机的各相绕组，从而控制各相绕组的通电和断电。图 4.8 所示为三相三拍制步进电动机环形分配器结构框图及输入/输出关系。

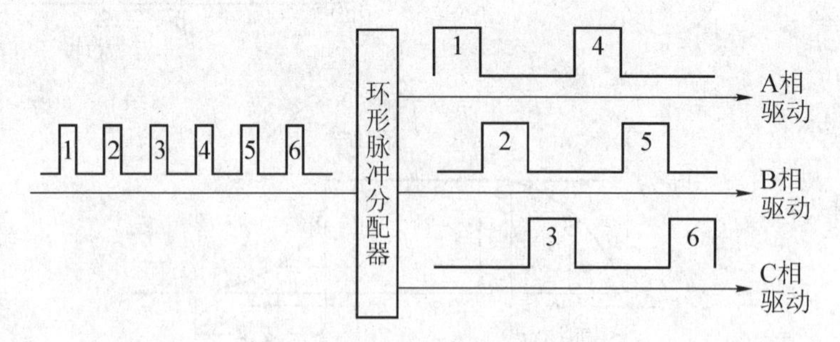

图 4.8　三相三拍环形脉冲分配

环形脉冲分配可采用硬件和软件两种方法实现。硬件按其电路结构不同，可分为 TTL 集成电路和 CMOS（Complementary Metal-Oxide-Semiconductor，互补金属氧化物半导体）集成电路。市场上提供的国产 TTL 脉冲分配器有三相（YB013）、四相（YB014）、五相（YB015）等。CMOS 集成脉冲分配器也有不同型号，例如 CH250 型用来驱动三相步进电动机，该芯片采用 CMOS 工艺，可靠性高，可工作于单三拍、双三拍、三相六拍等方式。图 4. 9 所示为三相六拍脉冲分配电路接线图，步进电动机的初始励磁状态为 AB 相，当进给脉冲 CP 的上升沿有效时，方向信号为“1”则正转，为“0”则反转。

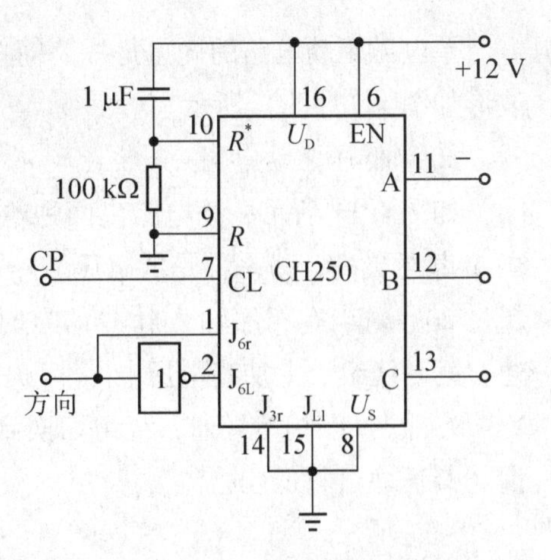

图 4. 9　CH250 实现的三相六拍脉冲分配电路接线图

目前，脉冲分配大多采用软件的方法来实现，例如采用单片机编程，并通过光电耦合接口输出环形脉冲，可以非常灵活地实现任意方式的脉冲分配。当采用三相六拍方式时，电动机正转的通电顺序为 A→AB→B→BC→C→CA→A，电动机反转的通电顺序为 A→AC→C→CB→B→BA→A。它们的环形分配如表 4. 1 所示（表中设定某相为高电平时通电）。

表 4. 1　步进电动机三相六拍环形分配表

控制节拍	C B A	控制输出内容	方向
1	0 0 1	01H	反向 ↑
2	0 1 1	03H	
3	0 1 0	02H	
4	1 1 0	06H	
5	1 0 0	04H	
6	1 0 1	05H	↓ 正向

（2）步进电动机驱动电源（功率放大器）

环形脉冲分配器输出的电流一般只有几毫安，而步进电动机的励磁绕组需要几安培甚至几十安培的电流，所以必须经过功率放大。功率放大器的作用是将脉冲分配器发出的电平信号放大后送至步进电动机的各相绕组，驱动电动机运转，每一相绕组分别有一组功率放大电路。过去采用单电压驱动电源，后来常采用高低压驱动电路，现在则较多地采用恒流斩波和调频调压型驱动电路。

① 单电压驱动电路

如图 4. 10 所示，L 为步进电动机励磁绕组的电感，R_a 为绕组电阻，R_c 为外接电阻，R_c 与 C 并联是为了减小回路的时间常数，以提高电动机的快速响应能力和启动性能。续流二极管 VD 和阻容吸收回路 RC，用来保护功率管 VT。

单电压驱动电路的优点是线路简单；缺点是电流上升速度慢，高频时带负载能力较差，波形如图 4. 13（a）所示。

② 高低压驱动电路

如图 4. 11 所示，该电路由两种电压给步进电动机绕组供电：一种是高电压 U_1，一般为 80 V 甚至更高；另一种是低电压 U_2，即步进电动机绕组的额定电压，一般为几伏，最高不超过 20 V。当有相序输入脉冲信号时，同时产生宽脉冲 I_L、窄脉冲 I_H。VT_1、VT_2 同时导通，励磁绕组 L 上加高电压 U_1，以提高绕组中电流的上升速率。当窄脉冲 I_H 到规定值时，VT_1 关断、VT_2 仍然导通，绕组切换到低电压 U_2 供电，以维持电动机正常运行。该电路可谓“高压建流，低压稳流”。

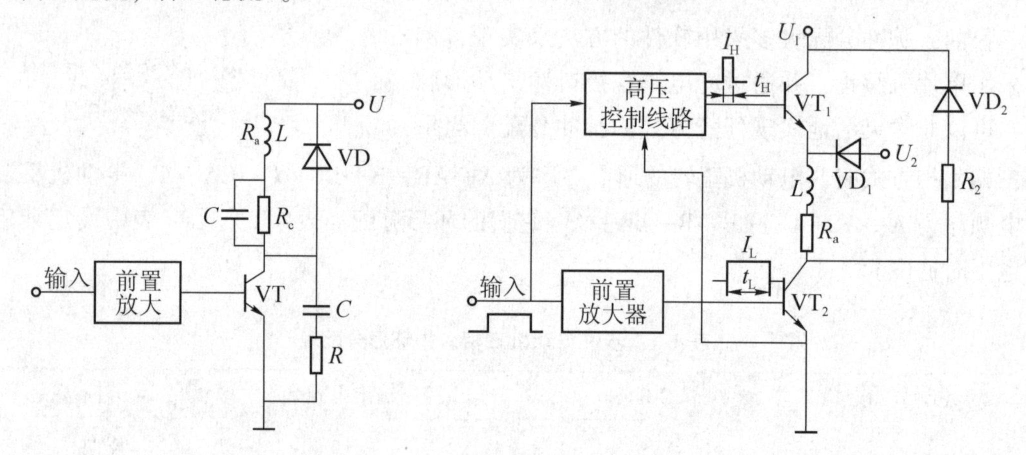

图 4. 10　单电压驱动电路原理图

图 4. 11　高低压驱动电路原理图

高低压驱动电路的优点是在较宽的频率范围内有较大的平均电流，能产生较大而且较稳定的电磁转矩；缺点是电流有波谷，波形如图 4. 13（b）所示。

③ 恒流斩波驱动电路

高低压驱动电路的电流在高低压切换处出现了谷点，造成高频输出的转矩在谷点处下降，为了使励磁绕组中的电流维持在额定值附近，需采用恒流斩波驱动电路，恒流波形如图 4. 13（c）所示。

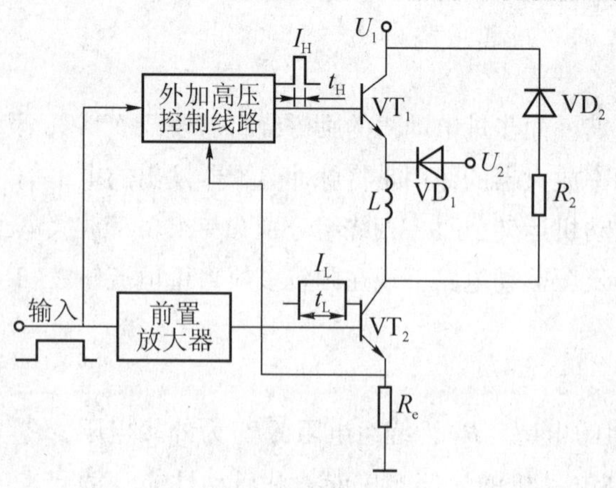

图 4. 12　恒流斩波驱动电路原理图

在图 4. 12 所示的恒流斩波驱动电路中，环形分配器输出的脉冲作为输入信号，若为高电平，则 VT_1、VT_2 导通。因为 U_1 为高电压，励磁绕组又没串联电阻，所以通过绕组的电流迅速上升，当绕组中的电流上升到额定值以上的某个数值时，由于采样电阻 R_e 的反馈作用，经整形、放大后将信号传送至 VT_1 的基极，使 VT_1 截止。此时，励磁绕组

切换成由低电压 U_2 供电，绕组中的电流立即下降，当下降至额定值以下时，由于采样电阻 R_e 的反馈作用，此时高压前置放大电路又使 VT_1 导通，绕组中电流又上升。按此规律反复进行，形成一个在额定电流值附近振幅很小的绕组电流波形，近似恒流，如图 4－13（c）所示。因此，斩波电路亦称为恒流斩波驱动电路，电流波的频率可通过采样电阻 R_e 和整形电路的电位器调整。

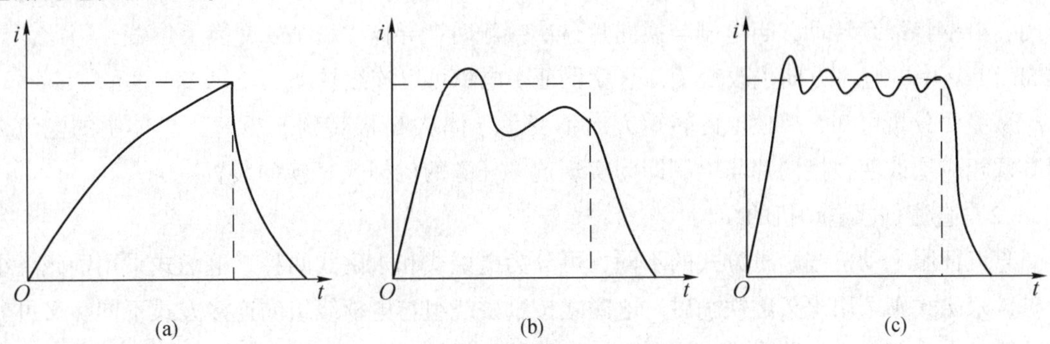

图 4.13　驱动电路电流波形图

（a）单电压驱动电路；（b）高低压驱动电路；（c）恒流斩波驱动电路

恒流斩波驱动电路虽然较复杂，但它与前面介绍的两种驱动电路相比，其优点尤为突出：

a. 绕组中脉冲电流的上升沿和下降沿较陡，快速响应性好。

b. 电路功耗小，效率高。这是因为绕组电路中无外接电阻 R_a，且电路中采样电阻 R_e 很小。

c. 电路能输出恒定转矩。由于采样电阻 R_e 的反馈作用，使绕组中的电流几乎恒定，且不随步进电动机的转速而变化，从而保证在很大的频率范围内步进电动机都能输出恒定转矩，使进给驱动装置运行平稳。

4.2.2　直流伺服系统

直流伺服电动机是数控机床伺服系统中使用较广的一种执行元件，一般为大功率直流伺服电动机，如低惯量电动机和宽调速电动机等。直流伺服系统在 20 世纪 70 和 80 年代的数控机床中占据主导地位，但由于直流伺服电动机的结构较复杂，电刷和换向器需经常维护，因此，它逐渐被交流伺服电动机取代。

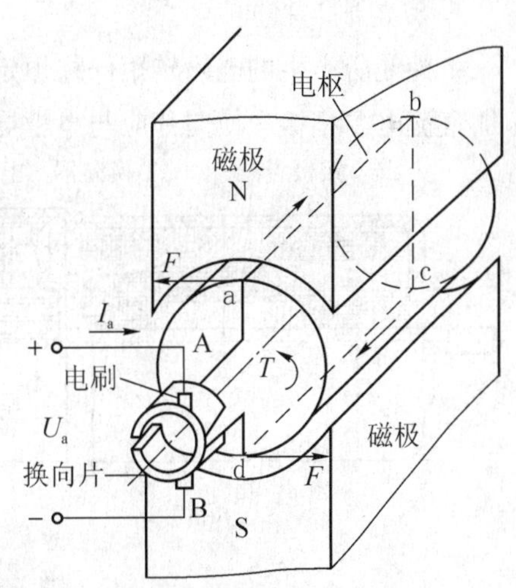

图 4.14　直流伺服电动机模型

1. 直流伺服电动机的工作原理与结构

（1）直流伺服电动机的工作原理

直流伺服电动机的工作原理是建立在电磁力和电磁感应基础上的，这是由于带电导体在磁场中受到电磁力的作用。如图 4. 14 所示直流伺服电动机模型，它包括 3 个部分：固定的磁极、电枢、换向片与电刷。当将直流电压加到 A、B 两个电刷之间时，电流从 A 刷流入，从 B 刷流出，载流导体 ab 在磁场中受到的作用力 *F* 按左手定则指向逆时针方向。同理，载流导体 cd 受到的作用力也是逆时针方向。因此，转子在电磁转矩的作用下逆时针方向旋转起来，当电枢恰好转过 90°时，电枢线圈处于中性面（此时线圈不切割磁力线），电磁转矩为零。但由于惯性的作用，电枢将继续转动，当电刷与换向片再次接触时，导体 ab 和 cd 交换了位置，因此，导体 ab 和 cd 中的电流方向也改变了，这就保证了电枢可以连续转动。

从上面分析可知，要使电磁转矩方向不变，导体从 N 极转到 S 极时，导体中的电流方向必须相应地改变，换向片与电刷即为实现这一任务的机械式“换向装置”。

（2）直流伺服电动机的结构

直流伺服电动机按励磁方式的不同，可分为电磁式和永磁式两种。电磁式采用励磁绕组励磁，永磁式则采用永久磁铁励磁。电磁式按励磁绕组与电枢绕组的连接方式不同，又可分为并励、串励和复励 3 种形式。按电动机转子转动惯量的不同，直流伺服电动机又可分为小惯量和大惯量两种。

直流伺服电动机的结构主要包括三大部分：

① 定子

定子磁极磁场由定子的磁极产生。根据产生磁场的方式，磁极可分为永磁式和他励式。永磁式磁极由永磁材料制成；他励式磁极由冲压硅钢片叠压而成，外绕线圈，通以直流电流便产生恒定磁场。

② 转子

转子又叫电枢，由硅钢片叠压而成，表面嵌有线圈，通以直流电时，在定子磁场的作用下产生带动负载旋转的电磁转矩。

③ 电刷与换向片

为使所产生的电磁转矩保持恒定方向，转子能沿固定方向均匀地连续旋转，电刷应与外加直流电源相接，换向片应与电枢导体相接。其结构剖面如图 4. 15 所示。

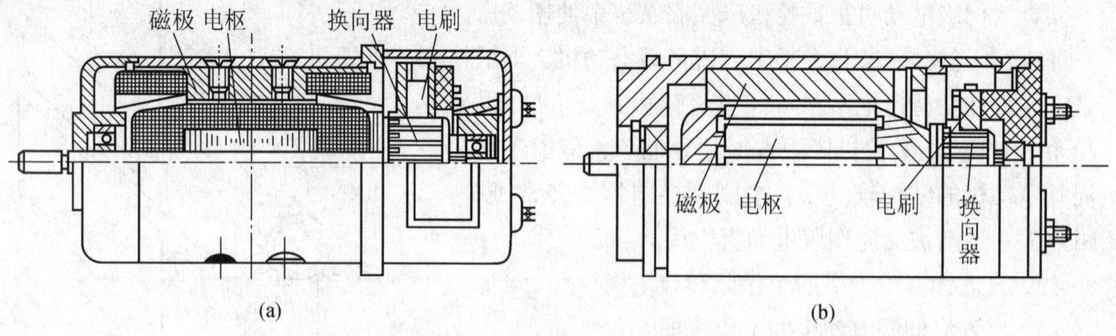

图 4. 15 直流伺服电动机剖面图

（a）电磁式；（b）永磁式

2. 直流伺服电动机的主要特性

(1) 机械特性

当控制电压一定时，输出转矩 T 与转速 n 的关系称为机械特性，如图4.16所示。机械特性线性度越高，则系统的启动误差越小。

(2) 空载始动电压

在空载和一定励磁条件下，使转子在任意位置开始连续旋转所需的最小控制电压称为空载始动电压，用 U_{S0}表示。U_{S0}一般为额定电压的2%~12%。小机座号，低电压的电动机 U_{S0}较大。U_{S0}小，表示伺服电动机的灵敏度高。

(3) 调节特性

在一定励磁条件下，当输出转矩恒定时，稳态转速与电枢控制电压的关系称为调节特性，如图4.17所示。图中 U_{S0}、U_{S1}、U_{S2}分别为不同负载下的始动电压，负载越大，电动机的始动电压也越大。调节特性的线性度越高，系统的动态误差越小。

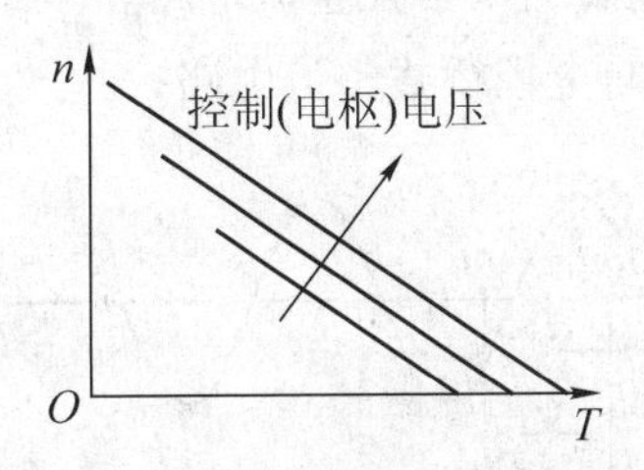

图4.16　直流伺服电动机的机械特性

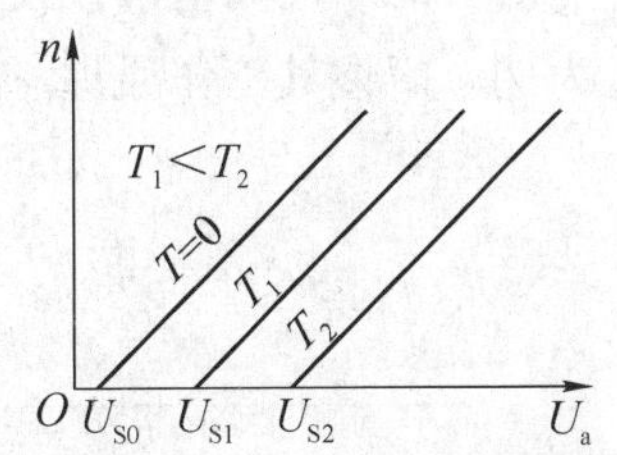

图4.17　直流伺服电动机的调节特性

由于伺服系统的要求，直流伺服电动机的性能已不能简单地用电压、电流、转速等参数来描述，而需要用一些特性曲线和参数表来全面描述。下面以FANUC直流伺服电动机为例，介绍其特性曲线。

直流伺服电动机的工作特性曲线可分为3个区域（见图4.18），连续工作区Ⅰ内，转矩、转速的任意组合都可长期连续工作；间断工作区Ⅱ内，电动机可根据负载周期曲线所决定的允许工作时间与断电时间做间歇工作；瞬时工作区Ⅲ内，电动机只能在加减速时工作于该区，即只能在该区域中工作极短的一段时间。

3. 直流伺服电动机的驱动装置

直流伺服驱动系统的主要作用是把来自CNC装置的信号进行功率放大，以驱动伺服电动机转动，并根据来自CNC装置的信号指令，调节伺服电动机的速度，一般结构如图4.19所示。直流伺服驱动装置一般采用调

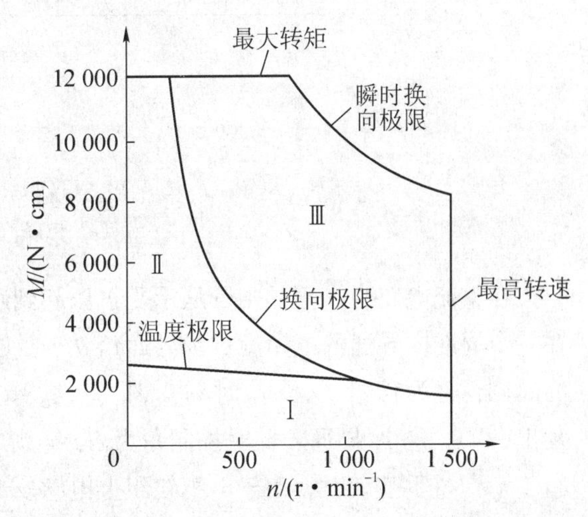

图4.18　FB15型直流伺服电动机工作曲线

Ⅰ—连续工作区；Ⅱ—间断工作区；Ⅲ—瞬时工作区

压调速方式，按功率放大电路元件的不同，可分为 CNC 装置晶闸管（Silicon Controlled Rectifier，SCR）直流伺服驱动系统和晶体管脉宽调制（Pulse Width Modulation，PWM）直流伺服驱动系统两大类。

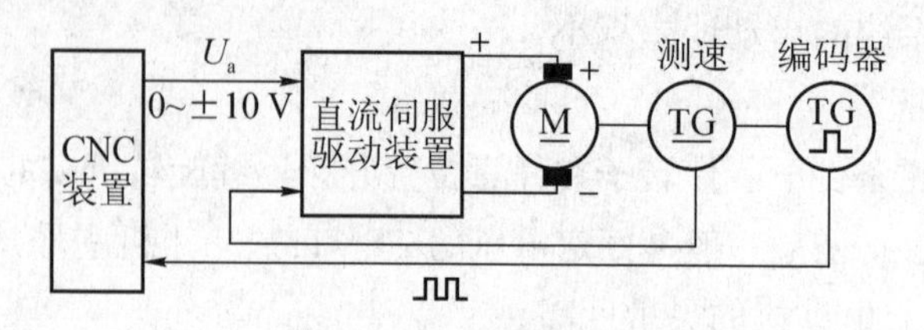

图 4.19　伺服驱动系统结构框图

（1）晶闸管（SCR）直流伺服驱动系统工作原理

将交流电变为直流电的电路称为整流电路，所谓可控整流，是指输出的直流电压是可控制的。由于晶闸管的单向导电可控性，因此，可由晶闸管组成可控整流电路。下面以单向全控桥式整流为例，简述其工作原理。图 4.20 所示为单向全控桥式整流电路。

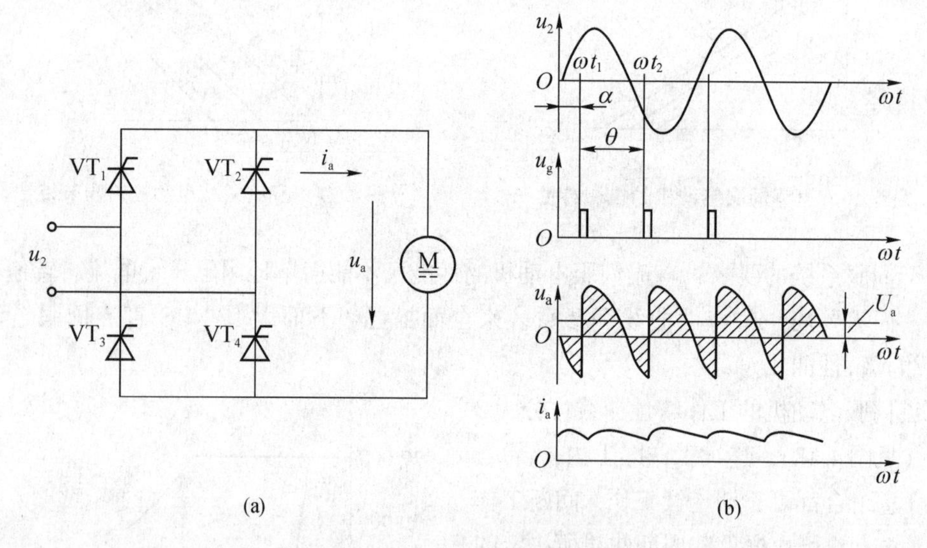

图 4.20　单向全控桥式整流电路
（a）电路；（b）波形

在整流电路中，把晶闸管从承受正压起到触发导通之间的电角度称为控制角 α，晶闸管在一个周期内导通的电角度称为导通角 θ。改变 α 的大小，即改变触发脉冲在每周期内出现的时刻，称为移相。在 ωt_1 时刻，VT_1、VT_4 承受 u_2 正压，同时 VT_1、VT_4 门极触发脉冲 u_g 发出，VT_1、VT_4 导通，此时控制角为 α，电源 u_2 加于负载上，形成电枢电压 u_a 及电枢电流 i_a。当 u_2 过零变负时，由于电枢绕组上电感反电动势的作用，通过 VT_1、VT_4 的维持电流继续流通，VT_1、VT_4 流通的导通角为 θ，直至下半周同一控制角 α 所对应的时刻 ωt_2，触发 VT_2、VT_3 导通，VT_1、VT_4 因承受反压而关断，电枢电流 i_a 改由 VT_2、VT_3 供给，该点称为自然换流点，如图4.20（b）所示。

由图4.20可知，控制角α在0°~90°内时，随着α的增大，电枢电压u_a的平均值下降，电流i_a连续；当$\alpha=90°$时，u_a的平均值为零，电流i_a接近断续；当$\alpha>90°$时，电流i_a很小并断续。因此，该整流电路触发脉冲的移相范围为0°~90°，每个晶闸管轮流导通180°。

因此，改变控制角α的大小，就可实现电动机电枢的调压、调速，这是晶闸管调速的本质所在。

（2）晶体管直流脉宽（PWM）调速系统工作原理

PWM系统功率转换电路有多种方式，这里仅以H形双极可逆功率转换电路为例，说明其工作原理。图4.21所示为目前应用较广的一种直流脉宽调速系统的基本主电路。三相交流电源经整流滤波变成恒定的直流电源U_S，它由4个大功率晶体管VT_1~VT_4和4个续流二极管VD_1~VD_4接成桥式（H形桥）。H形开关电路的导通方式是VT_1与VT_4导通或者VT_2与VT_3导通。若VT_1与VT_4导通，则电流在电动机中是从左流向右，电动机正转；若VT_2与VT_3导通，则电动机中的电流是从右流向左，电动机反转。图中的4个二极管VD_1~VD_4分别与大功率晶体管并联，起过压保护和续流的作用。

调速的方法是改变加在直流电动机电枢两端电压的平均值。一个不变的整流电压U_S，如何改变它加载在直流电动机上的平均电压呢？使用的方法是改变占空比，也就是让晶体管断续地导通。调节占空比就是调节晶体管通与断的时间比，晶体管通就有电流流过电动机，断就停止供电。若导通的时间长、关断的时间短，则平均电压上升；反之，则平均电压降低。因此，调节占空比就可以调节加在电动机电枢两端的电压，从而调节直流电动机的速度。

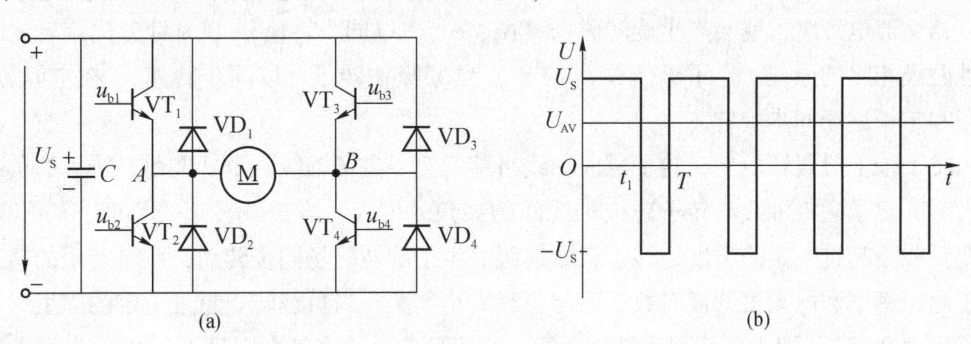

图4.21 晶体管直流脉宽（PWM）调速系统工作原理

（a）PWM的主电路；（b）输出波形

4.2.3 交流伺服系统

1. 交流伺服电动机的种类

（1）异步型交流伺服电动机

异步型交流伺服电动机是指交流感应电动机，它有三相和单相之分，也有鼠笼式和绕线式之分，通常多用鼠笼式三相交流感应电动机。它的优点是结构简单、价格低，与同容量的直流电动机相比，质量要轻1/2；缺点是不能方便地实现范围较广的平滑调速，必须从电网吸收滞后的励磁电流，使电网功率因数变坏。这种鼠笼式转子的异步型交流伺服电动机简称为异步型交流伺服电动机，用IM表示。

（2）同步型交流伺服电动机

同步型交流伺服电动机虽然较感应电动机复杂，但比直流电动机简单。它的定子与感应电动机一样，都是在定子上装有对称的三相绕组，区别在转子上，按不同的转子结构可分为电磁式和非电磁式两大类。非电磁式又分为磁滞式、永磁式和反应式多种，其中磁滞式和反应式同步型交流伺服电动机存在效率低、功率因数较差、制造容量不大等缺点。数控机床中广泛采用永磁式同步型交流伺服电动机。

交流伺服电动机与直流伺服电动机相比，永磁式同步型交流伺服电动机没有机械换向器和电刷，可避免换向火花的产生和机械磨损等，同时可获得和直流伺服电动机相同的调速性能。

和异步型交流伺服电动机相比，由于永磁式同步型交流伺服电动机转子有磁极，在很低的频率下也能运行，因此，在相同的条件下，同步型交流伺服电动机的调速范围比异步型交流伺服电动机的调速范围更宽。同时，同步型交流伺服电动机比异步型交流伺服电动机对转矩扰动具有更强的承受力，能做出更快的响应。

2. 交流伺服电动机的工作原理和结构

（1）永磁式同步型交流伺服电动机的工作原理

如图4.22所示，永磁式同步型交流伺服电动机的转子是一个具有两个磁极的永磁体（也可以是多极的）。按照电动机学原理，当永磁式同步型交流伺服电动机定子的三相绕组接通三相交流电源时，就会产生旋转磁场（N_s，S_s），以同步转速 n_s 逆时针方向旋转。根据两异性磁极相吸的原理，定子磁极 N_s（或 S_s）紧紧吸住转子，以同步转速 n_s 在空间旋转，即转子和定子磁场同步旋转。

当转子加上负载转矩后，转子磁极轴线将落后定子磁场轴线一个 θ 夹角。转子的负载转矩增大时，定子磁极轴线与转子磁极轴线间的夹角 θ 增大；当负载转矩减小时，θ 角减小。但只要负载不超过一定的限度，转子就始终跟着定子旋转磁场同步转动，此时转子的转速只决定于电源频率和电动机的极对数，而与负载大小无关。当负载转矩超过一定的限度时，电动机就会“丢步”，即不再按同步转速运行，直至停转。这个最大限度的转矩称为最大同步转矩，因此，使用永磁式同步型交流伺服电动机时，负载转矩不能大于最大同步转矩。

（2）永磁式同步型交流伺服电动机的结构

数控机床用于进给驱动的交流伺服电动机大多采用三相交流永磁式同步电动机，如图4.23所示。永磁式同步型交流伺服电动机主要由三部分组成：定子、转子和检测元件（转子位置传感器和测速发电机）。其中，定子有齿槽，内有三相绕组，形状与普通感应电动机的定子相同，但其外圆多呈多边形，且无外壳，利于散热，以避免电动机发热对机床精度的影响。转子由多块永久磁铁和铁心组成。永磁材料的磁性能对电动机外形尺寸、磁路尺寸和性能指标都有很大影响。

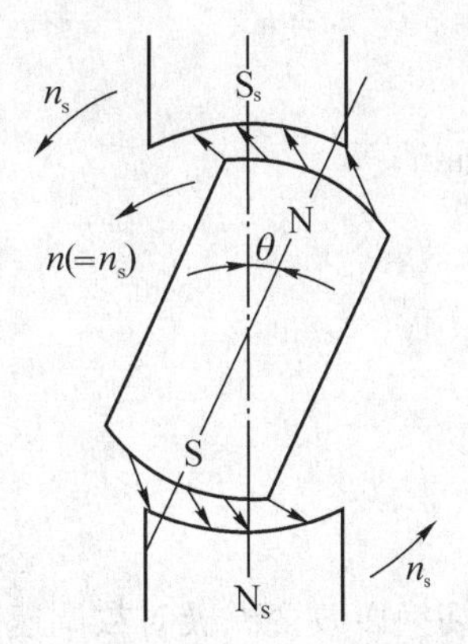

图 4.22　永磁式同步型交流伺服电动机的工作原理

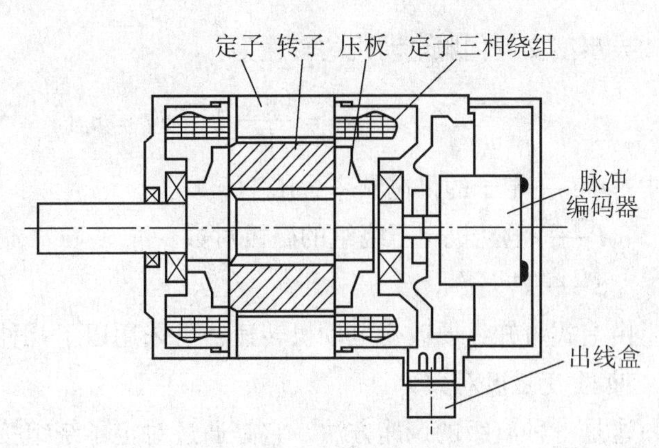

图 4.23　永磁式同步型交流伺服电动机纵剖面

3. 交流伺服电动机的特性

交流伺服电动机的机械特性曲线如图 4.24 所示。在连续工作区内，转速与转矩的输出组合都可长时间连续运行；在断续工作区内，电动机可间断运行。交流伺服电动机的机械特性比直流伺服电动机更硬，断续工作范围更大。

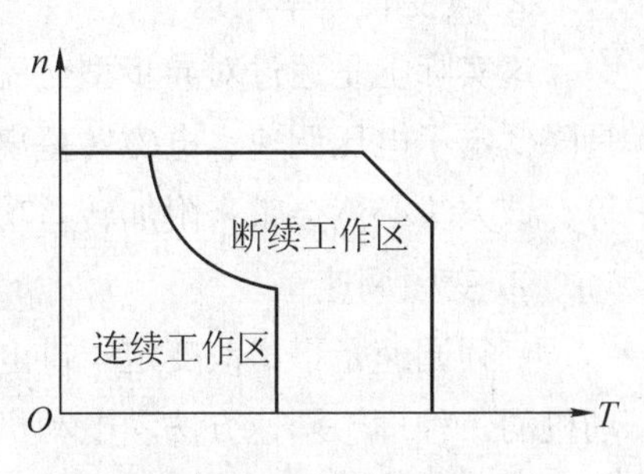

图 4.24　交流伺服电动机的机械特性曲线

交流伺服电动机的主要特性参数如下：

（1）额定功率

电动机长时间连续运行所能输出的最大功率，称为额定功率，其数值上约为额定转矩与额定转速的乘积。

（2）额定转矩

电动机在额定转速以下所能输出的长时间工作转矩，称为额定转矩。

（3）额定转速

额定转速由额定功率和额定转矩决定，通常情况下，在额定转速以上工作时，随着转速的升高，电动机所能输出的长时间工作转矩将会下降。

（4）瞬时最大转矩

瞬时最大转矩是指电动机所能输出的瞬时最大转矩。

（5）最高转速

最高转速是指电动机的最高工作转速。

（6）电动机的转子惯量。

4. 交流伺服电动机的驱动装置

（1）交流伺服电动机的调速原理

由电动机学基本原理可知，交流伺服电动机的同步转速为：

$$n_0 = \frac{60f_1}{P}\ (\mathrm{r/min})$$

异步型交流伺服电动机的转速为：

$$n = \frac{60f_1}{P}(1 - S) = n_0(1 - S)(\mathrm{r/min})$$

式中：f_1——定子的供电频率，Hz；

P——电动机定子绕组的磁极对数；

S——转差率。

由上式可知，要改变电动机转速，可采用以下几种方法。

① 改变磁极对数 P

这是一种有级的调速方法。它是通过对定子绕组接线的切换以改变磁极对数调速的，该方法只能得到级差较大的有级调速。

② 改变转差率调速

这实际上是通过对异步型交流伺服电动机转差功率进行处理而获得的调速方法。常用的是降低定子电压调速、电磁转差离合器调速、线绕式异步电动机转子串电阻调速或串级调速等，该方法必然会带来附加转差功率损耗，效率较低，故称为低效型交流调速。

③ 变频调速

变频调速是平滑改变定子供电电压频率 f_1 而使转速平滑变化的调速方法。这是交流电动机的一种理想调速方法。电动机从高速到低速，其转差率都很小，因而变频调速的效率和功率因数都很高。目前，数控机床主要采用变频调速等先进交流调速技术。

（2）变频器的分类

对交流电动机实现变频调速的装置称为变频调速器（简称为变频器），其功能是将电网提供的电压与频率固定不变的交流电变换为可变电压和频率（Variable Voltage Variable Frequency，VVVF）的交流电，从而实现对交流电动机的无级调速。

变频器有交-交变频器、交-直-交变频器两大类，如图 4.25 所示。交-交变频器没有明显的中间滤波环节，电网提供的交流电直接被变成可调频率与电压的交流电，又称为直接变频器。交-直-交变频器是先把电网提供的交流电转换为直流电，经中间滤波后，再进行逆变而转变为变频变压的交流电，故称为间接变频器。直接变频器只需进行一次能量变换，所以变换效率高，工作可靠，但频率的变化范围有限，多用于低频、大容量的调速。间接变频器需进行两次电能变换，所以变换效率低，但频率变换范围大。目前，一般采用间接变频器。

（3）正弦波脉宽调制（Sinusoidal Pulse Width Modulation，SPWM）变频器

SPWM 变频器属于交-直-交变频器，其原理框图如图 4.25（b）所示。其基本工作过程是：先将 50 Hz 的交流电经整流变压器变压得到所需电压，经二极管不可控整流和电容滤波，形成恒定直流电压，而后送入由大功率晶体管构成的逆变器主电路，输出三相电压和频率均可调整的等效于正弦波的脉宽调制波（SPWM 波），即可拖动三相电动机运转。这种变频器结构简单，电网功率因数接近于 1，且不受逆变器负载大小的影响，系统动态响应快，输出波形好，使电动机可在近似于正弦波的交变电压下运行；脉动转矩小，扩展了调速范

围，提高了调速性能，因此，在数控机床的交流驱动中广泛使用。

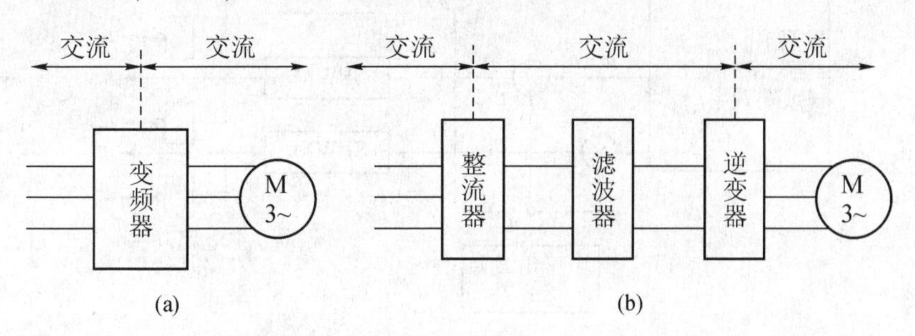

图4.25　两种类型的变频器

（a）交－交变频器；（b）交－直－交变频器

SPWM变频器的工作原理如下：

① SPWM波形与等效正弦波

在采样控制理论中有一个重要结论，即冲量（窄脉冲的面积）相等而形状不同的窄脉冲加在具有惯性的环节上时，其效果基本相同，该结论是SPWM控制的重要理论基础。

SPWM变频器输出的是正弦脉宽调制波，即SPWM波。其工作原理是：若把一个正弦半波 N 等分，然后把每一等分的正弦曲线与横坐标轴所包围的面积，都用一个与此面积相等的等高矩形脉冲来代替，这样可得到 N 个等高而不等宽的脉冲序列。根据上述冲量相等、效果相同的原理，该矩形脉冲序列与正弦半波是等效的。如果对正弦波的负半周也做同样处理，即可得到相应的 $2N$ 个脉冲，这就是与正弦波等效的正弦脉宽调制波，如图4.26所示。

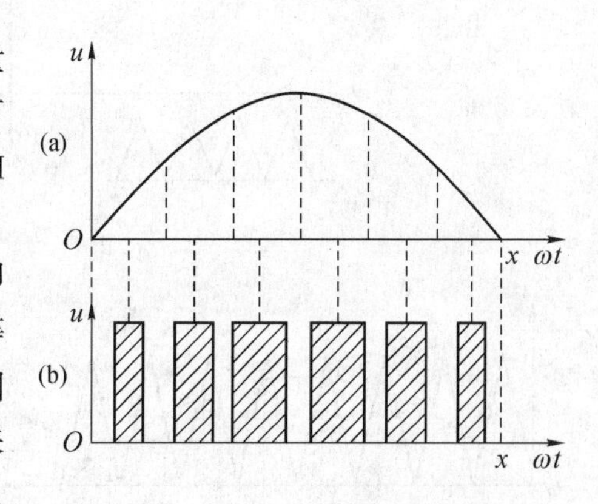

图4.26　与正弦波等效的SPWM波形

（a）正弦波的正半波；

（b）等效的SPWM波形

② 产生SPWM波形的原理

SPWM波形可用计算机产生，即对给定的正弦波用计算机算出相应脉冲的宽度，通过控制电路输出相应波形；或用专门集成电路产生，如产生三相SPWM波形的专用集成电路芯片有HEF4752、SLE4520等；也可采用模拟电路产生，其方法是以正弦波为调制波，对以等腰三角波为载波的信号进行“调制”，原理如图4.27所示。

采用模拟电路产生SPWM波形，就是用一个正弦波发生器产生可以调频、调幅的正弦波信号（调制波），然后用三角波发生器生成幅值恒定的三角波信号（载波），将它们在电压比较器中进行比较，最后输出SPWM调制电压脉冲。图4.28所示为SPWM法调制SPWM脉冲的原理图。

三角波电压和正弦波电压分别接在电压比较器的“－”、“＋”输入端。当 $u_{\triangle} < u_{\sin}$ 时，电压比较器输出高电平；反之则输出低电平。SPWM脉冲宽度（电平持续时间的长短）由

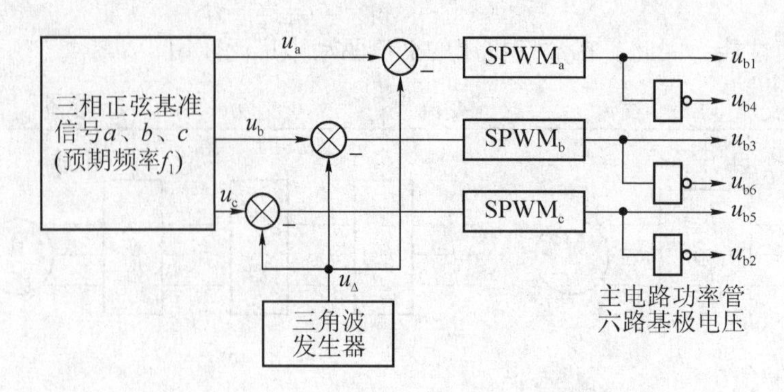

图 4.27 三相 SPWM 控制电路原理图

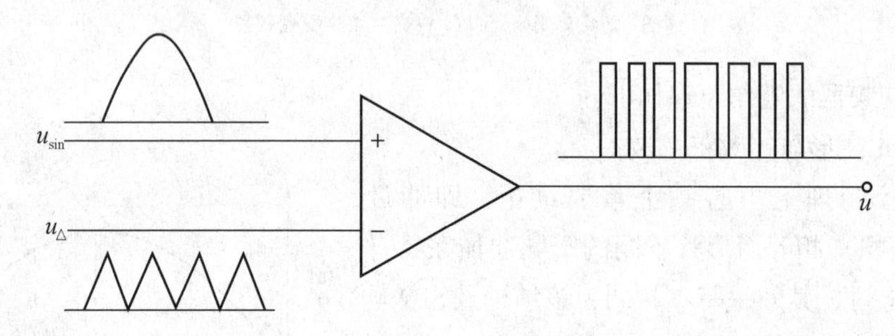

图 4.28 SPWM 调制脉冲原理图

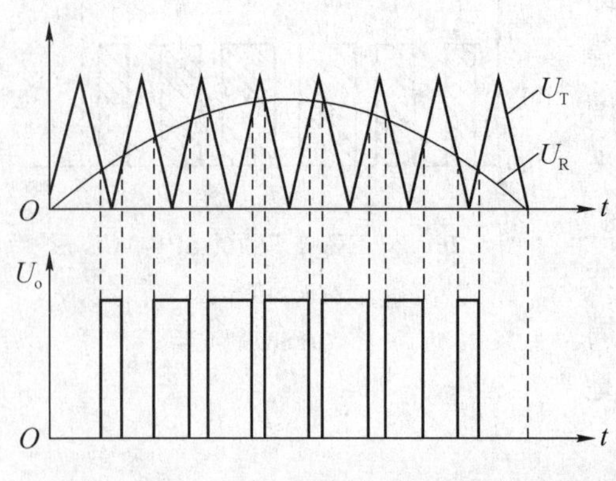

图 4.29 SPWM 调制波示意图

三角波和正弦波交点之间的距离决定，两者的交点随正弦波电压的大小而改变，因此，在电压比较器的输出端就可以输出幅值相等而脉冲宽度不等的SPWM 电压信号。图4.29 所示为SPWM 调制波示意图。

③ SPWM 变频器的主电路

SPWM 变频器主电路原理及输出线电压的波形如图4.30 所示。图4.30（a）中，$V_1 \sim V_6$ 为六只大功率晶体管，并各有一个与之反并联的续流二极管，来自控制电路的 SPWM 波形作为基极控制电压，加在各功率管的基极上。按相序和频率要求，将参考信号振荡器上产生的频率和电压协调控制的三路正弦波信号，与等腰三角波发生器传来的载波信号一同送入电压比较器，从而产生三路 SPWM 波形，经反相电路后，可得到六路 SPWM 信号，分别加在 $V_1 \sim V_6$ 六只功率晶体管的基极，作为驱动控制信号。当逆变器工作于双极性工作方式时，可得到如图 4.30（b）所示的线电压波形。

4.3 主轴驱动系统

机床的主轴驱动和进给驱动有很大的差别，机床的主轴驱动主要是旋转运动，不需要丝杠

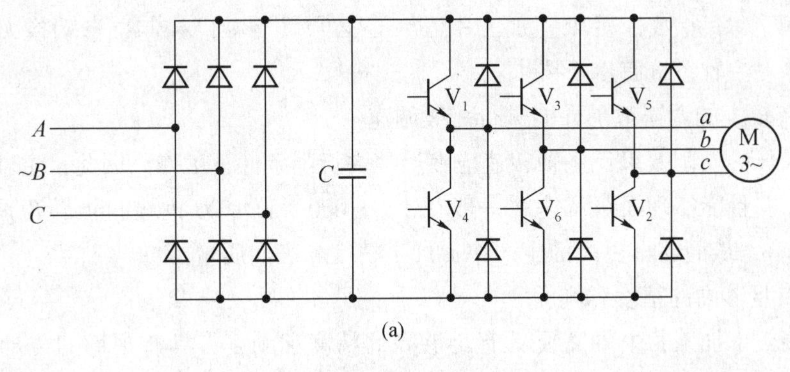

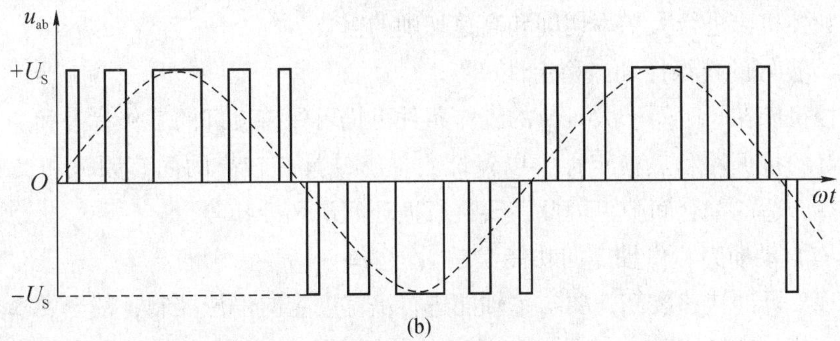

图 4.30 SPWM 变频器主电路原理图与线电压波形

(a) 原理图；(b) 线电压波形图

或其他直线运动装置。主轴驱动系统中，要求电动机能提供大的转矩（低速段）和足够的功率（高速段），所以主电动机调速要保证是恒功率负载，而且在低速段具有恒转矩特性。

在早期的数控机床上，采用三相异步电动机配上多级变速箱作为主轴驱动的主要方式。由于对主轴驱动提出了更高的要求，所以在前期的数控机床上主要采用直流主轴驱动系统，但由于直流电动机的换向限制，大多数系统恒功率调速范围都非常小。20 世纪 70 年代末 80 年代初开始采用交流驱动系统，目前数控机床的交流主轴驱动多采用交流主轴电动机配备主轴伺服驱动器或普通交流异步电动机配备变频器。

数控机床进给交流电动机大多采用永磁式同步电动机，而主轴交流电动机多采用鼠笼式感应电动机。这是因为数控机床的主轴驱动系统不必像进给驱动系统那样，需要如此高的动态性能和调速范围。鼠笼式感应电动机结构简单、便宜、可靠，配上矢量变换控制的主轴驱动装置，可以满足数控机床主轴的要求。而永磁式同步电动机受永磁体的限制，当容量做得很大时，电动机成本太高。

1. 数控机床对主轴的基本要求

与普通机床一样，数控机床的主运动主要是完成切削任务，其动力占整台机床动力的 70%~80%，其基本控制包括主轴的正反转、调速及停止。普通机床的主轴一般采用有级变速传动；而数控机床的主轴通常是自动无级变速传动或分段自动无级变速传动，可使主轴具有不同的转速和转矩，以满足不同的切削要求，因此，主传动的电动机应有较宽的功率范围

(2.2 ~250 kW)。有些数控机床（加工中心）还必须具有准停控制、自动换刀的功能。因此，数控机床对主轴系统有以下要求：

(1) 具有较大的调速范围并能进行无级调速

为达到最佳的切削效果，主轴转速应在最佳的切削条件下工作。因此，主轴要具有较大的调速范围，并且能实现无级调速（一般在 1∶1 000 ~1∶100 内进行恒转矩调速和 1∶10 的恒功率调速)，从而获得更高的生产率、加工精度和表面质量。

(2) 具有足够高的精度和刚度

为实现高效率加工，主轴需要具有足够高的精度和刚度，具有平稳的传动系统和低噪声，以满足数控机床进行大功率切削和高速切削的需要。

(3) 具有良好的抗振性和热稳定性

为使数控机床在长时间、大负荷的工作条件下仍可保持良好的工作状态和加工精度，主轴要具有良好的抗振性和热稳定性，以保证主轴组件具有较高的固有频率和良好的动平衡性，以及保持合适的配合间隙，因此，要进行循环润滑和冷却等。

(4) 具有自动换刀、主轴定向功能

为了实现刀具的快速装卸，要求主轴能进行高精度定向停位控制，甚至要求主轴具有角度分度控制功能，这样可使主轴具有刀具自动装卸、主轴定向停止和主轴空气切屑清除装置，从而缩短数控机床的辅助切削时间。

(5) 具有与进给同步控制的功能

为了实现螺纹加工，主轴应具有与进给驱动实行同步控制的功能，以保证转速与进给的比例关系。

2. 交流主轴电动机

目前，交流主轴驱动中均采用笼形异步电动机。笼形异步电动机由有三相绕组的定子和有笼条的转子构成。笼形异步电动机转子的结构比较特殊，在转子铁心上开有许多槽，每个槽内装有一根导体，所有导体两端短接在端环上，如果去掉铁心，转子绕组的形状像一个笼形，所以称为笼形转子。

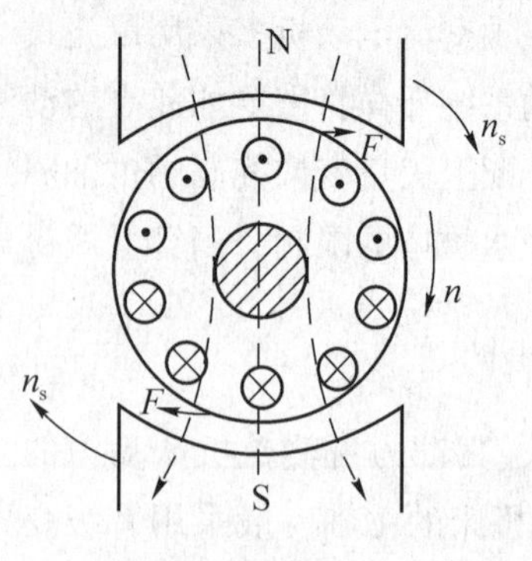

图 4.31 三相笼形异步电动机的原理图

图 4.31 所示为三相笼形异步电动机原理图。定子绕组通入三相交流电后，在电动机气隙中产生一个旋转磁场，旋转磁场沿顺时针方向以转速 n_s 旋转，其磁力线也顺时针切割转子笼条，转子笼条逆时针切割磁力线，从而在转子中产生感应电动势。由于笼形转子的导体均通过短路环连接起来，因此，在感应电动势的作用下，转子导体中有电流流过，且电流方向与感应电动势方向相同。根据通电导体在磁场中的受力原理，转子导体要与磁场相互作用产生电磁力，电磁力作用于转子，产生电磁转矩，转子便在电磁转矩的作用下转动起来。

转子绕组中的电流是由旋转磁场切割转子产生的，要产生一定的电流，转子的转速必须低于磁场的转速。因为如果两者转速相同，则不存在相对运动，转子导体将不切割磁力线产生感应电动势及电流，电磁转矩也就不会产生，这一点与同步电动机有本质差别。转子转速比旋转磁场的转速低多少主要由机械负载决定，负载大，则需要较大的导体电流，转子导体相对旋转磁场就必须有较大的相对速度。因为这种电动机的转子总要滞后于定子旋转磁场，所以称其为异步电动机。又因为电动机转子中本来没有电流，转子导体的电流是切割定子旋转磁场时感应产生的，所以异步电动机也称为感应电动机。笼形异步电动机具有结构简单、价格便宜、运行可靠、维护方便等许多优点。

3. 变频器在机床上的应用

主轴调速控制通常用变频器。以某变频器为例，其接线图如图 4.32 所示。该产品为 SPWM 控制，频率变化范围为 0 ~ 400 Hz。

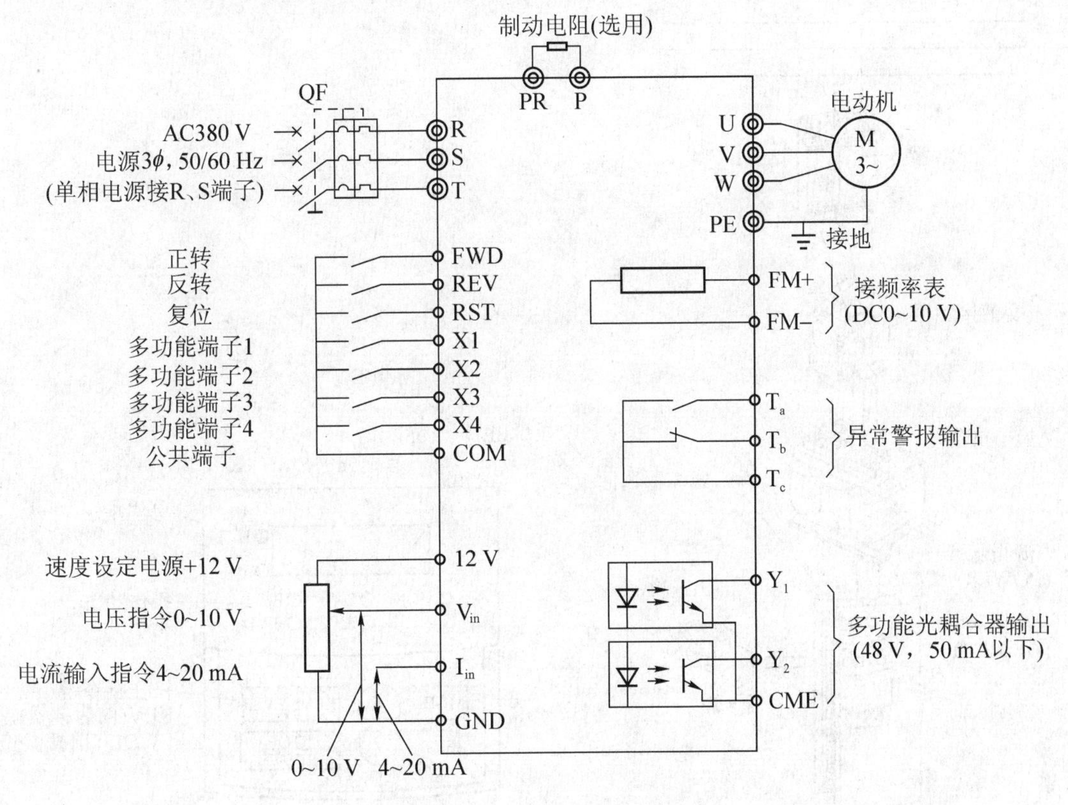

图 4.32　通用变频器接线图

三相 380 V 交流电压通过断路器 QF 接入变频器的电源输入端 R、S、T 上，变频器输出变频电压端 U、V、W 接到负载电动机 M 上。

断路器 QF 是总电源开关，且有短路和过载保护作用。制动电阻可直接接到 P 与 PR 端，厂家已配好。对于 7.5 kW 以上的变频器，可换用较大功率的电阻。制动电阻的作用是：当电动机制动时，有部分能量要回馈到变频器内部，导致直流电压上升，通过制动电阻可消耗掉这部分能量。

正、反转控制通过 FWD、REV、COM 端实现，当 FWD、COM 之间短路时，变频器正向运转；当 REV、COM 之间短路时，变频器反向运转。

电位器用于变频器的频率控制，此外还有 X1 ~ X4 功能输入端子，RST 为复位端子，V_{in} 为频率指令端子，I_{in} 为电流指令端子，GND 为控制用零电位端子，FM +、FM − 为频率表输入端子，T_a、T_b、T_c 为报警输出端子。T_a 为正常时开路，保护功能动作时闭路；T_b 为正常时闭路，保护功能动作时开路；T_c 为 T_a、T_b 的公共端。Y_1、Y_2 为多功能输出端子，CME 为输出公共端。

变频器各输入信号端子（包括 FWD、REV）内部均为光耦合器。输出信号 Y_1、Y_2、CME 内部为晶体管集电极开路输出。

图 4.33 所示为通用变频器的配置图。

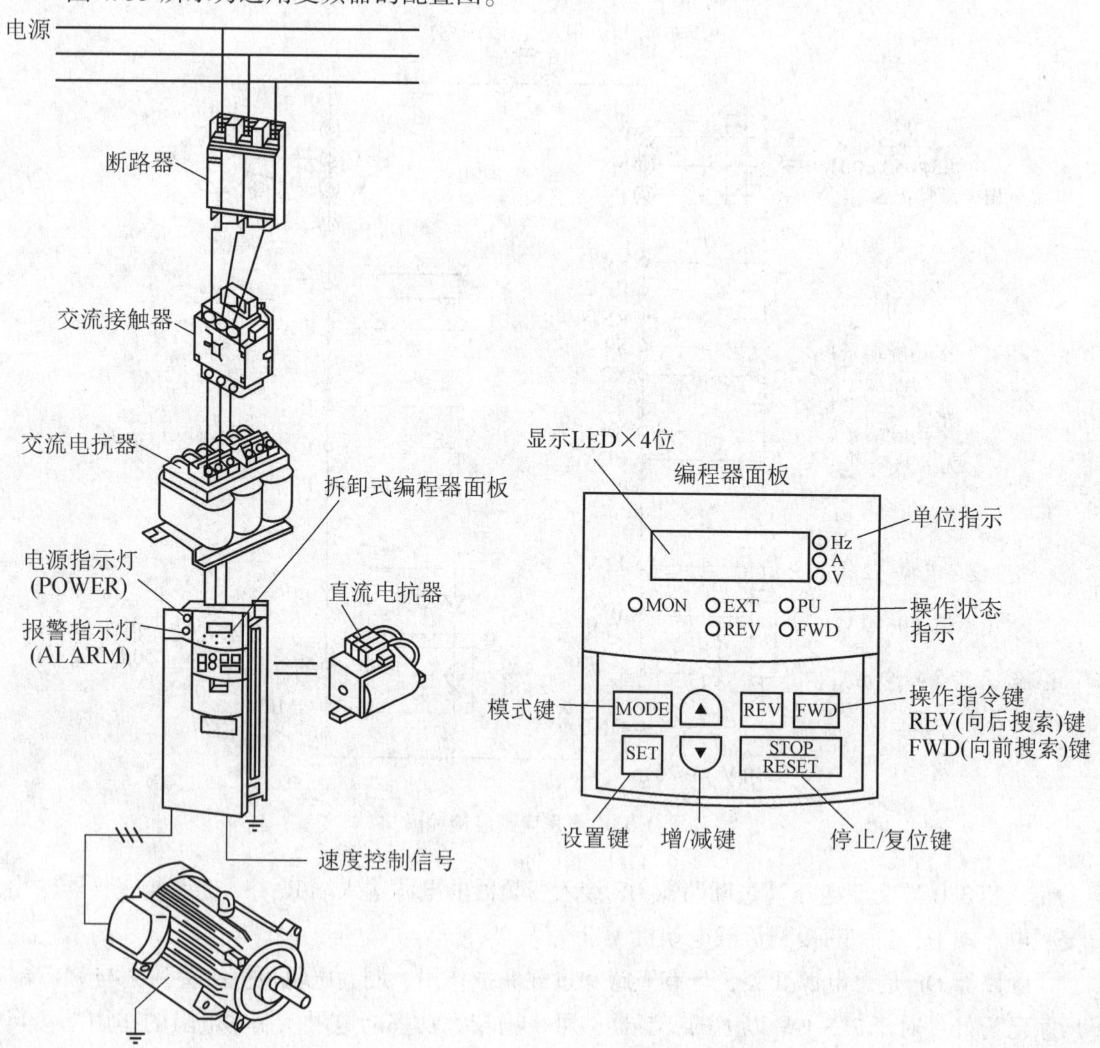

图 4.33　通用变频器的配置图

4. 主轴定向控制

(1) 主轴定向控制的作用

主轴定向控制又称为主轴准停控制，即当主轴停止时能控制其停在固定位置，对 M06 和 M19 指令有效，其作用如下。

① 刀具交换

在加工中心中，当主轴停转进行刀具交换时，主轴需停在一个固定不变的位置上，从而保证主轴端面上的键也在一个固定的位置，这样，换刀机械手在交换刀具时能保证刀柄上的键槽对正主轴端面上的定位键，如图 4.34 (a) 所示。

② 镗孔退刀

在精镗孔退刀时，为了避免刀尖划伤已加工表面，应采用主轴准停控制，使刀尖停在一个固定位置（X 轴或 Y 轴上），以便主轴偏移一定尺寸后，使刀尖离开工件表面进行退刀，如图 4.34 (b) 所示。

此外，在通过前壁小孔镗内壁大孔，或进行反倒角等加工时，采用主轴准停控制使刀尖停在一个固定位置（X 轴或 Y 轴上），以便主轴偏移一定尺寸后，使刀尖能通过前壁小孔进入箱体内对大孔进行镗削，如图 4.34 (c) 所示。

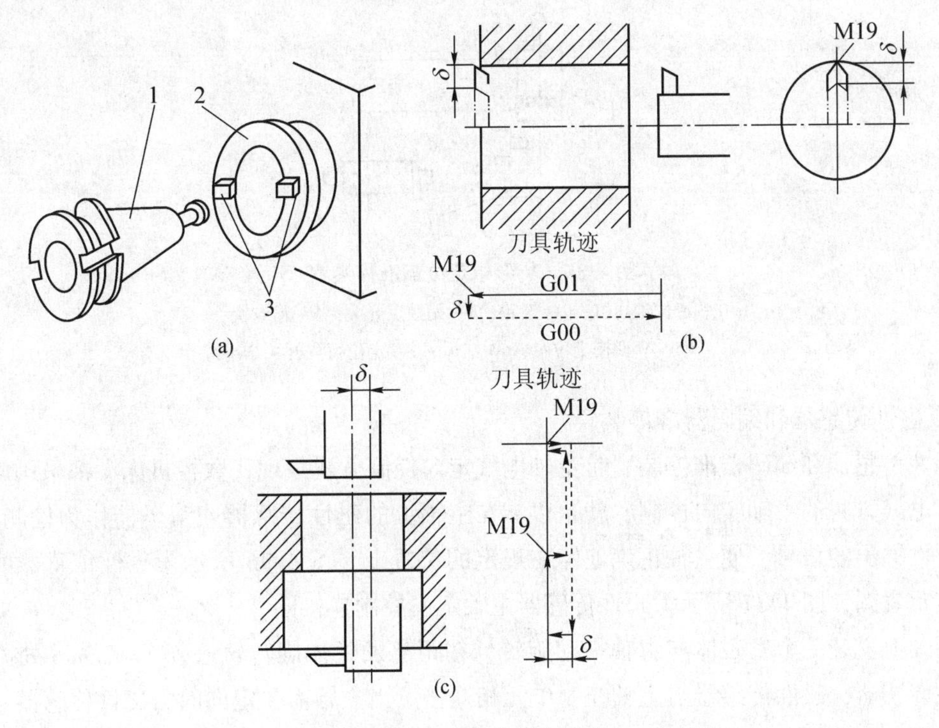

图 4.34 主轴准停的用途

(a) 刀具交换；(b) 精镗孔退刀；(c) 通过小孔镗大孔

1—刀柄；2—主轴；3—定位键

（2）主轴定向控制的实现方式

主轴定向控制有机械和电气两种方式。

① V形槽定位盘准停装置

V形槽定位盘准停装置是机械定向控制方式，在主轴上固定一个V形槽定位盘，使V形槽与主轴上的端面键保持一定的相对位置，如图4.35所示。准停指令发出后，主轴减速，无触点开关发出信号，使主轴电动机停转并断开主传动链，主轴及与之相连的传动件由于惯性继续空转。同时，无触点开关信号使定位活塞伸出，活塞上的滚轮开始接触定位盘，当定位盘上的V形槽与滚轮对正时，滚轮插入V形槽使主轴准停，定位行程开关发出定向完成应答信号。无触点开关的感应块能在圆周上进行调整，从而保证定位活塞伸出，滚轮接触定位盘后，在主轴停转之前，恰好落入定位盘上的V形槽内。

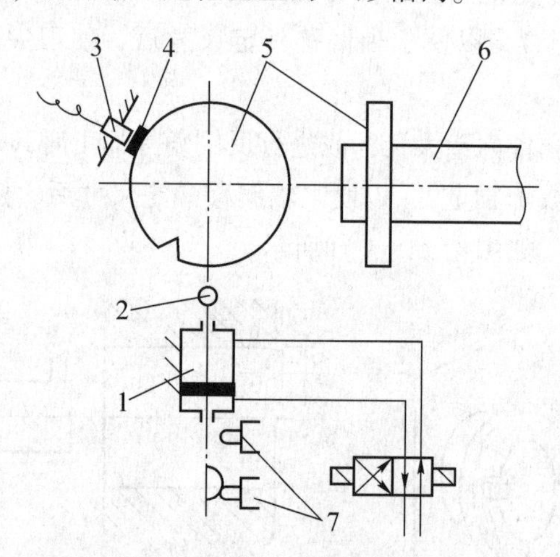

图4.35　V形槽定位盘准停装置

1—定位液压缸；2—滚轮；3—无触点开关；4—感应块；
5—V形槽定位盘；6—主轴；7—定位行程开关

② 磁性传感器和编码器准停装置

磁性传感器和编码器准停装置是主轴电气定向控制方式，现代数控机床大都采用此控制方式。电气方式的主轴定向控制，就是以装在主轴上的磁性传感器或编码器作为检测元件，通过它们输出的信号，使主轴正确地停在规定的位置上。图4.36所示为磁性传感器的组成及安装示意图，图4.37所示为磁性传感器主轴定向控制连接图。

主轴上安装一个发磁体与主轴一起旋转，在距离发磁体旋转轨迹外1～2 mm处固定一个磁性传感器，磁性传感器与主轴控制单元相连接。当主轴需要定向时，磁性传感器发出主轴定向指令，主轴立即处于定向状态。当发磁体的判别基准孔转到对准磁性传感器上的基准槽时，主轴便停在规定的位置上。

采用编码器主轴定向控制，实际上是在主轴转速控制的基础上增加一个位置控制环。图4.38为编码器主轴定向控制连接图。编码器主轴定向控制可在0°～360°内任意定向，例如，执行 M19 S180 指令，主轴就会停在 180°的位置上。

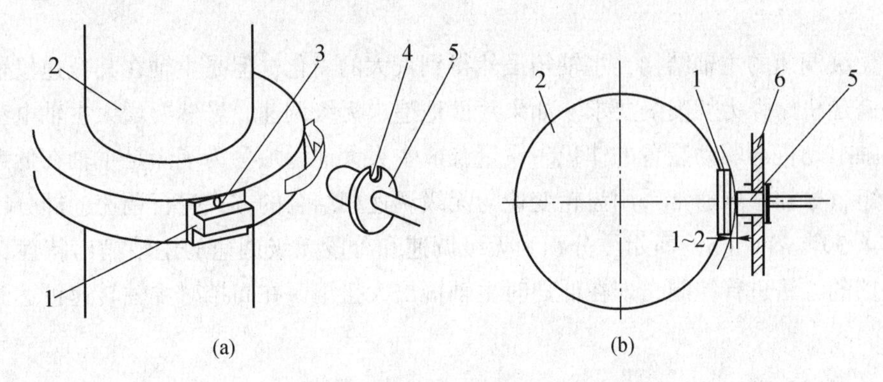

图 4.36　磁性传感器的组成及安装示意图

（a）组成；（b）安装

1—发磁体；2—主轴；3—判别基准孔；4—基准槽；5—磁性传感器；6—主轴箱

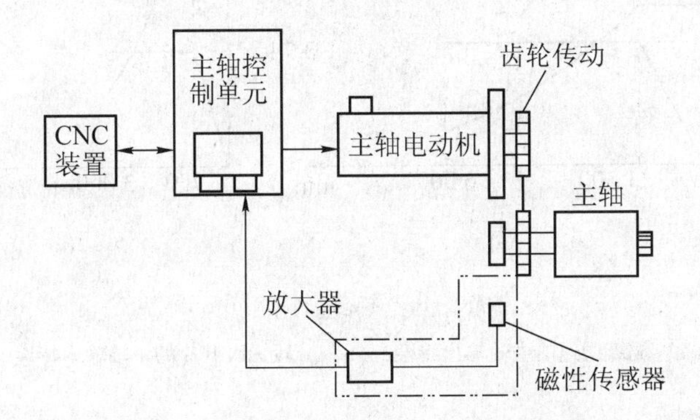

图 4.37　磁性传感器主轴定向控制连接图

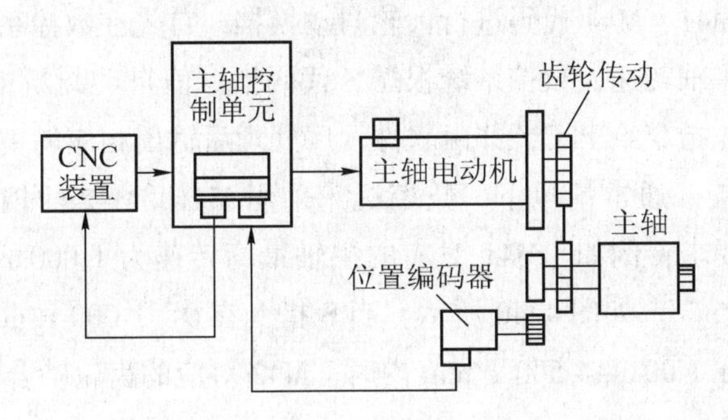

图 4.38　编码器主轴定向控制连接图

电气方式主轴定向控制具有以下特点：

a. 不需要机械部件，只需要简单地连接编码器或磁性传感器，即可实现主轴定向控制。

b. 主轴在高速转动时直接定向，不必采用齿轮减速，定向时间大为缩短。

c. 定向控制采用电子部件，没有机械易损件，不受外部冲击的影响，因此，主轴定向控制的可靠性高。

d. 定向控制的精度和刚性高，完全能满足自动换刀的要求。

5. 主轴分段无级变速控制

采用无级调速的主轴结构，主轴箱虽然得到大大的简化，但是主轴在其低速段输出的力矩却无法满足机床强力切削的要求。如果片面地追求无级调速，必然要增大主轴电动机的功率，使主轴电动机与驱动装置的体积、质量及成本大大地增加。为了满足主轴在低速时能输出大的扭矩，数控机床通常采用齿轮变速与无级调速相结合的方式进行调速，即分段无级调速。如图 4.39（a）、（b）所示，分别为无级调速和分段无级调速的主轴输出特性，采用齿轮自动换挡的方法进行控制，即在低挡时主轴输出大扭矩，在高挡时主轴转速可达到最高转速的要求。

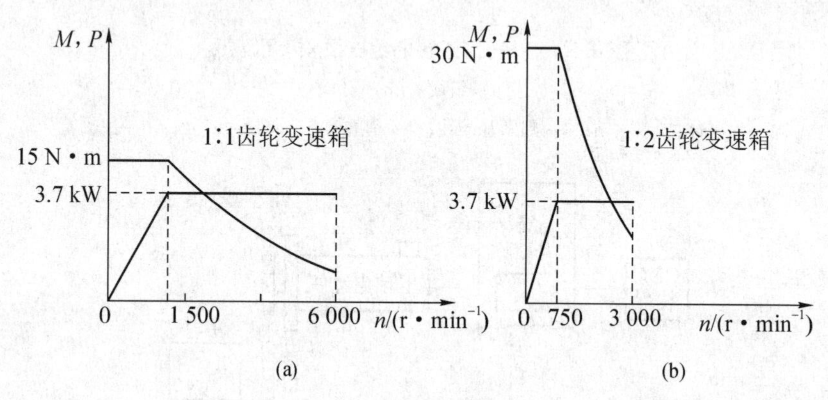

图 4.39 分段变速曲线

（a）无级调速的主轴输出特性；（b）分段无级调速的主轴输出特性

（1）数控机床主轴的自动换挡

数控系统常采用 M41 ~ M44 代码进行齿轮自动换挡。首先在数控系统参数区设置 M41 ~ M44 四挡对应的最高主轴转速，数控系统根据 S 代码指令值自动判断主轴目前所处的挡位，输出相应的 M41 ~ M44 指令给 PLC，并由软件程序处理后输出相应的主轴转速信号，经过液压系统来实现换挡功能。通常情况下，数控机床采用 M41、M42 两挡控制（M40 为空挡）即可满足主轴的转速要求，例如，M41 对应的主轴最高转速为 1 000 r/min，M42 对应的主轴最高转速为 4 500 r/min。如图 4.40 所示，当 S 指令在 0 ~ 1 000 r/min 内时，M41 对应的齿轮啮合；当 S 指令在 1 001 ~ 4 500 r/min 内时，M42 对应的齿轮啮合。

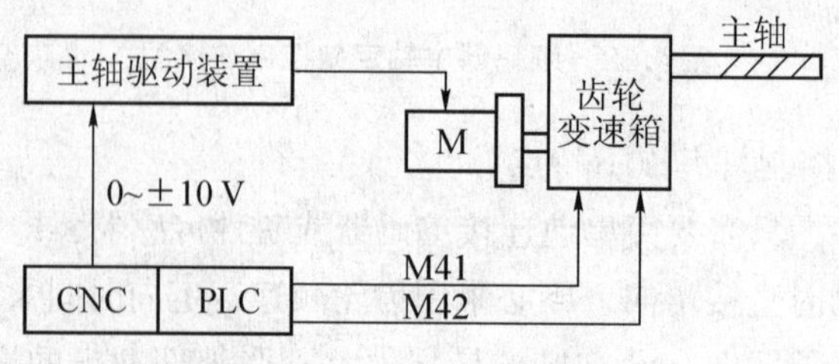

图 4.40 主轴分段无级调速

为避免主轴变挡时易出现的顶齿现象，主轴在换挡时，数控系统用控制主轴低速转动和脉动的方式来实现齿轮的顺利啮合。换挡时，主轴的转动速度由数控系统的参数设定，换挡时间和脉动频率由 PLC 软件程序设定，一般为 3 ~ 5 s。主轴换挡分为两种情况：一种是在主轴静止状态下换挡，另一种是在主轴旋转状态下换挡。在主轴旋转状态下换挡时，必须先使主轴转速降下来再换挡，换挡结束后，主轴在新的挡位下旋转。除以上情况外，主轴换挡时还要考虑：在变挡时主轴所在挡位、换挡完成及换挡失败等情况。这些控制都是由 PLC 软件程序完成的。

（2）数控机床主轴的自动换挡时序

图 4. 41 所示为主轴自动换挡时序图。

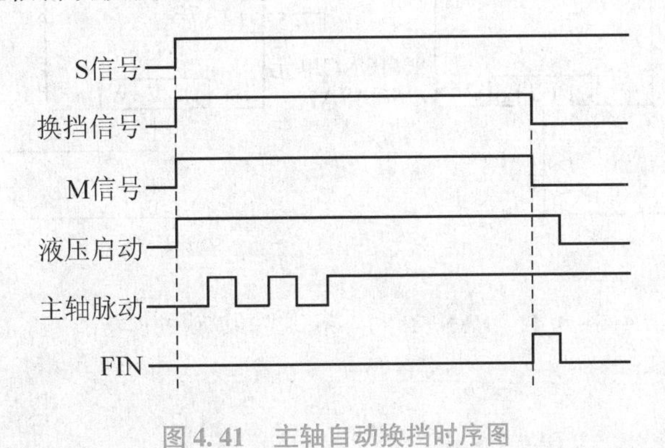

图 4. 41　主轴自动换挡时序图

① 当数控系统读到 S 指令时，输出相应的 M 代码给 PLC，经 PLC 软件程序处理并判断是否需要换挡，如需要变换挡，则发出换挡信号。

② 主轴低速转动并脉动，液压系统启动。

③ 换挡完成，发出 M 完成信号。

6. FANUC 的 α 系列主轴模块的连接

图 4. 42 为 FANUC 的 α 系列主轴模块的连接图，三相动力电源（380 V）通过伺服变压器（把 380 V 电压转换成 200 V 电压）输送到电源模块的控制电路输入端、电源模块的主电路输入端以及作为主轴电动机的风扇电源。JY2 连接到内装了 A、B 相脉冲发生器的主轴电动机，JY2 作为主轴电动机的速度反馈及主轴电动机过热检测信号接口。JY4 连接到主轴位置编码器，实现主轴位置及速度的控制，从而完成数控机床的主轴与进给的同步控制及主轴准停控制等。CX4 连接到数控机床操作面板的系统急停开关，实现硬件系统急停信号的控制。

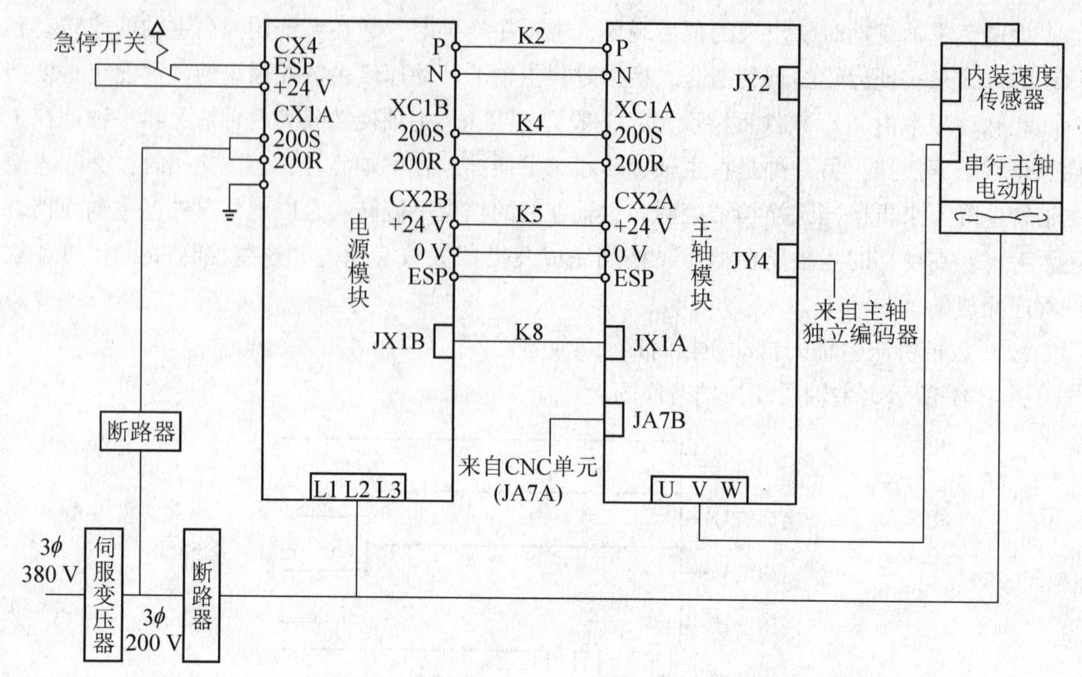

图 4.42 FANUC 的 α 系列主轴模块的连接图

4.4 步进驱动系统技能实训

1. 实训目的

(1) 了解步进电动机的工作原理。

(2) 了解步进驱动的缺点与不足。

2. 实训设备

RS－S1/S2 数控机床综合培训系统。

3. 实训必备知识

(1) 步进驱动系统为开环系统，数控系统向步进驱动器发出指令脉冲，驱动器按脉冲信号输出相应的脉冲功率驱动电动机运转，如图 4.43 所示。因为在电动机端无执行情况监测和反馈，故称之为开环系统。正常情况下，电动机会忠实地执行系统所发出的命令。

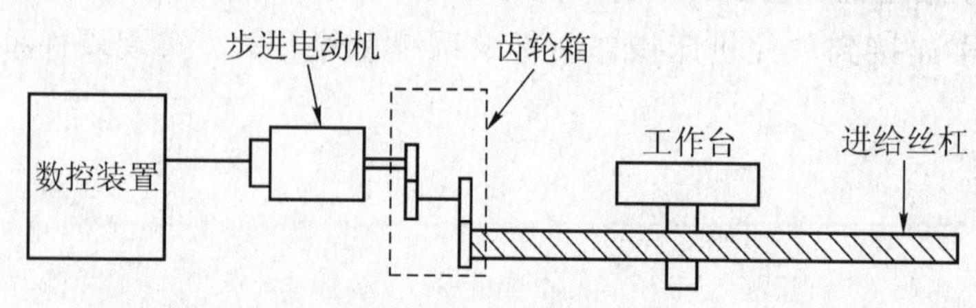

图 4.43 步进驱动系统（开环系统）

（2）由于开环系统无反馈检测，所以系统发出的命令值如因某种原因不能得到执行时，系统便无法进行报警监控，从而形成运行误差。此现象通常称为步进电动机的丢步现象。形成丢步的主要因素有电动机的输出扭矩小于驱动负载所需要的扭矩、电源供电故障、电动机断相等。

（3）步进驱动，根据电动机的结构，有不同的步距角（每个脉冲电动机所旋转的角度），如西门子6FC5548系列五相二十拍步进电动机，步距角为0.36°，系统每发出1 000个脉冲，电动机旋转1 000个步距角，即电动机旋转一周。

例如，数控系统执行加工程序G91 G1 Z100 F1000，步进电动机的步距角为0.36°，*Z*轴电动机与丝杆为直连，*Z*轴丝杆螺距为10 mm。执行完该程序，电动机所转的圈数为100/10＝10圈，系统所发的脉冲为10×360/0.36＝10 000个，系统每分钟所发的脉冲为1 000/10×360/0.36＝100 000个。

南京汇杰系列三相六拍混合式步进电运机，步距角为0.6°，系统每发出600个脉冲，电动机旋转600个步距角，即电动机旋转一周。

（4）因为步进电动机的输出扭矩随电动机转速的升高而下降，所以，步进电动机在高速运行时，有时会有丢步现象。又由于步进电动机是以脉动方式工作的，所以在低频的某一频率段会与机床产生共振，从而影响加工。这些都要修改加工程序予以避开。

（5）步进驱动器工作的三组脉冲信号：FREE＋，FREE－；DIR＋，DIR－；CP＋，CP－。其中，FREE为脱机控制信号，DIR为方向信号，CP为脉冲信号（有些驱动器无须此信号）。

4. 实训内容

（1）步进系统在正常情况下的运行实验。

（2）步进系统在高速时的丢步实验。

（3）步进系统的缺相运行实验。

（4）步进系统在低频时的共振实验。

（5）命令脉冲信号断路故障实验。

（6）方向脉冲信号断路故障实验。

5. 实训步骤

（1）将以下NC机床数据——轴数据，按机床实际情况设置好

机床电动机为三相六拍步进电动机，丝杆螺距为5 mm，步进电动机与丝杆之间直连，根据计算，设置好下列参数，重新启动数控系统后，方可进行下一步操作。将参数设置好填入表4.2。

表 4.2 参数设置

<table>
<tr><th colspan="2">参 数 名</th><th>参数说明</th><th>参数范围</th></tr>
<tr><td rowspan="2">伺服驱动类型</td><td>不带反馈</td><td>步进电动机不带反馈代码为46</td><td>46</td></tr>
<tr><td>带 反 馈</td><td>步进电动机带反馈代码为45</td><td>45</td></tr>
<tr><td colspan="2">伺服驱动器部件号</td><td>该轴对应的硬件部件号</td><td>0 ~ 3</td></tr>
<tr><td colspan="2">位置环开环增益（0.011/s）</td><td>不使用</td><td>0</td></tr>
<tr><td colspan="2">位置环前馈系数（1/10 000）</td><td>不使用</td><td>0</td></tr>
<tr><td colspan="2">速度环比例系数</td><td>不使用</td><td>0</td></tr>
<tr><td colspan="2">速度环积分时间常数（ms）</td><td>不使用</td><td>0</td></tr>
<tr><td colspan="2">最大力矩值</td><td>不使用</td><td>0</td></tr>
<tr><td colspan="2">最小力矩值</td><td>不使用</td><td>0</td></tr>
<tr><td rowspan="2">最大跟踪误差</td><td>不带反馈</td><td>0</td><td>0 ~ 60 000</td></tr>
<tr><td>带 反 馈</td><td>本参数用于“跟踪误差过大”报警，设置为“0”时无“跟踪误差过大报警”功能。使用时应根据最高速度和伺服环路滞后性能合理选取，一般可按下式（近似公式）选取：
最高速度 ×（10 000 - 位置环前馈系数 ×0.7）/位置环比例系数/3
单位：
最大跟踪误差：μm
最高速度：mm/min
位置环前馈系数：1/10 000
位置环比例系数：0.011/s</td><td></td></tr>
<tr><td colspan="2">电动机每转脉冲数（1/4）</td><td>电动机每转一圈对应的输出脉冲当量数/4</td><td>10 ~ 60 000</td></tr>
<tr><td rowspan="2">伺服内部参数[0]</td><td>不带反馈</td><td>步进电动机拍数</td><td>1 ~ 60 000</td></tr>
<tr><td>带 反 馈</td><td>0</td><td>0</td></tr>
<tr><td rowspan="2">伺服内部参数[1]</td><td>不带反馈</td><td>0</td><td>0</td></tr>
<tr><td>带 反 馈</td><td>反馈电子齿轮分母</td><td>±1 ~ 32 000</td></tr>
<tr><td rowspan="2">伺服内部参数[2]</td><td>不带反馈</td><td>0</td><td>0</td></tr>
<tr><td>带 反 馈</td><td>反馈电子齿轮分子</td><td>±1 ~ 32 000</td></tr>
<tr><td colspan="2">伺服内部参数[3]</td><td>不使用</td><td>0</td></tr>
<tr><td colspan="2">伺服内部参数[4]</td><td>不使用</td><td>0</td></tr>
<tr><td colspan="2">伺服内部参数[5]</td><td>不使用</td><td>0</td></tr>
</table>

(2) 正常运行实验

将系统的工作方式置于手动方式，将倍率开关旋至100%，按动+X键（或+Z等其他轴运行键），观察轴的运行情况（注意不要超程）。

将系统的工作方式置于MDA（Manual Data Automatic，手动输入）或AUTO（自动输入）方式，将倍率开关旋至100%，编一程序：G91 G1 X10 Z10 F200，并按NC启动键执行，观察轴的运行情况（注意不要超程）。

(3) 丢步实验

将MD32000与MD36200设置为大于实际计算出的数值，然后重新启动NC，在MDA或AUTO方式下编一程序：G91 G0 Z100，将进给倍率开关置于100%~150%，观察轴的运行情况（注意不要超程）。

(4) 缺相运行实验

在MDA或AUTO方式下编一程序：G91 G1 Z100 F100，将倍率开关旋至100%，启动程序，将步进驱动模块上X轴的A相的按钮开关拨至断开位置，观察轴的运行情况（注意不要超程）。

(5) 共振实验

在MDA或AUTO方式下编一程序：G91 G1 Z100 F100，将倍率开关旋至100%，启动程序，倾听机床运行的声音，逐步旋小倍率开关至0，观察机床在什么速度下声音最大，即可以确定该点离共振点最近。

(6) 脱机信号断路故障实验

将X轴FREE拨码开关设置为故障状态，此时FREE+、FREE-处于断开位置，将系统置于JOG方式，按动相应轴的轴运行键，观察机床的运行情况。

由于FREE+、FREE-处于断开位置，此时驱动器无脱机信号，所以坐标轴无运行反应（有条件者可用示波器观察各相应端子上的脉冲波形）。

(7) 方向脉冲信号断路故障实验

将某一轴DIR拨码开关设置为故障状态，将系统置于JOG方式，按动相应轴的正方向轴运行键，观察机床的运行情况；再按动相应轴的负方向轴运行键，观察机床的运行情况，此时，由于驱动器无方向脉冲，所以坐标轴只会朝一个方向运动。

6. 实训思考题

(1) 为什么步进系统在高速时有时会有丢步现象？

(2) 步进系统运行时的共振现象是故障吗？

复习思考题

1. 简述伺服系统的组成。

2. 数控机床对进给伺服系统有何要求？

3. 伺服系统有哪几种分类方法？

4. 步进电动机有哪些特点？

5. 步进电动机的转速和转向是如何控制的？

6. 何为步距角？步进电动机有哪些使用特性？

7. 步进电动机驱动的环形脉冲分配器有何作用？它有哪些实现方式？

8. 步进电动机驱动电路中，高低压驱动电路与恒流斩波驱动电路有何相同处和不同处？

9. 简述直流伺服电动机的工作原理及其换向装置的作用。

10. 直流伺服电动机的结构主要包括哪些部分？

11. 简述数控机床中广泛采用的永磁式同步型交流伺服电动机的工作原理，并说明何为同步型交流伺服电动机的最大同步转矩。

12. 变频器分为哪两大类？各有什么特点？

13. 正弦波脉宽调制（SPWM）变频器有什么特点？简述其工作原理。

14. 闭环和半闭环伺服系统由哪些环节组成？

15. 数控机床对主轴有哪些基本要求？

16. 何谓主轴定向控制？简述其作用。

17. 数控机床主轴为什么要进行分段无级变速控制？

第5章 数控机床的位置检测装置

学习目标

1. 了解数控系统对位置检测装置的要求及位置检测装置的作用；
2. 熟练掌握各种位置检测装置的原理及结构；
3. 掌握各种位置检测装置的检测及信号处理电路的工作原理。

内容提要

本章首先介绍了数控系统对位置检测装置的作用、要求、分类及性能指标，重点讲述了旋转编码器、光栅、旋转变压器、感应同步器、磁栅、霍尔传感器等几种常用位置检测装置的原理及结构，介绍了位置检测装置的信号处理方法及相应的检测电路。通过本章的学习，可初步了解作为数控机床电气控制系统重要组成部分的位置检测装置所起的作用、性能要求，实际应用中常用的位置检测装置的结构及原理。

5.1 概 述

5.1.1 位置检测装置的作用与要求

位置检测装置是数控系统的重要组成部分，在闭环或半闭环控制的数控机床中，必须利用位置检测装置把机床运动部件的实际位移量随时检测出来，与给定的控制值（指令信号）进行比较，从而驱动元件正确运转，使工作台（或刀具）按规定的轨迹和坐标移动。

数控机床对位置检测装置有以下几点基本要求：

1. 稳定可靠、抗干扰能力强

在油污、潮湿、灰尘、冲击振动等恶劣环境下工作稳定，受环境温度的影响小，能够抵抗较强的电磁干扰。

2. 满足精度和速度的要求

为保证数控机床的精度和效率，位置检测装置必须具有足够的精度和检测速度。目前，直线位移测量分辨率一般为0.001~0.01 mm，测量精度可达±0.001~0.02 mm/m；回转角测量角位移分辨率为2″左右，测量精度可达到±10″/360°。

3. 安装维护方便、成本低廉

受机床结构和应用环境的限制，要求位置检测装置体积小巧，便于安装、调试。如旋转编码器、光栅、感应同步器等，都是数控机床比较常用的位置检测装置。

数控机床的加工精度在很大程度上取决于数控机床位置检测装置的精度，因此，位置检测装置是数控机床的关键部件之一，它对于提高数控机床的加工精度有决定性的作用。

5.1.2 常用位置检测装置的分类

根据位置检测装置的安装形式和运动形式，数控机床的位置测量方式可分以下几种：

1. 绝对式和增量式

按检测量的测量基准，位置检测可分为绝对式测量和增量式测量。

(1) 绝对式位置检测

绝对式位置检测是指每个被测点的位置都从一个固定的零点算起，对应的测量值以二进制编码数据形式输出。例如，接触式编码盘、光电式码盘等，对应码盘的每个角位都有一组二进制数据，这种位置检测装置分辨率越高，结构越复杂。

(2) 增量式位置检测

增量式位置检测是指只测位移增量，每检测到位置移动一个基本单位时，就输出一个脉冲波或正弦波，通过脉冲计数便可得到位移量。如常用的增量式旋转编码器，每转过一个固定的角度，就输出一个脉冲，这种检测装置结构比较简单，但由于没有绝对零位，所以每次开机上电后都需要重新找零位。

2. 直接测量和间接测量

按被测量和所用检测元件的位置关系，位置检测可分为直接测量和间接测量。

若位置检测装置所测量的对象就是被测量本身，叫做直接测量，例如机床的直线位移直接采用直线型检测元件测量，其测量精度主要取决于测量元件的精度，不受机床传动精度的直接影响。采用安装在电动机或丝杠轴端的回转型检测元件间接测量机床直线位移的检测方法，叫做间接测量，其测量精度主要取决于测量元件及机床传动链的精度。

3. 直线型和回转型

根据运动形式，位置检测可以分为直线型和回转型，直线型位置检测装置主要用来检测运动部件的直线位移量；回转型位置检测装置主要用来检测回转部件的角位移量。

此外，还可以根据检测元件输出信号的不同，将位置检测分为数字式和模拟式。数字式检测元件输出方波信号或二进制编码信号；模拟式检测元件输出正弦波信号或模拟电平信号。

5.1.3 位置检测装置的性能指标

位置检测装置安装在伺服驱动系统中，由于所测量的各种物理量是不断变化的，因此，传感器的测量输出必须能准确、快速地跟随并反映这些被测量的变化。位置检测装置的主要性能指标包括如下几项内容。

1. 精度

符合输出量与输入量之间特定函数关系的准确程度称为精度。数控机床用传感器须满足高精度和高速实时测量的要求。

2. 分辨率

位置检测装置能检测的最小位置变化量称为分辨率。分辨率应适应机床精度和伺服系统的要求。分辨率的高低对系统的性能和运行平稳性具有很大的影响，一般按机床加工精度的 1/10 ~ 1/3 来选取位置检测装置的分辨率。

3. 灵敏度

输出信号的变化量相对于输入信号变化量的比值称为灵敏度。实时测量装置不但要灵敏度高，而且输出、输入关系中各点的灵敏度应该是一致的。

4. 迟滞

对某一输入量，传感器的正行程的输出量与反行程的输出量不一致，称为迟滞。数控伺服系统的传感器要求迟滞小。

5. 测量范围和量程

传感器的测量范围要满足系统的要求，并留有余地。

6. 零漂与温漂

零漂与温漂是指在输入量没有变化时，随时间和温度的变化，位置检测装置的输出量发生变化。传感器的漂移量是其重要性能标志，零漂和温漂反映了随时间和温度的改变，传感器测量精度的微小变化。

5.2 旋转编码器

旋转编码器是一种旋转式的角位移检测装置，在数控机床中得到了广泛的使用。旋转编码器通常安装在被测轴上，随被测轴一起转动，直接将被测角位移转换成数字（脉冲）信号，所以也称为旋转脉冲编码器，这种测量方式没有累积误差。旋转编码器也可用来检测转速。

按输出信号形式的不同，旋转编码器可以分为增量式和绝对式两种类型。

5.2.1 增量式旋转编码器

常用的增量式旋转编码器为增量式光电编码器，其原理如图 5.1 所示。

增量式光电编码器检测装置由光源、聚光镜、光栅盘、光栅板、光电管、信号处理电路等组成。光栅盘和光栅板用玻璃研磨、抛光制成，玻璃的表面在真空中镀一层不透明的铬，利用照相腐蚀法在光栅盘的边缘上开有间距相等的透光狭缝，在光栅板上制成两条狭缝，并在每条狭缝的后面对应安装一个光电管。

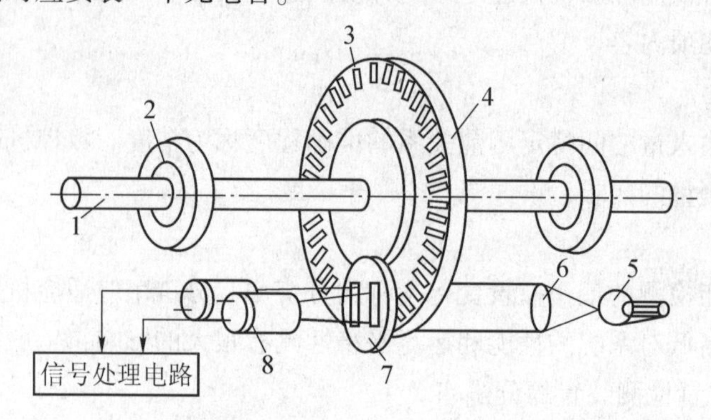

图 5.1 增量式光电编码器示意原理图

1—旋转轴；2—轴承；3—透光狭缝；4—光栅盘；5—光源；6—聚光镜；7—光栅板；8—光电管

当光栅盘随被测工作轴一起转动时，每转过一个缝隙，光电管就会感受到一次光线的明暗变化，使光电管的电阻值改变，这样就把光线的明暗变化转变成了电信号的强弱变化，而这个电信号的强弱变化近似于正弦波信号，经过整形和放大等处理，变换成脉冲信号。通过计数器计量脉冲的数目，即可测定旋转运动的角位移；通过计量脉冲的频率，即可测定旋转运动的转速。测量结果可以通过数字显示装置进行显示或直接输入数控系统中。

增量式光电编码器外形结构如图 5.2 所示。实际应用的光电编码器，光栅板上有两组条纹 A、$\bar{A}$ 和 B、$\bar{B}$，A 组与 B 组的条纹彼此错开 1/4 节距，两组条纹相对应的光敏元件所产生的信号彼此相差 90°相位，以用于辨向。此外，在光电编码盘的里圈里还有一条透光条纹 C（零标志刻线），用以每转产生一个脉冲，该脉冲信号又称为零标志脉冲，作为测量基准。

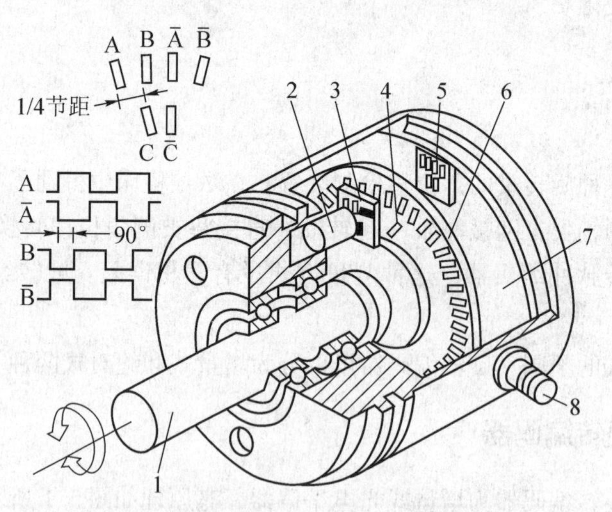

图 5.2 增量式光电编码器外形结构图

1—转轴；2—发光管；3—光栅板；4—零标志刻线；
5—光电管；6—光栅盘；7—印刷电路板；8—电源及信号线插座

增量式光电编码器的输出波形如图5.3所示，通过光栅板两条狭缝的光信号A和B，相位角相差90°，通过光电管转换并经过信号的放大、整形后，成为两相方波信号。为了判断光栅盘转动的方向，可采用图5.4所示的逻辑控制电路，将光电管A、B信号放大、整形后变成a、b两组方波。a组分成两路，一路直接微分产生脉冲d；另一路经反相后再微分得到脉冲e。d、e两路脉冲进入与门电路后分别输出正转脉冲f和反转脉冲g。b组方波作为与门的控制信号，使光栅盘正转时f有脉冲输出，反转时g有脉冲输出，然后将正转脉冲和反转脉冲送入可逆计数器，经过数显便知道转角的大小和方向。

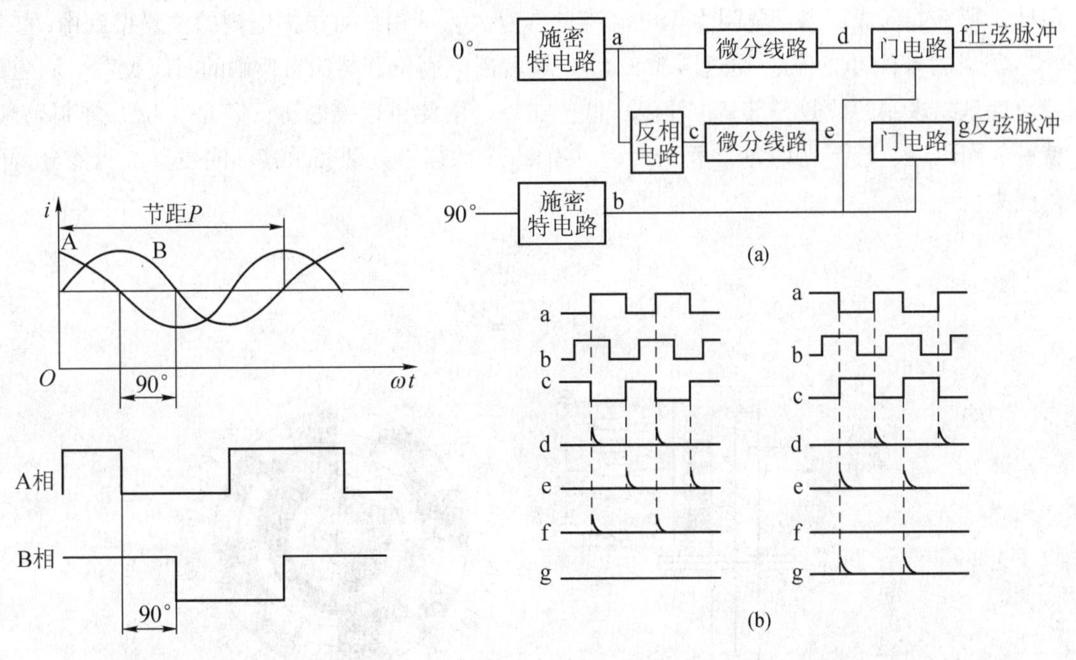

图5.3 增量式光电编码器的输出波形

图5.4 光栅盘辨向环节逻辑图及波形

增量式光电编码器的测量精度取决于它所能分辨的最小角度，而这与光栅盘圆周的条纹数有关，即分辨角为：

$$\alpha = \frac{360°}{条纹数}$$

如条纹数为1 024，则分辨角$\alpha = 360°/1\ 024 = 0.352°$。

5.2.2 绝对式光电编码器

绝对式光电编码器，就是将码盘的每一个转角位置都直接用数码表示出来，且每一个角度位置均有对应的唯一测量代码，因此称为绝对码盘或编码盘，它是目前使用广泛的角位移检测装置。

1. 接触式码盘

图5.5所示为接触式码盘示意图，图5.5（b）所示为4位BCD码盘。它在一个不导电

基体上做成许多金属区使其导电，其中涂黑部分为导电区，用“1”表示，其他部分为绝缘区，用“0”表示。这样，在每一个径向上都有由“1”、“0”组成的二进制代码。最里边的一圈是公用的，它和各码道所有导电部分连在一起，经电刷和电阻接电源正极。除公用圈以外，4 位 BCD 码盘的 4 圈码道上也都装有电刷，电刷经电阻接地，电刷布置如图 5. 5（a）所示。由于码盘是与被测转轴连在一起的，而电刷位置是固定的，所以当码盘随被测轴一起转动时，电刷和码盘的位置发生相对变化，若电刷接触的是导电区域，则经电刷、码盘、电阻和电源形成回路，该回路中的电阻上有电流流过，为“1”；反之，若电刷接触的是绝缘区域，则不能形成回路，电阻上无电流流过，为“0”。由此可根据电刷的位置得到由“1”、“0”组成的 4 位 BCD 码。通过图 5. 5（b）可看出电刷位置与输出代码的对应关系。码道的圈数就是二进制的位数，且高位在内，低位在外。由此可以推断出，若是 n 位二进制码盘，就有 n 圈码道，且圆周均为 2^n 等分，即共有 2^n 个数据来分别表示其不同位置，所能分辨的角度为：

$$\alpha = \frac{360°}{2^n}$$

$$分辨力 = \frac{1}{2^n}$$

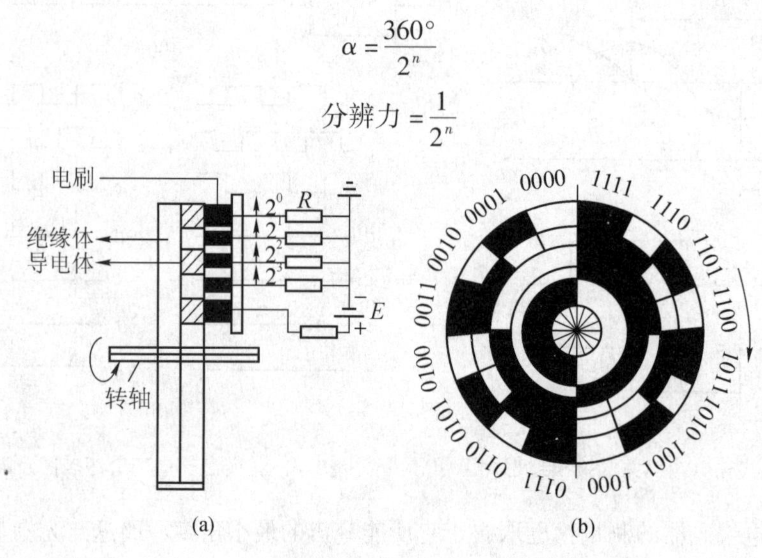

图 5. 5　接触式编码盘

（a）结构简图；（b）4 位 BCD 码盘

显然，位数 n 越大，所能分辨的角度越小，测量精度就越高。

2. 绝对式光电码盘

绝对式光电码盘与接触式码盘结构相似，只是其中的黑、白区域不表示导电区和绝缘区，而是表示透光区和不透光区。

绝对式光电码盘的一侧安装光源，另一侧安装一排径向排列的光电管，每个光电管对准一条码道。当光源产生的光线经透镜变成一束平行光线照射在码盘上时，如果是亮区，则通过亮区的光线将被光电元件接收，并转变成电信号，输出的电信号为“1”；如果是暗区，则光线不能被光电元件接收，输出的电信号为“0”。由于光电元件呈径向排列，数量与码道相对应，所以输出信号经过整形、放大、锁存及译码等电路进行信号处理后，输出的二进制代码即代表了码盘轴的对应位置，也即实现了角位移的绝对值测量。图5.6所示为8码道绝对式光电码盘示意图。

图5.6 8码道绝对式光电码盘示意图（1/4圆）

5.3 光栅

光栅是一种高精度的位移传感器，按结构可分为直线光栅和圆光栅，直线光栅用于测量直线位移，圆光栅用于测量角位移。光栅装置是数控设备、坐标镗床、工具显微镜 $X-Y$ 工作台及某些坐标测量仪器上广泛使用的位置检测装置。光栅主要用于测量运动位移，确定工作台的运动方向及运动速度。图5.7所示为光栅尺外观示意图，图5.8所示为光栅尺在车床上的安装示意图。

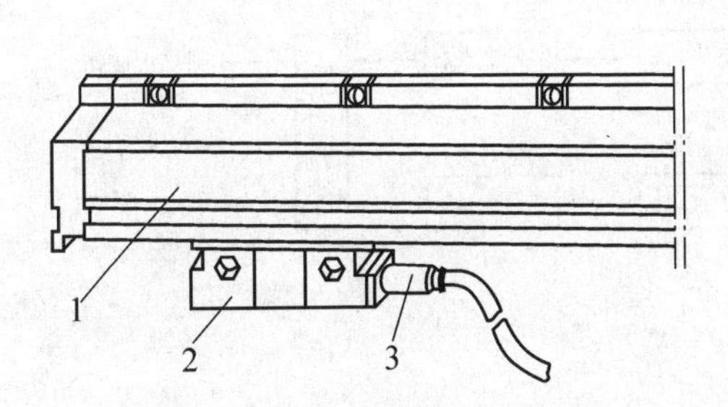

图5.7 光栅尺外观示意图

1—光栅尺；2—扫描头；3—电缆

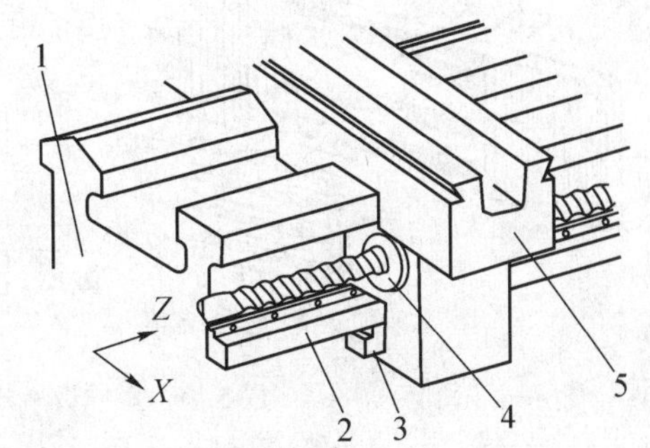

图5.8 光栅尺在车床上的安装示意图（卸掉防护罩后）

1—床身；2—光栅尺；3—扫描头；4—滚珠丝杠螺母副；5—床鞍

与其他位置检测装置相比，光栅的主要特点如下：

（1）检测精度高。直线光栅的精度可达3 μm，分辨率可达0.1 μm。

（2）响应速度较快，可实现动态测量，易于实现检测及数据处理的自动化。

（3）使用环境要求较高，怕油污、灰尘及振动。

（4）安装、维护困难，成本较高。

5.3.1 光栅的组成结构和检测原理

光栅是一种在透明的玻璃上或金属的反光平面上刻上平行、等距的密集刻线而制成的光学元件。数控机床上用的光栅尺，是利用两个光栅相互重叠时形成的莫尔条纹现象制成的光电式位移测量装置。

按制造工艺的不同，光栅可分为透射光栅和反射光栅。透射光栅是在透明的玻璃表面刻上间隔相等的不透明的线纹制成的，线纹密度可达到100条/mm以上；反射光栅一般是在金属的反光平面上刻上平行、等距的密集刻线，利用反射光进行测量，其刻线密度一般为 4～50 条/mm。

直线透射光栅尺的结构如图 5.9 所示，由光源、长光栅（标尺光栅）、短光栅（指示光栅）、光电元件等组成，一般移动的光栅为短光栅，长光栅装在机床的固定部件上。短光栅随工作台一起移动，长光栅的有效长度即为测量范围。两块光栅的刻线密度（栅距）相等，其相互平行并保持一定的间隙（0.05～0.1 mm），并且使两块光栅的刻线相互倾斜一个微小的角度 θ。

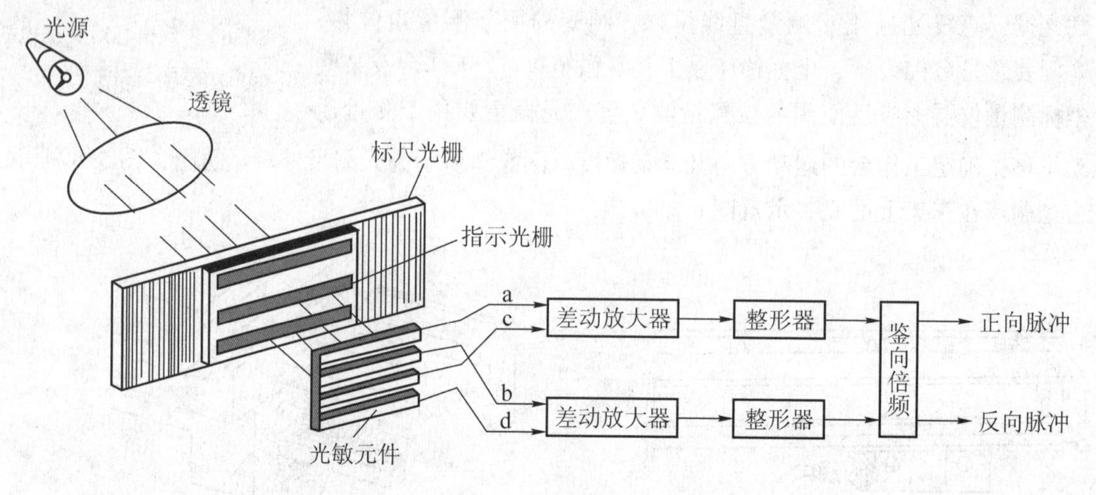

图 5.9 直线透射光栅尺结构原理图

当光线平行照射光栅时，由于光的透射及衍射效应，在与线纹垂直的方向上，准确地说，在与两光栅线纹夹角 θ 的平分线相垂直的方向上，会出现明暗交替、间隔相等的粗条纹，这就是“莫尔干涉条纹”，简称为莫尔条纹。图 5.10 是莫尔条纹形成的原理图。

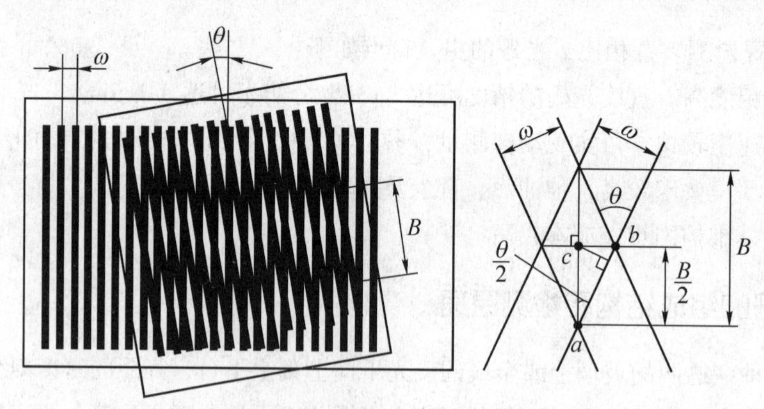

图 5.10 莫尔条纹形成的原理

两条明带或两条暗带之间的距离称为莫尔条纹的间距 B，若光栅的栅距为 ω，两光栅线纹的夹角为 θ，则它们之间存在以下几何关系：

$$B=\frac{\omega}{2\sin\frac{\theta}{2}}$$

因为 θ 很小，所以 $\sin\frac{\theta}{2}\approx\frac{\theta}{2}$，则 $B\approx\frac{\omega}{\theta}$。

由此可见，莫尔条纹的间距与光栅栅距成正比关系。莫尔条纹具有如下特点：

（1）放大作用

由式 $B\approx\frac{\omega}{\theta}$ 可知，减小 θ 可增大 B，相当于把栅距扩大了 $1/\theta$ 倍后，转化为莫尔条纹。例如，栅距 $\omega=0.01$ mm 的线纹，人的肉眼是无法分辨的，而当 $\theta=0.001$ rad 时，莫尔条纹的间距 $B=10$ mm，这就清晰可见了。这说明莫尔条纹可以把光栅的栅距放大 1 000 倍，从而大大方便了对栅距的测量，同时也提高了光栅的分辨率。

（2）均化误差

莫尔条纹是由若干条光栅线纹形成的，若光电元件的接收长度为 10 mm，当 $\omega=0.01$ mm 时，则 10 mm 长的一根莫尔条纹就是由 1 000 条线纹组成的，因此，制造上的缺陷，例如间断地少了几条线，只会影响千分之几的光电效果。因此，用莫尔条纹测量长度时，决定其精度的不是一两条线纹，而是一组线纹的平均效应。

（3）莫尔条纹的移动与光栅栅距的移动成正比

当光栅移动一个栅距时，莫尔条纹也相应移动一个莫尔条纹的间距 B，即光栅某一固定点的光强按明—暗—明规律交替变化一次。因此，光电元件只要读出移动的莫尔条纹数目，就可知道光栅移动了多少栅距，从而也就知道了运动部件的准确位移量。

（4）信号转换

在移动过程中，经过光栅的光线，其光强呈正弦波形变化。莫尔条纹的移动通过光电元件转换成检测的电信号。

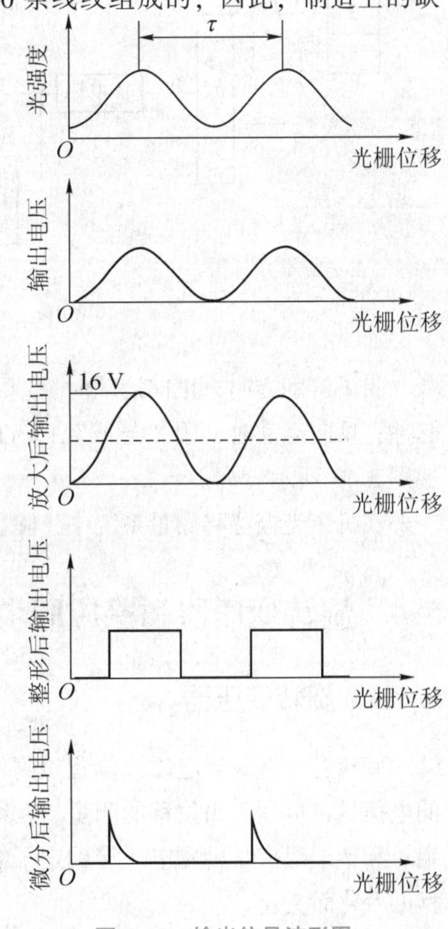

图 5.11　输出信号波形图

5.3.2　光栅测量电路工作原理

为了实现对莫尔条纹的移动计数，并判别工作台移动的方向，在光栅尺的一侧安装上光源，另一侧安装上 4 个光敏元件，每个光敏元件相距为 1/4 光栅刻线间距（$\omega/4$），如图 5.11 所示。当标尺光栅随机床运动部件移动时，有：

（1）照射到光敏元件上的光线也随着莫尔条纹的移

动而产生明暗相间的变化，经过光敏元件的“光—电”变换，得到与刻线移动相对应的正弦波信号，经过放大、整形等处理后，变成测量脉冲输出，波形如图 5.11 所示。脉冲数等于移动过的刻线数，将该脉冲信号送到计数器中计数，则计数值就反映了光栅尺移动的距离。

(2) 每个光敏元件相距为 1/4 光栅刻线间距 ($\omega/4$)，使输出信号的相位差为 90°，通过鉴相电路可判别其运动方向。

此外，为了提高测量精度，常用倍频细分法对输出信号进行处理。图 5.12 所示为四倍频电路，4 个光敏元件的安装位置彼此相差 1/4 栅距，产生 4 列彼此相差 90°的信号，为了在 0°、90°、180°、270°的位置上都能得到脉冲，必须把两路相差 90°的方波各自反相一次，然后微分，就可得到 4 个脉冲，从而使分辨率提高 4 倍。

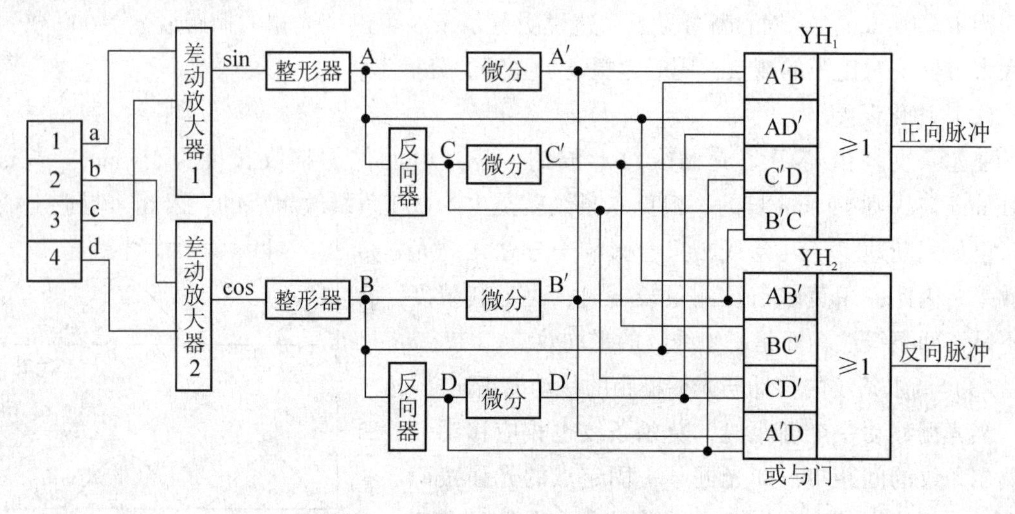

图 5.12 四倍频辨向计数电路

为了辨别方向，正向运动时，用“与或”门 YH_1 得到 $A'B + AD' + C'D + B'C$ 4 个输出脉冲；反向运动时，用“与或”门 YH_2 得到 $AB' + BC' + CD' + A'D$ 4 个输出脉冲。其波形如图 5.13 所示。

在机床光栅位移测量系统中，除上述四倍频外，还有八倍频、十倍频、二十倍频等。

5.4 旋转变压器和感应同步器

5.4.1 旋转变压器

旋转变压器属于电磁式位置检测传感器，它将机械转角变换成与该转角成某一函数关系的电信号，可用于角位移的测量。在结构上，旋转变压器与二相线绕式异步电动机相似，由定子和转子组成。励磁电压接到定子绕组上，转子绕组输出感应电压，输出电压随被测角位移的变化而变化。

旋转变压器分为有刷和无刷两种。无刷旋转变压器的结构如图 5.14 所示，它由两大部

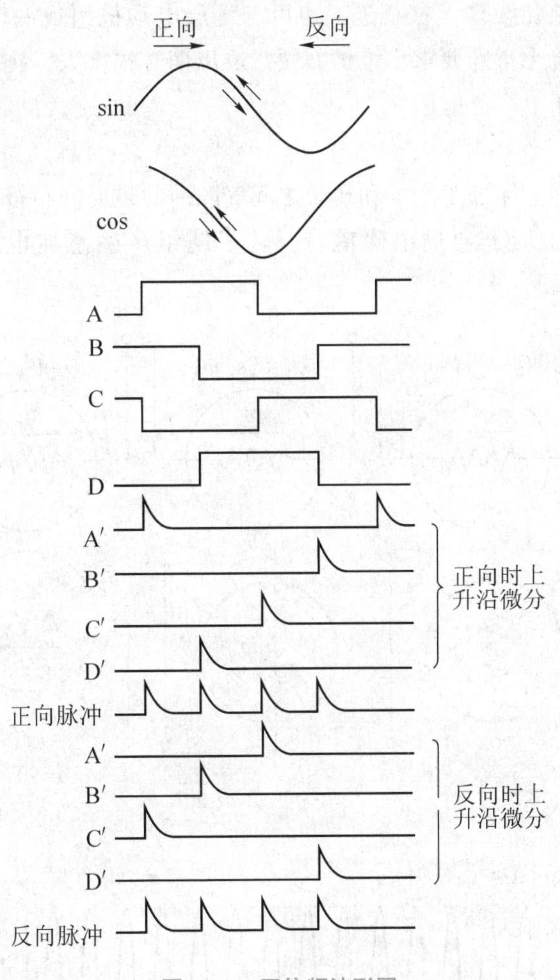

图 5.13　四倍频波形图

分组成：一部分称为分解器，由定子和转子组成；另一部分称为变压器，用它取代电刷和滑环，其一次绕组与分解器转子轴固定在一起，二次绕组固定在旋转变压器的壳体上。

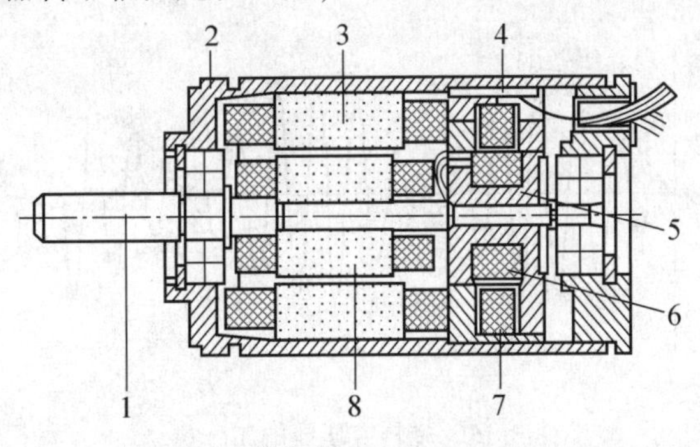

图 5.14　无刷旋转变压器结构图

1—转子轴；2—壳体；3—分解器定子；4—变压器定子；5—变压器转子；
6—变压器一次线圈；7—变压器二次线圈；8—分解器转子

旋转变压器可单独和滚珠丝杠相连，也可与伺服电动机组成一体。旋转变压器结构简单，动作灵敏，对环境无特殊要求，维护方便，输出信号幅度大，抗干扰性强，并且工作可靠，因此，在数控机床上广泛应用。

1. 旋转变压器的工作原理

旋转变压器在结构上保证了定子和转子之间气隙内的磁通分布符合正弦规律，因此当励磁电压加到定子绕组上时，通过电磁耦合，转子绕组产生感应电动势，如图 5.15（a）所示。

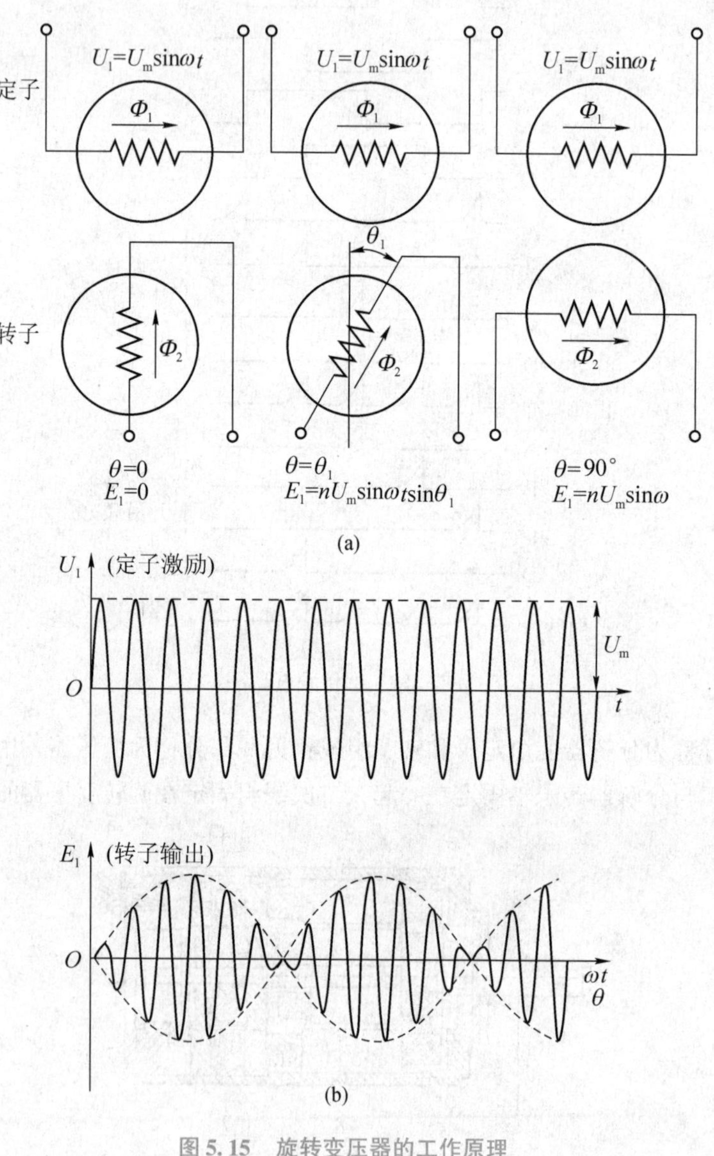

图 5.15 旋转变压器的工作原理

（a）线圈位置图；（b）波形图

旋转变压器输出电压的大小取决于转子的角度位置，即随着转子偏转的角度呈正弦变化。当转子绕组的磁轴与定子绕组的磁轴位置转动角度为 θ 时，绕组中产生的感应电动势应为：

$$E_1 = nU_1\sin\theta = nU_m \sin\omega t\sin\theta$$

式中：n——变压比；

U_1——定子的输出电压；

U_m——定子的最大瞬时电压。

当转子转到两磁轴平行，即 $\theta = 90°$ 时，转子绕组中的感应电动势最大，即：

$$E_1 = nU_m \sin\omega t$$

因此，旋转变压器转子绕组输出电压的幅值是严格地按转子偏转角 θ 的正弦规律变化的，其频率和激磁电压的幅值相同。

2. 旋转变压器的应用

根据以上分析，测量旋转变压器二次绕组的感应电动势 E_1 的幅值或相位的变化，可知 θ 角的变化。如果将旋转变压器装在数控机床的丝杠上，如图 5.16 所示，当 θ 角从 0°变化到 360°时，表示丝杠上的螺母走了一个螺距，这样就间接地测量了丝杠的直线位移（螺距）的大小。在数控机床伺服系统中，旋转变压器往往用来测量机床主轴及伺服轴的运动等。测全长时，可加一只计数器，累计所走的螺距数，然后折算成位移总长度。为区别正、反向，可再加一只相敏检波器。

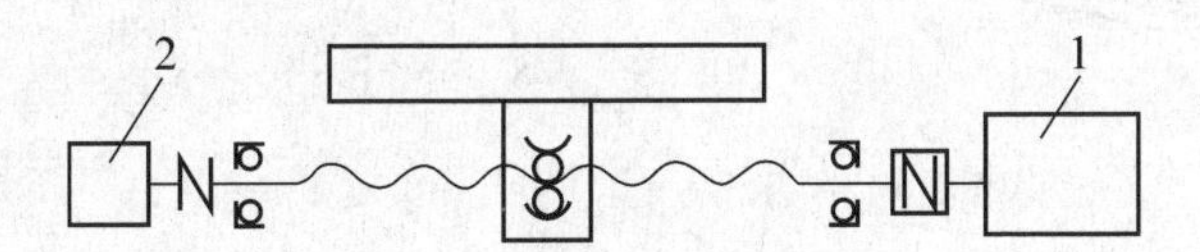

图 5.16　旋转变压器的应用

1—伺服电动机；2—旋转变压器

另外，还可以用 3 个旋转变压器按 10 : 1 和 100 : 1 的比例（定、转子绕组的有效匝数比）相互配合串接，组成精、中、粗 3 级旋转变压器测量装置。这样，如果转子直接与丝杠耦合（“精”同步），若精测的丝杠位移为 10 mm，则中测旋转变压器的工作范围为 100 mm，粗测旋转变压器的工作范围为 1 000 mm。为了使机床滑板按要求值到达一定位置，须用电气转换电路，在实际值不断接近要求值的过程中，使旋转变压器从粗转换到精，最后位置检测精度由精测旋转变压器决定。

5.4.2　感应同步器

感应同步器是利用电磁感应原理制成的位移测量装置，按结构和用途，感应同步器可分为直线式感应同步器和圆盘旋转式感应同步器两类，前者用于测量直线位移，后者用于测量角位移，两者的工作原理基本相同。

感应同步器具有较高的测量精度和分辨率，工作可靠，抗干扰能力强，使用寿命长。目前，直线式感应同步器的测量精度可达 1.5 μm，测量分辨率可达 0.05 μm，并可测量较大位移。因此，直线式感应同步器广泛应用于坐标镗床、坐标铣床及其他机床的定位、数控和数显等；旋转式感应同步器常用于雷达天线的定位跟踪、精密机床或测量仪器的分度装置等。

1. 感应同步器的结构

直线式感应同步器由定尺和滑尺两部分组成，图 5.17 是感应同步器结构示意图。定尺和滑尺分别安装在机床床身和移动部件上，定尺或滑尺随工作台一起移动，两者平行放置，并保持 0.2 ~0.3 mm 间隙。标准的感应同步器定尺长 250 mm，尺上是单向、均匀、连续的感应绕组；滑尺长 100 mm，尺上有两组励磁绕组，一组为正弦励磁绕组 u_s，一组为余弦励磁绕组 u_c，绕组的节距与定尺绕组的节距相同，均为 2 mm，用 τ 表示。当正弦励磁绕组与定尺绕组对齐时，余弦励磁绕组与定尺绕组相差 1/4 节距，由于定尺绕组是均匀的，故滑尺上的两个绕组在空间位置上相差 1/4 节距，即 π/2 相位角。

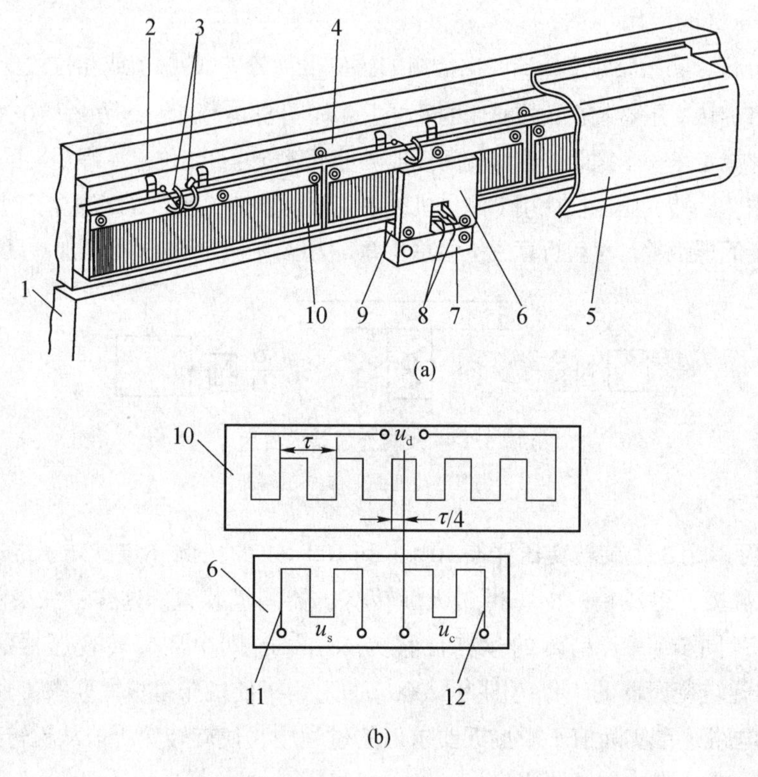

图 5.17 感应同步器结构示意图

（a）外观及安装形式；（b）绕组

1—固定部件（床身）；2—运动部件（工作台或刀架）；3—定尺绕组引线；4—定尺座；5—防护罩；6—滑尺；7—滑尺座；8—滑尺绕组引线；9—调整垫；10—定尺；11—正弦励磁绕组；12—余弦励磁绕组

定尺和滑尺的基板采用与机床床身的热胀系数相近的材料，定尺和滑尺均用绝缘黏合剂将铜箔贴在基板上，用光化学腐蚀或其他方法，将铜箔刻制成曲折的印刷电路绕组。定尺表面涂有耐切削液的保护层，滑尺表面用绝缘黏合剂贴有带绝缘层的铝箔，以防止静电感应。

感应同步器可以采用多块定尺接长，通过调整相邻定尺间隔，使总长度上的累积误差不大于单块定尺的最大偏差。行程为几米到几十米的中型或大型机床中，工作台位移的直线测量大多数采用感应同步器来实现。

2. 感应同步器的工作原理

感应同步器一般当在滑尺的正弦绕组上加 1 000 Hz 到 10 000 Hz、几伏到几十伏的交流电压励磁时，绕组中会产生励磁电流，并产生交变磁通，这个交变磁通与定尺绕组耦合，从而在定尺绕组上分别感应出同频率的交流电压。

图 5.18 所示为滑尺在不同位置时定尺上的感应电压。当滑尺处于图中 a 点位置，即滑尺绕组与定尺绕组完全对应重合时，定尺上的感应电压最大。随着滑尺相对定尺做平行移动，感应电压逐渐减小。当滑尺移动至图中 b 点位置，即滑尺绕组与定尺绕组刚好错开 1/4 节距时，感应电压为零。再继续移至 1/2 节距处，即图中 c 点位置时，定尺上为最大的负值电压（感应电压的幅值与 a 点相同，但极性相反）。再移至 3/4 节距处，即图中 d 点位置时，感应电压又变为零。当移动到一个节距位置，即图中 e 点时，又恢复初始状态，与 a 点情况相同。显然，在定尺和滑尺的相对位移中，感应电压呈周期性变化，且其波形为余弦函数。在滑尺移动一个节距的过程中，感应电压变化了一个余弦周期。

同样，若在滑尺的余弦绕组中通以交流励磁电压，也能得出定尺绕组中感应电压与两尺相对位移的关系曲线，它们之间为正弦函数关系。

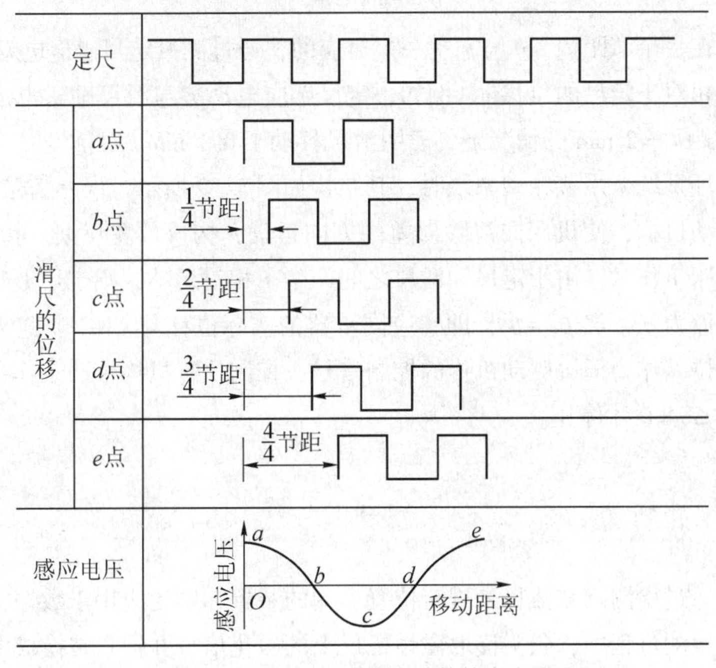

图 5.18　定尺绕组感应电动势的产生原理

3. 感应同步器的测量系统

作为位置测量装置，感应同步器在数控机床上有两种工作方式：鉴相式和鉴幅式。

以鉴相式为例，在该工作方式下，给滑尺的正弦绕组和余弦绕组分别通上幅值、频率相同，而相位角相差 π/2 的交流电压：

$$U_s = U_m \sin\omega t$$

$$U_c = U_m \cos\omega t$$

励磁信号将在空间产生一个以 ω 为频率的移动电磁波。磁场切割定尺导线，并在其中感应出电动势，该电动势随着定尺与滑尺位置的不同而产生超前或滞后的相位差 θ。根据滑尺在定尺上的感应电压关系，在定尺绕组上得到的感应电动势分别为：

$$U_{os} = KU_m \sin\omega t \cos\theta$$

$$U_{oc} = -KU_m \cos\omega t \sin\theta$$

根据叠加原理可以直接求出感应电动势，即：

$$U_o = KU_m \sin\omega t \cos\theta - KU_m \cos\omega t \sin\theta = KU_m \sin(\omega t - \theta)$$

式中：U_m——励磁电压幅值，V；

ω——励磁电压角频率，rad/s；

K——比例常数，其值与绕组间最大互感系数有关；

θ——滑尺相对定尺在空间的相位角。

设感应同步器的节距为 τ，测量滑尺直线位移量 x 和相位差 θ 之间的关系为：

$$\theta = \frac{2\pi}{\tau}x = \frac{2\pi x}{\tau}$$

由此可知，在一个节距内，θ 与 x 是一一对应的，通过测量定尺感应电动势的相位差 θ，即可测量出滑尺相对于定尺的位移 x。例如，定尺感应电动势与滑尺励磁电动势之间的相位角 $\theta = 18°$，在节距 $\tau = 2$ mm 的情况下，表明滑尺移动了 0.1 mm。

数控机床闭环系统采用鉴相型系统时，其结构如图 5.19 所示。误差信号 $\Delta\theta$ 用来控制数控机床的伺服驱动机构，使机床向清除误差的方向运动，构成位置反馈。指令相位 θ_1 由数控装置发出，机床工作时，由于定尺和滑尺之间产生了相对运动，则定尺上感应电压的相位发生了变化，其值为 θ_2。当 $\theta_1 \neq \theta_2$，即感应同步器的实际位移与 CNC 装置给定指令位置不相同时，利用相位差作为伺服驱动机构的控制信号，控制执行机构带动工作台向减小误差的方向移动，直至 $\Delta\theta = 0$ 才停止。

5.5 磁　栅

磁栅是一种通过检测磁波数目来进行位置检测的装置，广泛应用于数控机床、精密机床的位置测量。在检测过程中，磁头读取磁性标尺上的磁化信号并把它转换成电信号，然后通过检测电路把磁头相对于磁尺的位置送入数控系统或数显装置。磁栅与光栅、感应同步器相比，测量精度略低一些，但它有其独特的优点：

(1) 制作简单，安装、调整方便，成本低。磁栅上的磁化信号录制完后，若发现不符合要求，可抹去重录；亦可安装在机床上再录磁，以避免安装误差。

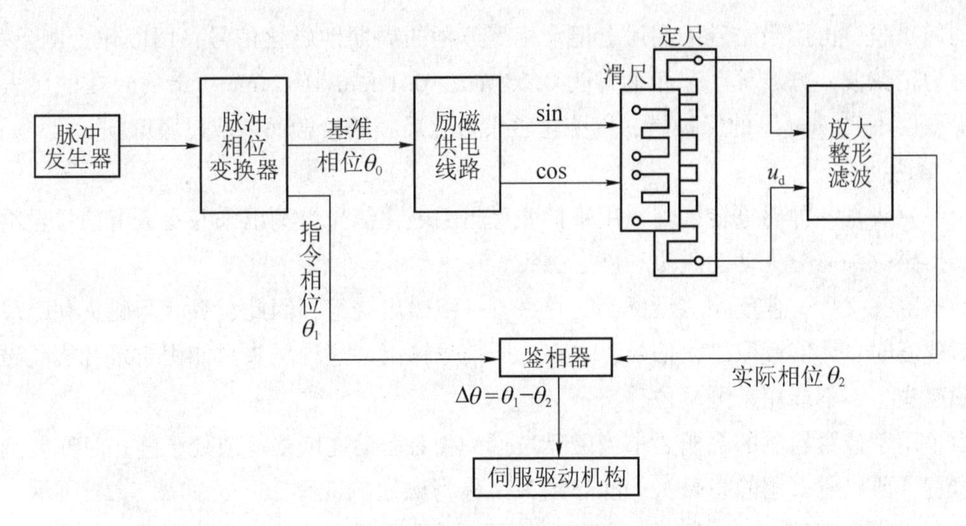

图5.19　感应同步器相位工作方式

（2）磁尺的长度可任意选择，且可录制任意节距的磁信号。

（3）耐油污、灰尘等，对使用环境要求低。

5.5.1　磁栅测量装置的结构

磁栅测量装置按其结构可分为直线磁栅和圆磁栅，分别用于直线位移和角位移的测量。直线磁栅又可分为带状磁栅和杆状磁栅。常用磁栅的外形结构如图5.20所示。

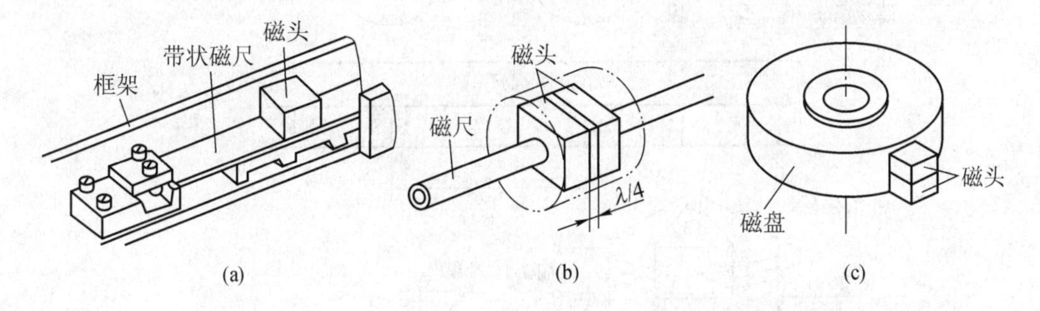

图5.20　常用磁栅的外形结构

（a）带状磁栅；（b）杆状磁栅；（c）圆形磁栅

带状磁栅固定在用低碳钢做的屏蔽壳体内，并以一定的预紧力绷紧在框架或支架中，框架固定在机床上，使带状磁尺同机床一起胀缩，从而减少了温度对测量精度的影响。杆状磁栅套在磁头中间，与磁头同轴，两者之间保持很小的间隙，由于磁尺被包围在磁头中间，对周围电磁起到了屏蔽作用，所以抗干扰能力强，输出信号大。圆形磁栅的磁尺做成圆形磁盘或磁鼓形状，磁头和带状磁尺的磁头相同，圆形磁尺主要用来检测角位移。

1. 磁性标尺

磁性标尺常采用不导磁材料做基体，在上面镀上一层10～30 μm厚的高导磁性材料，形成均匀磁膜，再用录磁磁头在尺上记录相等节距的周期性磁化信号，用以作为测量基准。信号可为正弦波、方波等，节距通常为 0.05 mm、0.1 mm、0.2 mm。最后，在磁尺表面还要涂上一层 1 ~ 2 μm 厚的保护层，以防止磁头与磁尺频繁接触而造成磁膜磨损。

2. 拾磁磁头

拾磁磁头是一种磁电转换器，用来把磁尺上的磁化信号检测出来并变成电信号送给测量电路。拾磁磁头可分为动态磁头和静态磁头。

动态磁头又称为速度响应型磁头，它只有一组输出绕组，因此，只有当磁头和磁尺有一定相对速度时，才能读取磁化信号，并有电压信号输出。这种磁头只能用于录音机、磁带机的拾磁磁头，而不能用来测量位移。

由于用于位置检测的磁栅要求当磁尺与磁头相对运动速度很低或处于静止时亦能测量位移或位置，所以应采用静态磁头。静态磁头又称为磁通响应型磁头，如图 5.21 所示，它在普通动态磁头的基础上，增加了一个励磁线圈，并采用可饱和的铁心，利用可饱和铁心的磁性调制原理来实现位置检测。

5.5.2 磁栅的工作原理

静态磁头可分为单磁头、双磁头和多磁头 3 种。单磁头结构如图 5.21 所示，磁头有两组绕组，一组为拾磁绕组，一组为励磁绕组。

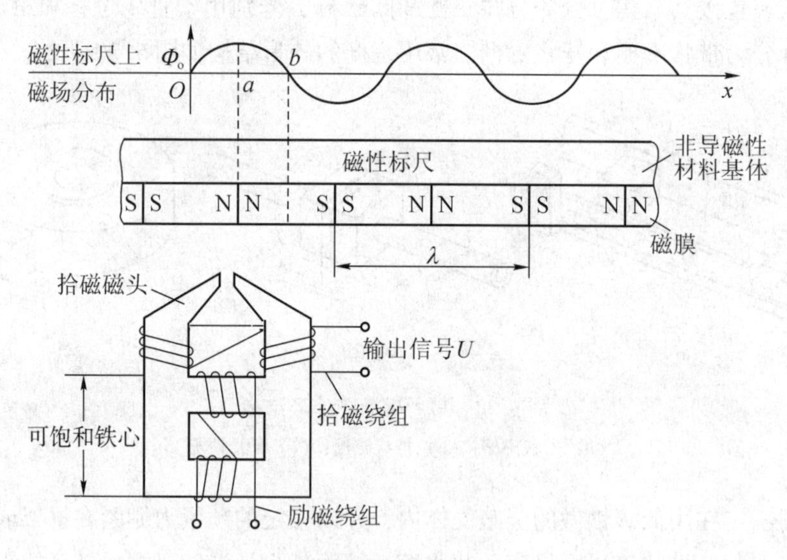

图 5.21 磁通响应型单磁头的工作原理

在励磁绕组中加一高频交变励磁信号，则在铁心上会产生周期性正反向饱和磁化，使磁心的可饱和部分在每个周期内两次被励磁电流产生的磁场饱和。当磁头靠近磁尺时，磁尺上的磁通从磁头气隙处进入铁心，并被高频励磁电流产生的磁通调制，从而在拾磁绕组中产生调制谐波，感应电压输出为：

$$u = k\phi_{\mathrm{m}} \sin \frac{2\pi x}{\lambda} \sin\omega t$$

式中：k——耦合系数；

ϕ_{m}——磁通量的峰值；

λ——磁尺上磁化信号的节距；

x——磁头在磁尺上的位移量；

ω——励磁电流的角频率。

由此可以看出，磁头输出信号的幅值是位移 x 的函数，只要测出 u 的过“0”次数，就可以知道位移 x 的大小。

由于单磁头读取磁性标尺上的磁化信号输出电压很小，而且对磁尺上磁化信号的节距和波形要求高，因此，如图 5. 22 所示，可将多个磁头以一定方式串联起来形成多间隙磁头。

多间隙磁头放置时，铁心平面应与磁栅长度方向垂直，且每个磁头以相同间距 $\lambda/4$ 放置。若将相邻两个磁头的输出绕阻反相串接，则能把各磁头的输出电压叠加。多磁头的特点是使输出电压幅值增大，同时使各铁心间的误差平均化，因此精度较单磁头高。

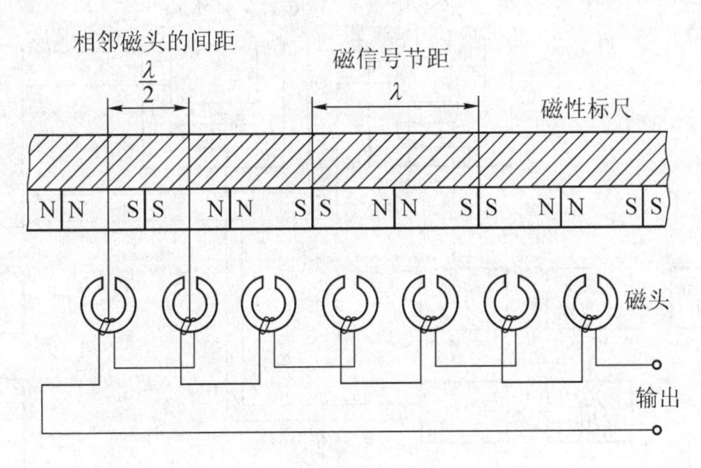

图 5. 22　多间隙磁头

5. 5. 3　磁栅检测电路

双磁头是为了既能使磁栅测距计数，又能识别磁栅的移动方向而设置的，如图 5. 23 所示。根据检测方法的不同，磁栅检测也可分为鉴相测量和鉴幅测量，鉴相式应用较多。以双磁头相位检测为例，给两磁头通以频率相同、相位差为 $\pi/2$ 的励磁电流，则在两个磁头的拾磁绕组中分别输出感应电压 u_1 和 u_2。

鉴相式磁栅检测电路中，由振荡器产生的 2 MHz 的脉冲信号，经 400 个分频器分频后得到 5 kHz 的励磁信号，再经低通滤波器滤波后变为两路正弦波信号，一路经功率放大器送到第一组磁头励磁线圈，另一路经 $\pi/2$ 移相后送入第二组磁头励磁线圈，则两磁头获得的输出信号 u_1 和 u_2 分别为：

$$u_1 = k\phi_m \sin\frac{2\pi x}{\lambda}\sin\omega t$$

$$u_2 = k\phi_m \cos\frac{2\pi x}{\lambda}\cos\omega t$$

将 u_1、u_2 求和后得：

$$u = u_1 + u_2 = k\phi_m \sin\left(\frac{2\pi x}{\lambda} + \omega t\right)$$

该信号经选频放大、整形后再与基准相位鉴相，可得到分辨率为预先设定单位的位移测量信号，并送可逆计数器计数。

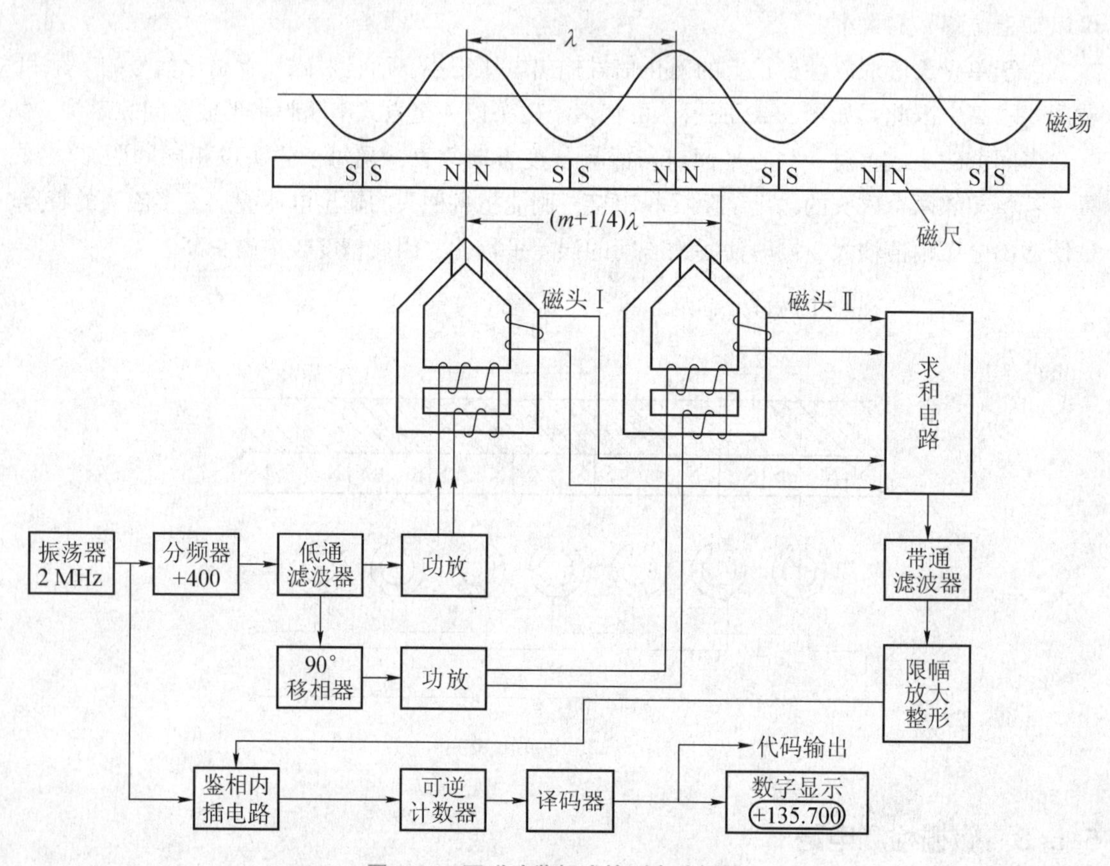

图 5.23　双磁头鉴相式检测电路框图

从以上分析可以看出，输出电压随磁头相对于磁尺的位移量 x 的变化而变化，因而，根据输出电压的相位变化，可以测量磁栅的位移量。双磁头是为了识别磁栅的运动方向而设置的，两个磁头按 $(m \pm 1/4)\lambda$ 配置，m 为正整数，$\lambda/4$ 节距相当于 $\pi/4$ 电气角。两个磁头输出电压相位的超前与滞后经信号处理电路，可判别出磁栅的运动方向。

5.6 霍尔传感器

霍尔传感器是根据霍尔效应制作的一种磁场传感器。1878年美国物理学家霍尔首先发现金属中的霍尔效应，但因为效应太弱而没有得到应用，随着半导体技术的发展，人们发现半导体材料的霍尔效应非常明显，并且体积小，有利于集成化。霍尔传感器可以检测磁场及其变化，在工业生产、交通运输和日常生活中有非常广泛的应用。

1. 霍尔效应

如图5.24所示，在半导体薄片两端通以控制电流 I，并在薄片的垂直方向施加磁感应强度为 B 的匀强磁场，则在垂直于电流和磁场的方向上，将产生电势差为 U_H 的霍尔电压。

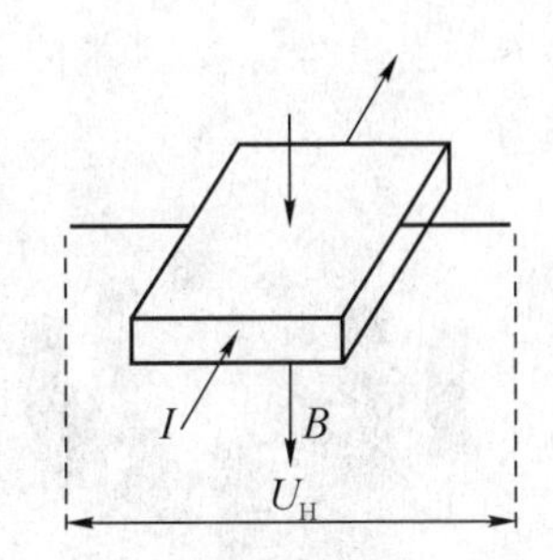

图5.24 霍尔效应示意图

2. 霍尔传感器的结构

由于霍尔元件产生的电势差很小，故通常将霍尔元件与放大器电路、温度补偿电路及稳压电源电路等集成在一个芯片上，称为霍尔传感器。

霍尔传感器分为线性型霍尔传感器和开关型霍尔传感器两种。图5.25为开关型霍尔传感器。

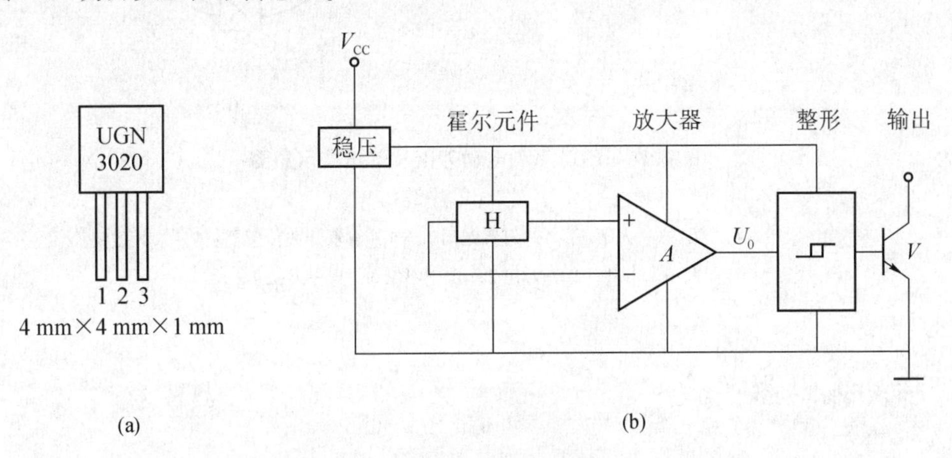

图5.25 开关型霍尔传感器

(a) 外形；(b) 内部结构

开关型霍尔传感器主要由稳压电源、霍尔元件、放大器、整形电路、输出电路5部分组成。当磁场增强时，放大后的电压 U_0 大于施密特触发器“开启”阈值电压，施密特整形电路翻转，输出高电平，使 V 导通，这种状态称为开状态。当磁场减弱时，霍尔元件输出的电压很小，经放大器放大后，其值 U_0 仍然小于施密特整形电路的“关闭”阈值电压，施密特整形电路再次翻转，输出低电平，使 V 截止，这种状态称为关状态。

3. 霍尔传感器在数控机床上的应用

国产 LD4 系列电动刀架及其结构如图 5. 26 所示。刀架的工作过程如下：数控系统发出换刀信号→刀架电动机正转→上刀架上升并转位→刀架到位发出信号→刀架电动机反转→初定位→精定位夹紧→刀架电动机停转→换刀完成并发应答信号。刀架到位信号由刀架上的霍尔开关传感器和永久磁铁检测获得后发出。其工作原理如下：4 个霍尔开关传感器分别对准 4 个工位，当数控系统发出换刀指令时，刀架上升旋转，带动 4 个霍尔开关传感器一起旋转，到达指定工位后，霍尔开关传感器对准永久磁铁，使霍尔元件处于磁场中，霍尔开关传感器输出信号，控制器控制电动机反转，通过机械装置定位，换刀完毕，从而实现自动换刀。

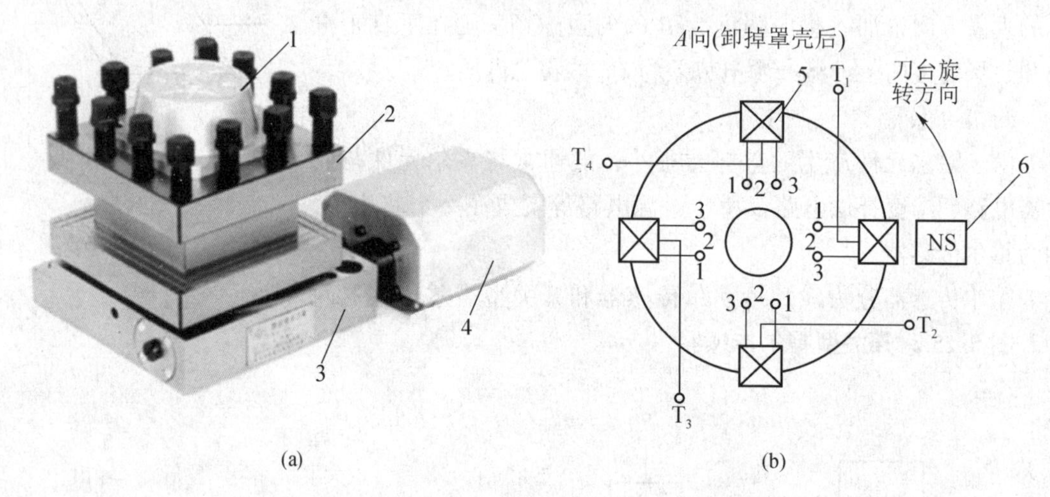

图 5. 26　LD4 系列电动刀架及其结构示意图

（a）外形；（b）结构

1—罩壳；2—上刀架；3—刀架座；4—刀架电动机；5—霍尔开关传感器；6—永久磁铁；

T_1—刀位 1；T_2—刀位 2；T_3—刀位 3；T_4—刀位 4

5. 7　脉冲编码器实验

1. 实验目的

（1）掌握脉冲编码器的连接。

（2）掌握脉冲编码器输出信号的特点。

2. 实验仪器和设备

（1）数控系统　　1 套

（2）装有增量式光电编码器的交流伺服电动机　　1 台

（3）交流伺服驱动装置　　1 套

（4）双线示波器　　1 台

(5) 连接线　　1 套

3. 实验步骤

(1) 按图 5.27 所示连接各部分，组成位置反馈系统。

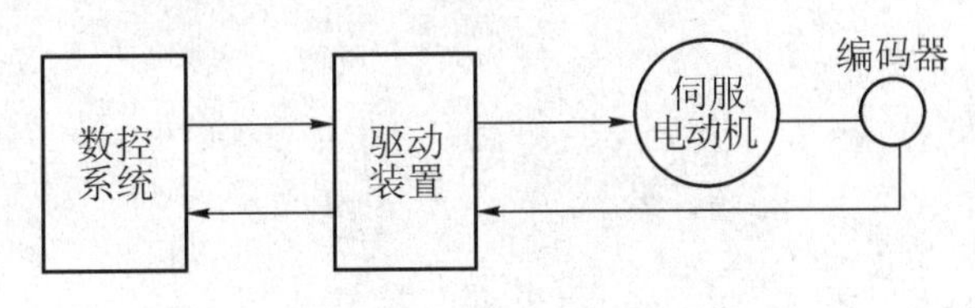

图 5.27　系统连接框图

(2) 将编码器的输出端 $\bar{A}$、A 接入双线示波器的两个通道，在手动方式下运行 G01 指令，使伺服电动机低速进给，观察并记录 $\bar{A}$、A 波形，比较 $\bar{A}$、A 的相位关系。

(3) 将编码器的输出端 $\bar{B}$、B 接入双线示波器的两个通道，在手动方式下利用手摇脉冲发生器控制伺服电动机进给，观察并记录 $\bar{B}$、B 波形，比较 $\bar{B}$、B 的相位关系。

(4) 将编码器的输出端 $\bar{Z}$、Z（零标志脉冲）接入双线示波器的两个通道，在手动方式下利用手摇脉冲发生器控制伺服电动机进给，观察并记录 $\bar{Z}$、Z 波形，比较 $\bar{Z}$、Z 的相位关系。

(5) 将编码器的输出端 A、B 接入双线示波器的两个通道，在手动方式下利用手摇脉冲发生器控制伺服电动机进给，观察并记录 A、B 波形，比较 A、B 的相位关系。

(6) 将编码器的输出端 A、Z 接入双线示波器的两个通道，在手动方式下利用手摇脉冲发生器控制伺服电动机进给，观察并记录 A、Z 波形。

4. 实验思考题

(1) 在同一坐标系中绘制 $\bar{A}$、A、$\bar{B}$、B、$\bar{Z}$、Z 波形图。

(2) 分析 $\bar{A}$、A、$\bar{B}$、B、$\bar{Z}$、Z 信号之间的相位关系，并结合所学的理论知识说明各自的作用。

复习思考题

1. 位置检测装置在数控机床控制中的主要作用是什么？
2. 数控机床对位置检测装置有何要求？
3. 何谓绝对式测量和增量式测量、间接测量和直接测量？
4. 简述增量式光电编码器如何进行角度测量及如何进行旋转方向的判断。
5. 绝对式光电编码器与增量式光电编码器的输出数据有何不同？
6. 简述光栅尺的组成结构，说明光栅尺如何利用莫尔条纹进行距离测量。

7. 简述旋转变压器的结构、原理。

8. 简述感应同步器的组成结构和工作原理。

9. 磁栅由哪些部件组成？被测位移量与感应电压的关系是怎样的？方向判别是怎样实现的？

第6章

数控机床的可编程序控制器（PLC）

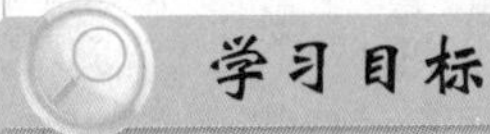

学习目标

1. 了解可编程序控制器的结构及工作原理；
2. 熟练掌握 PLC 指令与编程；
3. 掌握数控机床中的 PLC 应用。

内容提要

通过本章的学习，了解可编程序控制器的基本组成、工作原理和编程语言，正确理解可编程序控制器的扫描工作方式、等效电路，熟练掌握可编程序控制器的指令与编程，掌握数控机床中可编程序控制器的功能、特点和应用。

6.1 概　述

6.1.1 可编程序控制器的产生与发展

传统的继电接触器控制具有结构简单、易于掌握、价格便宜等优点，在工业生产中应用甚广。但是，这些控制装置体积大、动作速度较慢、耗电较多、功能少，特别是传统的继电器—接触器控制采用的是固定接线方式，一旦生产过程有所变动，就得重新设计线路和连线安装，不利于产品的更新换代。

20 世纪 60 年代末，美国汽车制造业的竞争十分激烈，各生产厂家的汽车型号不断更新，它也必然要求其加工生产线随之改变，并对整个控制系统重新配置。1968 年，美国最大的汽车制造商通用汽车公司（General Motors Corporation，GM）为了适应汽车型号不断翻新的需要，首先公开招标，提出了这样的设想：把计算机的功能完善、通用灵活等优点与继电接触器控制简单易懂、操作方便、价格便宜等优点结合起来，制成一种通用控制装置，以取代原有的继电器控制柜。于是，美国数字设备公司（Digital Equipment Corporation，DEC）根据以上设想和要求，在 1969 年研制出了第一台可编程序控制器，型号为 PDP - 14，在通用汽车公司的汽车生产线上首次应用，并获得了成功。由于当时只是用它来取代继电接触器控制，功能限于逻辑运算、计时、计数等，所以称为“可编程序逻辑控制器（PLC）”。

20 世纪 70 年代后期，随着微电子技术和计算机技术的迅速发展，可编程序逻辑控制器具有了更多的计算机功能，不仅用逻辑编程取代硬连线逻辑，还增加了运算、数据传送和处理等功能，真正成为一种电子计算机工业控制装置，而且做到了小型化和标准化。这种采用微电脑技术的工业控制装置的功能远远超出逻辑控制、顺序控制的范围，故称为可编程序控制器（Programmable Controller，PC）。但是近年来 PC 又通常被认为是个人计算机（Personal Computer）的简称，因此，为了有所区别，现在仍习惯地把可编程序控制器简称为 PLC。

随着微电子技术和微型计算机技术的不断发展，PLC 的功能也不断增强。美国电气制造商协会（National Electrical Manufacturers Association，NEMA）于 1980 年正式将其命名为可编程序控制器。1985 年 1 月，国际电工委员会（International Electrical Commission，IEC）又对可编程序控制器作了如下定义：“可编程序控制器是一种数字运算的电子系统，专为工业环境生产应用而设计。它采用可编程序的存储器，用来在其内部存储执行逻辑运算、顺序控制、定时、计数和算术运算等操作的指令，并通过数字式或模拟式的输入和输出，控制各种类型的机械或生产过程。”

目前，PLC 正朝着两个方向发展，其一是向大型化、快速、高功能方面发展，以取代工业计算机的部分功能；其二是向小型化、专用化、成本低的方向发展，以真正成为继电器的替代品。PLC 总的发展趋势是：功能越来越强，使用越来越方便，性能价格比不断地提高。可见，PLC 的发展方兴未艾，前景十分可观。

6.1.2 可编程序控制器的特点及分类

1. PLC 的主要特点

（1）可靠性高、抗干扰能力强

工业生产一般对控制设备的可靠性有很高的要求：能够在恶劣的环境中可靠地工作，控制设备应具有很强的抗干扰能力。微型计算机虽有很强的功能，但一般微型计算机的抗干扰能力都较差，不能在恶劣的环境（如电磁干扰、电源电压波动、机械振动、温度变化等）中可靠地工作。而 PLC 是专为工业控制设计的，在设计和制造过程中采取了多层次抗干扰的硬、软件措施，因此，它能在上述恶劣的工业环境中可靠地工作。PLC 的平均无故障间隔时间（MTBF）高，一般可达几十万小时，这是一般微型计算机所不能比拟的。

与继电接触器控制相比，采用 PLC 控制后，大量的开关动作都由无触点的电子线路来完成，用软件程序代替了继电器间的繁杂连线，不但方便灵活，而且可靠性也大大提高了。

（2）控制系统构成简单、通用性强

PLC 是一种存储程序控制器，其输入和输出设备与继电接触器控制系统类似，但它们可直接连接在 PLC 的 I/O 端。例如，对开关量的输入，可将无源触点开关接到 PLC 的输入端，而 PLC 的输出有很强的驱动能力，可直接驱动接触器和电磁阀等执行元件。

由于 PLC 是采用软件编程来实现控制功能的，所以对于同一控制器来说，当控制要求改变而需改变控制系统的功能时，不必改变 PLC 的硬件设备，只需相应改编软件程序；当同一台 PLC 用于不同的控制对象时，也只是输入和输出设备不同，应用软件不同。因此，PLC 有很好的通用性。

（3）编程简单，使用、维护方便

编程简单是 PLC 优于微型计算机的另一特点。PLC 的设计宗旨之一是方便使用，目前，大多数的 PLC 均可采用与实际电路接线图非常接近的梯形图编程（Ladder Programming），这种编程语言形象直观、易于掌握，只要具有一定电工和工艺知识的人就可在短时间内学会。而且 PLC 具有故障检测、自诊断等功能，能及时地查出自身的故障并报警显示，使操作人员能迅速地检查、判断、排除故障，具有较强的在线编程能力，维修十分方便。

（4）组合方便、功能强、应用范围广

现代的 PLC 不仅具有逻辑运算、定时、计数、步进等功能，而且能完成 A/D（模拟量/数字量）、D/A（数字量/模拟量）转换，数字运算和数据处理，以及通信联网、生产过程控制等。PLC 产品具有多种扩展单元，可方便地适应各种工业控制中不同输入/输出点数及不同输入/输出方式的系统。它既可用于开关量控制，又可用于模拟量控制；既可用于单机控制，又可用于组成多级控制系统；既可控制简单系统，又可控制复杂系统。因此，PLC 的应用范围很广。

（5）体积小、质量轻、功耗低

PLC 采用了半导体集成电路，外形尺寸很小，质量轻，同时功耗也很低，空载功耗约为 1.2 W。一台收录机大小的 PLC 具有相当于 3 个 1.8 m 高的继电器柜的功能。由于 PLC 的结构紧密，抗干扰能力强，可以很方便地将其装入机械设备内部，因此，PLC 是实现机电一体化较理想的控制设备。

2. PLC 的分类

PLC 的产品很多，型号、规格也不统一，通常可按以下情况分类。

（1）按 PLC 的结构形式分类

按结构形式不同，PLC 可分为整体式和模块式。

① 整体式 PLC

整体式 PLC 即把 CPU、存储器及 I/O 模块等装在印刷电路板上，并把电源模块也配置在一起，装入机体内，形成一个整体。这种结构的特点是：结构简单紧凑，体积小，价格较低。小型 PLC 常采用这种结构。整体式 PLC 由不同 I/O 点数的基本单元和扩展单元组成，它们之间用扁平电缆连接。

② 模块式 PLC

模块式 PLC 即把 PLC 各部分以单独的模块分开，如 CPU 模块、输入模块、输出模块等，用搭积木的方式将其组装在一个电源机架内，PLC 厂家备有不同槽数的机架供用户选用，使用时将各种模块直接插入机架底板即可。这种结构的优点是：用户可以选用不同档次的 CPU 模块和品种繁多的 I/O 模块，I/O 点数可根据控制要求灵活配置，扩展方便，便于维修。一般大中型 PLC 均采用这种结构。

此外，还有一种综合了整体式和模块式 PLC 优点的叠装式 PLC，它的基本单元、扩展单元和 I/O 扩展模块之间仅用扁平电缆连接，经拼装后可组成一个整齐的长方体，I/O 点数的配置也很灵活。

（2）按 PLC 的 I/O 点数分类

按 PLC 的 I/O 点数的不同，可将 PLC 分为大、中、小 3 个等级。

① 小型 PLC

I/O 点数在 256 点以下的为小型 PLC。

② 中型 PLC

I/O 点数在 256 点以上、2 048 点以下的为中型 PLC。

③ 大型 PLC

I/O 点数在 2 048 点以上的为大型 PLC。

此外，有时将 I/O 点数在 64 点以下的 PLC 称为微型或超小型 PLC。

6.2 可编程序控制器的结构及工作原理

6.2.1 可编程序控制器的基本结构

PLC 是一种面向工业环境设计的专用计算机系统，它具有与一般计算机类似的结构，也是由硬件和软件所组成的。

1. PLC 的硬件结构

PLC 的硬件结构如图 6.1 所示，由中央处理单元（CPU）、存储器、输入/输出接口、编程器、电源等几部分组成。

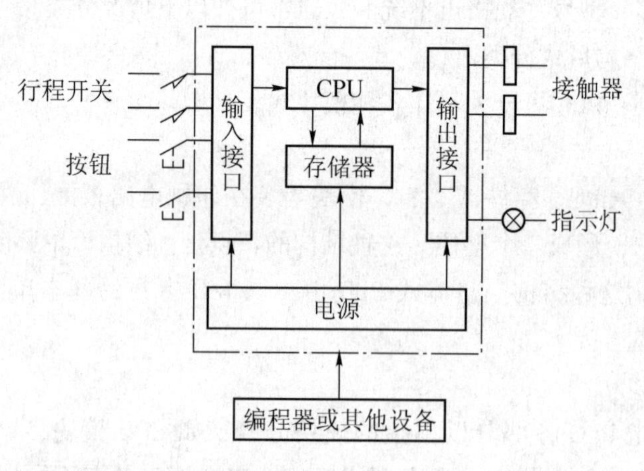

图 6.1 PLC 硬件结构框图

（1）中央处理单元（CPU）

中央处理单元（CPU）是 PLC 的核心，它通过地址总线、数据总线、控制总线与存储器、I/O（输入/输出）接口相连，其主要作用是执行系统控制软件，从输入接口读取各开关状态，根据梯形图程序进行逻辑处理，并将处理结果输送到输出接口。

（2）存储器

PLC 的存储器是用来存储数据或程序的。存储器中的程序包括系统程序和应用程序。

（3）I/O 接口电路

I/O 接口是 CPU 与现场 I/O 设备联系的桥梁。

输入接口接收和采集输入信号。数字量（或称开关量）输入接口用来接收从按钮、选择开关、限位开关、接近开关、压力继电器等传送来的数字量输入信号，模拟量输入接口用来接收电位器、测速发电机和各种变送器提供的连续变化的模拟量电流、电压信号。输入信号通过接口电路转换成适合 CPU 处理的数字信号。为防止各种干扰信号和高电压信号，输入接口一般要加光电耦合器进行隔离。PLC 的输入接口电路如图 6.2 所示。

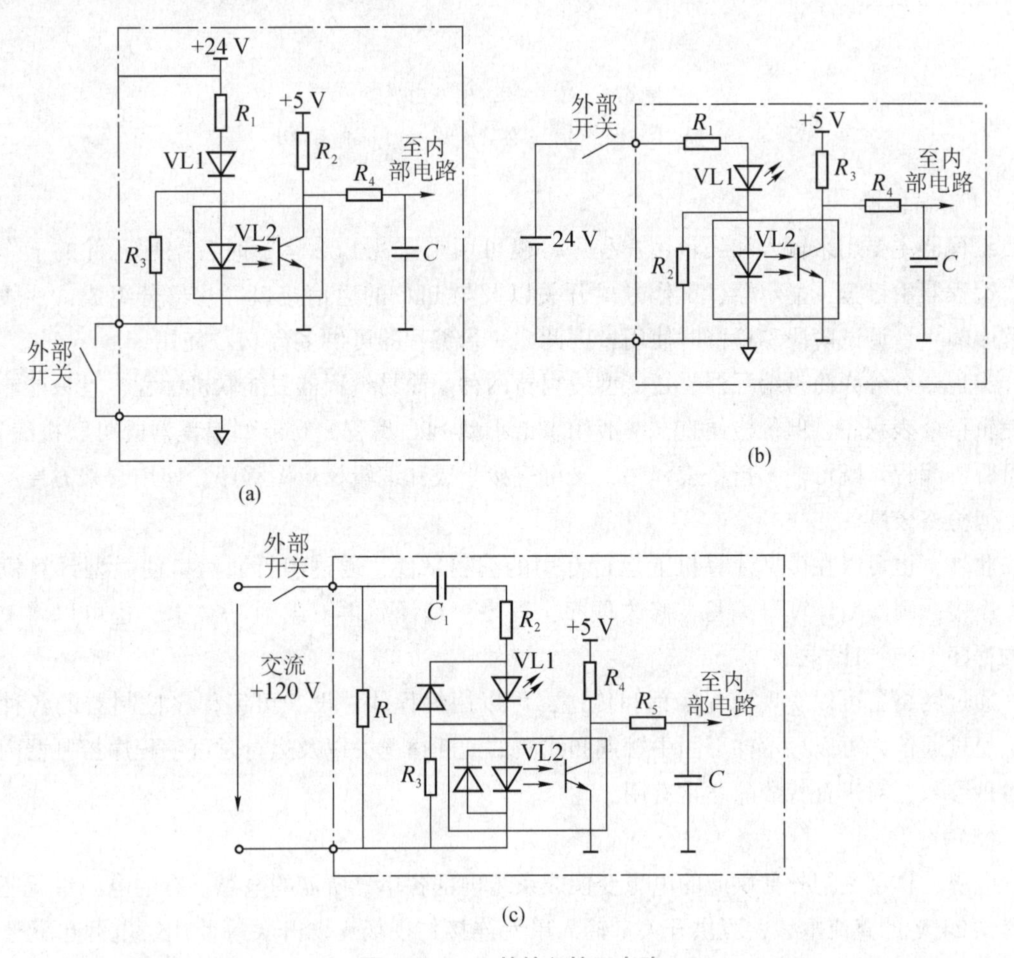

图 6.2　PLC 的输入接口电路

（a）开关量输入；（b）直流输入；（c）交流输入

输出接口电路将内部电路输出的弱电信号转换为现场需要的强电信号输出，以驱动执行元件。数字量输出模块用来控制接触器、电磁阀、电磁铁、指示灯、数字显示装置和报警装置等输出设备，模拟量输出模块用来控制调节阀、变频器等执行装置。为保证 PLC 可靠、安全地工作，输出接口电路应采取电气隔离措施。输出接口电路分为继电器输出、晶体管输出和晶闸管输出 3 种形式，目前，一般采用继电器输出方式。PLC 的各种输出接口电路如图 6.3所示。

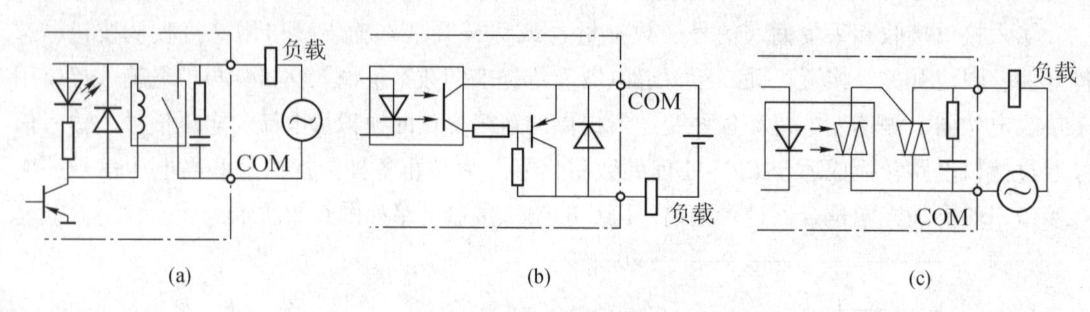

图 6.3　PLC 的输出接口电路

（a）继电器输出；（b）晶体管输出；（c）晶闸管输出

（4）编程器

编程器主要用来输入和编辑用户程序，也可用来监视 PLC 运行时各编程元件的工作状态。编程器由键盘、显示器、工作方式开关以及与 PLC 的通信接口等几部分组成，一般只在程序输入、调试阶段和检修时使用，因此，一台编程器可供多台 PLC 使用。

编程器可分为简易编程器、智能型编程器两种。简易编程器只能联机编程，且只能输入和编辑指令表程序，但价格便宜，一般用来给小型 PLC 编程。智能型编程器既可联机编程，又可脱机编程；既可输入指令表程序，又可直接生成和编辑梯形图程序，使用起来方便、直观，但价格较高。

此外，也可以在微型计算机上运行专用的编程软件，通过串行通信口使微型计算机与 PLC 连接，用微型计算机编写、修改程序，程序被编译后再下载到 PLC 上，也可以将 PLC 中的程序上传到计算机。

通过网络，可以实现远程编程和传送，可以用编程软件设置可编程序控制器的各种参数。通过通信，可以显示梯形图中触点和线圈的通断情况，以及运行时可编程序控制器内部的各种参数，对于查找故障非常有用。

（5）电源

电源的作用是把外部供应的电源变换成系统内部各单元所需的电源。有的电源单元还向外提供 24 V 的直流电源，可供开关量输入单元连接的现场无源开关等使用。电源单元还包括掉电保护电路和后备电池电源，以保持 RAM 在外部电源断电后存储的内容不丢失。PLC 的电源一般采用开关电源，其特点是：输入电压范围宽、体积小、质量轻、效率高、抗干扰性能好。

驱动 PLC 负载的电源一般由用户提供。

2. PLC 软件

PLC 软件分为系统软件和用户程序两大部分。系统软件由 PLC 制造商固化在机内，用以控制 PLC 本身的运作。用户程序由 PLC 的使用者编制并输入，用于控制外部被控对象的运行。

（1）系统软件

系统软件包括系统管理程序、用户指令解释程序及标准程序模块等。系统管理程序用于管理、控制整个系统的运行，其作用包括三方面：①运行管理，即对控制 PLC 何时输入、何时输出、何时计算、何时自检、何时通信等做时间上的分配管理；②存储空间管理，即生成用户环境，由它规定各种参数、程序的存放地址，将用户使用的数据参数、存储地址转化为实际的数据格式及物理存放地址，将有限的资源变为用户可以很方便地直接使用的元件；③系统自检程序，它包括各种系统出错检验、用户程序语法检验、句法检验、警戒时钟运行等。

（2）用户程序

用户程序是用户根据现场控制的需要，用 PLC 编程语言编制应用程序，通过编程器将其输入 PLC 内存中，用来实现各种控制要求。

根据不同控制要求编制不同的程序，相当于改变可编程序控制器的用途，也相当于对继电接触器控制设备的硬接线线路进行重设计和重接线，这就是所谓的“可编程序”。程序既可以由编程器方便地送入 PLC 内部的存储器中，也能通过它方便地读出、检查与修改。

参与 PLC 应用程序编制的是其内部代表编程器件的存储器，俗称“软继电器”，或称编程“软元件”。PLC 中设有大量的编程“软元件”，这些“软元件”依编程功能可分为输入继电器、输出继电器、定时器、计数器等。由于“软继电器”实质为存储单元，取用它们的常开、常闭触点实质上是为了读取存储单元的状态，因此，可以认为一个继电器带有无数多个常开、常闭触点。

6.2.2　可编程序控制器的工作原理

1. PLC 的工作方式

PLC 采用的是周期性循环扫描的工作方式。前面已经介绍，PLC 是一种存储程序控制器，用户首先要根据某一具体的要求编制好程序，然后输入 PLC 的用户程序存储器中。用户程序由若干条指令组成，指令在存储器中按步序号顺序排列。PLC 运行工作时，CPU 对用户程序做周期性的循环扫描，在无跳转指令的情况下，CPU 会从第一条指令开始顺序逐条地执行用户程序，直到用户程序结束，然后又返回第一条指令，开始新的一轮扫描。在每次扫描过程中，还要完成对输入信号的采集和对输出状态的刷新等工作。PLC 就是这样周而复始地重复上述的扫描循环，PLC 循环扫描过程如图 6.4 所示。

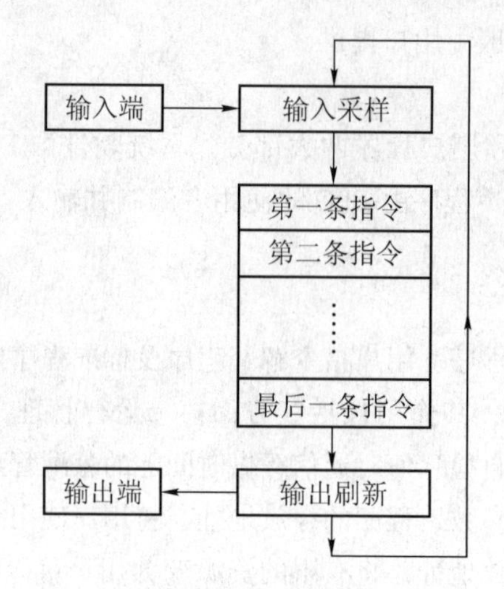

图 6.4 PLC 循环扫描过程示意图

2. PLC 的工作过程

PLC 的工作过程可分为输入采样、程序执行、输出刷新 3 个阶段。PLC 的工作过程是按这样 3 个阶段进行周期性循环扫描的，如图 6.5 所示。

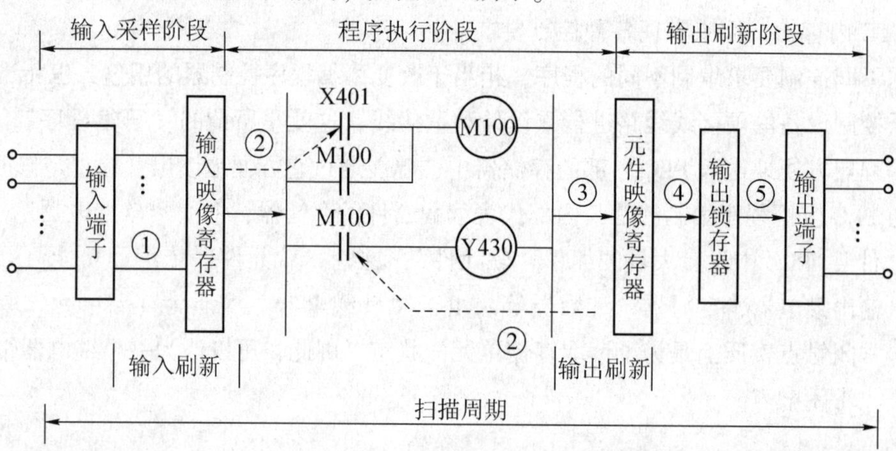

图 6.5 PLC 扫描工作过程

(1) 输入采样阶段

PLC 在输入采样阶段，首先按顺序采样所有的输入端子，并将输入点的状态或输入数据存入内存中各对应的输入映像寄存器中，即输入刷新，随即关闭输入端口，接着进入程序执行阶段。在程序执行阶段，即使输入状态有变化，输入映像寄存器的内容也不会改变。输入信号变化了的状态只能在下一个扫描周期的输入采样阶段被读入。

(2) 程序执行阶段

在程序执行阶段，PLC 对用户程序进行顺序扫描，在扫描每一条指令时，所需的输入状态（条件）可从输入映像寄存器中读入，从元件映像寄存器读入当前的输出状态，然后按程序进行相应的逻辑运算，运算结果再存入元件映像寄存器中。因此，对每一个元件（PLC 内部的输出软继电器）来说，元件映像寄存器的内容都会随着程序的执行过程而变化。

（3）输出刷新阶段

当所有指令执行完毕后，元件映像寄存器中所有输出继电器的状态（接通/断开）在输出刷新阶段都转存到输出锁存器，并通过一定的方式输出，驱动外部负载，这才是 PLC 的实际输出。

经过 3 个阶段，完成一个扫描周期。对一般小型 PLC 来说，I/O 点数少，采用的就是这种集中采样、集中输出的扫描工作方式。由于这种方式在每一个扫描周期中只对输入状态采样一次，对输出刷新一次，因此在一定程度上降低了系统的响应速度，即存在输入/输出的滞后现象。但这样从根本上提高了系统的抗干扰能力，并使系统的可靠性增强。一般 PLC 的响应延迟只有几毫秒、几十毫秒，这对一般的工业系统来说是无关紧要的。

3. PLC 程序的表达方式

PLC 备有多种编程语言，以供用户选用。由于 PLC 是为在工业环境中应用而设计的，所以对 PLC 编程时可以不考虑其内部的复杂结构，也不必使用计算机编程语言，而把 PLC 内部看作由许多“软继电器”等逻辑部件组成。利用 PLC 所提供的编程语言，按照用户不同的控制任务和要求编制不同的应用程序，这就是 PLC 的应用程序设计。PLC 的等效电路如图 6.6 所示。

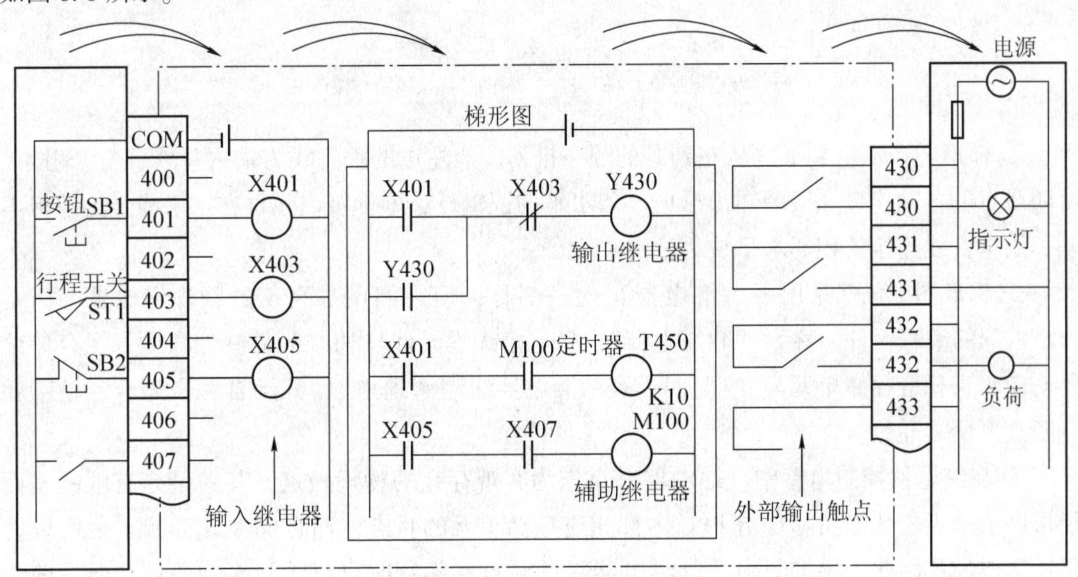

图 6.6　PLC 的等效电路

PLC 中常用的编程语言有梯形图、语句表（指令表）、功能表图等。

（1）梯形图编程

梯形图是各种 PLC 通用的一种图形编程语言，在形式上类似于继电器控制电路。它直观、易懂，是目前应用最多的一种编程语言。

图 6. 7（a）所示为三相异步电动机正反转控制的继电器控制电路，图 6. 7（b）所示是采用 PLC 控制的外部接线图与梯形图。梯形图中继续沿用了继电器、线圈、动断（常闭）触点、动合（常开）触点、串联、并联等继电器控制电路中的术语，但又有其自身的特点。

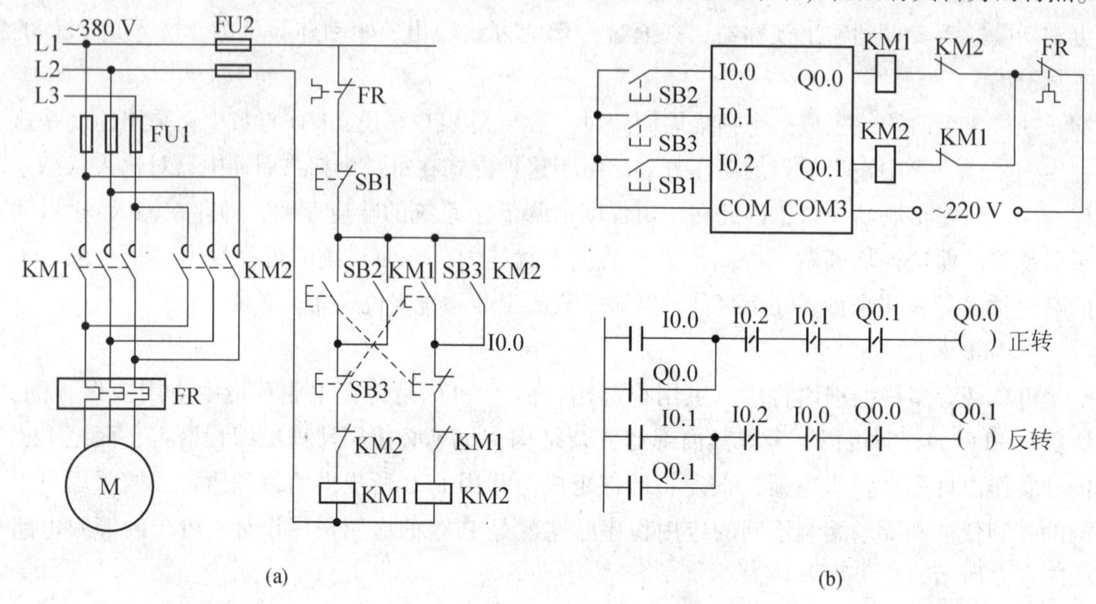

图 6. 7　三相异步电动机正反转控制

（a）继电器控制；（b）PLC 控制的外部接线图与梯形图

① 梯形图按从上到下、从左到右的顺序排列。最左边的垂直线为输入母线，常开触点、常闭触点的各种连接和线圈输出形成一条水平的逻辑行，即梯级。元件在水平线上为逻辑串联，用垂直线连接的相邻水平线为逻辑并联。

② 梯形图中仍然采用了“继电器”这一名称，但它们不是真正的物理继电器，而是 PLC 内部的编程元件，称为“软继电器”。每一个编程元件与 PLC 元件映像器的一个存储单元对应，当相应存储单元为“1”时，表示继电器线圈“通电”，其动合触点闭合，动断触点断开，反之亦然。

③ 在继电器控制电路中，继电器触点作为客观存在的物理触点，其数量是有限的。而梯形图中触点的状态实际是指 PLC 内部相应存储单元的状态，而存储单元的状态是可以无限次读取的，因此，梯形图中“软继电器”的触点在编程时可以无限次地使用，但一般情况下，某个编号的继电器线圈只能使用一次。

④ 梯形图是一种编程语言，其母线端无任何电源。为了便于理解，在梯形图中引入了一个假想的电流，称为“能流”。“能流”在梯形图中只能从左向右单向流动。如图 6. 7（b）所示，当常开触点 I0. 0 闭合，就有一假想的“能流”从左向右依次经 I0. 0 的常开触点和 I0. 2、I0. 1、Q0. 1 的常闭触点流入线圈 Q0. 0，则线圈 Q0. 0 接通并自保，其相应存储单

元状态为“1”。

⑤ 在继电器控制电路中，继电器是按“并行”方式工作的，即电源接通时，并联电路同时接通。而在PLC控制系统中，梯形图程序是按照从上至下周期循环扫描的方式进行的，故称为“串行”工作方式。

（2）语句表编程

语句表又称为指令表，在形式上类似于计算机汇编语言。它是用指令的助记符来编程的，通常一条指令由步序号、助记符和元件号三部分组成。若干条指令组成的程序称为语句表程序或指令表程序。

不同机型的PLC，其助记符及元件号也不相同。下面以西门子S7系列PLC的指令对图6.7所示的梯形图进行编程，具体程序如下：

步序号	助记符	元件号
0	LD	I0.0
1	O	Q0.1
2	AN	I0.2
3	AN	I0.1
4	AN	Q0.1
5	=	Q0.0
6	LD	I0.1
7	O	Q0.1
8	AN	I0.2
9	AN	I0.0
10	AN	Q0.0
11	=	Q0.1

6.3 PLC指令与编程

可编程序控制器的产品虽然众多，但其工作原理和基本结构基本相同。在中国市场，德国西门子公司生产的SIMATIC S7系列以其结构紧凑、可靠性高、功能全等优点拥有很多的用户。SIMATIC S7系列PLC的机型有S7-200、S7-300、S7-400，分别为S7系列的小、中、大型PLC系统。本节仅以S7-200系列PLC为例，介绍小型PLC系统编程用的元器件与编址、指令系统、编程等PLC应用的基础知识。

6.3.1 S7-200的编址

所谓编址，就是对输入/输出模块上的I/O点进行编码，以便程序执行时可以唯一地识别每个I/O点。

1. 数字量I/O点的编址

数字量I/O点以字长为单位，可采用标志域（I或Q）、字节号和位号（0~7共8位）三部分的组成形式来进行编址。字节号和位号之间以点分隔，这种编址习惯上称为“字节.位编址”。这样，每个I/O点就都有唯一的识别地址，地址的表示如表6.1所示。

表6.1 数字量编址示意图

Q	1	.	5
标志域（数出Q、数入I）	字节地址	字节号和位号的分隔点	字节中位的编号（0~7）

2. 模拟量I/O点的编址

模拟量I/O是以字长（16位）为单位进行编址的，输入只能进行读操作，而输出只能进行写操作。在读写模拟量信息时，模拟输入/输出按字进行读写。地址采用标志域（AI/AQ）、数据长度标志（W）及字节地址（0~30之间的十进制偶数）的组成形式进行编址，编址的表示如表6.2所示。

表6.2 模拟量编址示意图

AI	W	8
标志域（模出AQ、模入AI）	数据长度（字）	字节地址（0，2，4，…）

3. 扩展模块的编址

扩展模块的编址由扩展模块I/O端口的类型及其在扩展I/O链中的位置决定。扩展模块的编址按照由左至右的顺序依次进行。扩展模块的数字量I/O点以“字节.位编址”形式进行编址，扩展模块的模拟量I/O点编址仍以字长（16位）为单位。

6.3.2 S7-200系列PLC内部元器件

S7-200系列PLC内部各编程元器件包括：

1. I/O寄存器

I/O映像寄存器都是以字节为单位的寄存器，可以按位操作，它们的每一位对应一个数字量I/O接点。

（1）输入映像寄存器I（输入继电器）的工作原理

如图6.8所示，输入继电器线圈不能由程序指令驱动，而只能由外部信号驱动，常开触点和常闭触点供用户编程使用。外部信号传感器（如按钮、行程开关、现场设备、热电偶等）主要用来检测外部信号的变化，它们与输入模块的输入端相连，以驱动输入继电器线圈，如图6.8中的I0.0。

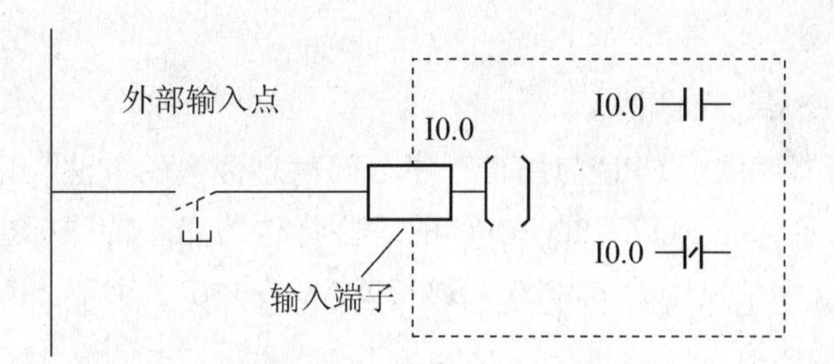

图 6.8　输入映像寄存器示意图

（2）输出映像寄存器 Q（输出继电器）的工作原理

如图 6.9 所示，输出继电器只能用程序指令驱动，它主要用来将 PLC 的输出信号传递给负载。

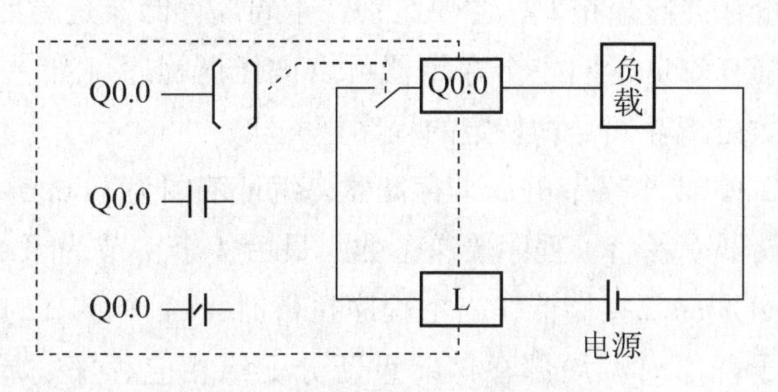

图 6.9　输出映像寄存器示意图

I/O 映像寄存器可以按位、字节、字或双字等方式编址。例如，I0.1、Q0.1（位寻址）、IB1、QB5（字节寻址）。

S7-200 CPU 输入映像寄存器区域有 I0 ~ I15 共 16 个字节存储单元，能存储 128 点信息。

S7-200 CPU 输出映像寄存器区域有 Q0 ~ Q15 共 16 个字节存储单元，能存储 128 点信息。

2. 变量存储器（V）

变量存储器用于存储运算的中间结果，也可以用来保存与工序或任务相关的其他数据，如模拟量控制、数据运算、设置参数等。变量存储器可以按位使用，也可以按字节、字或双字使用。变量存储器有较大的存储空间，如 CPU224 有 VB0.0 ~ VB5119.7 的 5 KB 的存储容量。

3. 内部标志位（M）存储区

内部标志位可以按位使用，作为控制继电器（又称为中间继电器），主要用来存储中间操作数或其他控制信息；也可以按字节、字或双字来存取存储区的数据，编址范围为 M0.0 ~ M31.7。

4. 顺序控制继电器（S）

顺序控制继电器又称为状态元件，主要用来组织机器操作或进入等效程序段工步，以实现顺序控制和步进控制。顺序控制继电器可以按位、字节、字或双字来存取 S 位，编址范围为 S0.0～S31.7。

5. 特殊标志位（SM）存储器

特殊标志位存储器提供了 CPU 与用户程序之间信息传递的方法，用户可以使用这些特殊的标志位提供的信息，控制 S7－200 CPU 的一些特殊功能。特殊标志位可以分为只读区和读/写区两大部分。编址范围为 SM0.0～SM179.7，共 180 个字节，其中 SM0.0～SM29.7 的 30 个字节为只读型区域。

例如，特殊存储器只读字节 SMB0 为状态位，在每次扫描循环结尾由 S7－200 CPU 更新，用户可使用这些位的信息启动程序内的功能，编制用户程序。

特殊标志位存储器的详细定义及功能可参看其使用手册。

6. 局部存储器（L）

局部存储器与变量存储器很相似，主要区别在于局部存储器是局部有效的，变量存储器则是全局有效的。全局有效是指同一个存储器可以被任何程序（如主程序、中断程序或子程序）存取，局部有效是指存储器和特定的程序相关联。

S7－200 系列 PLC 有 64 个字节的局部存储器，编址范围为 LB0.0～LB63.7，其中 60 个字节可以用作暂时存储器或者给子程序传递参数，最后 4 个字节为系统保留字节。S7－200 系列 PLC 可根据需要分配局部存储器，当主程序执行时，64 个字节的局部存储器分配给主程序，当中断或调用子程序时，局部存储器重新分配给相应程序。局部存储器在分配时，PLC 不进行初始化，初始值是任意的。

可以用直接寻址方式按字节、字或双字来访问局部存储器，也可以把局部存储器作为间接寻址的指针，但不能作为间接寻址的存储区域。

7. 定时器（T）

PLC 中的定时器相当于时间继电器，用于延时控制。S7－200 CPU 中的定时器是对内部时钟累计时间增量的设备。定时器的主要参数有定时器预置值、当前计时值和状态位。

定时器预置值为 16 位符号整数，由程序指令给定。16 位的当前值寄存器用以存放当前计时值（16 位符号整数），定时器输入条件满足时，当前值从零开始增加，每隔 1 个时间基准增加“1”。时间基准又称为定时精度，S7－200 CPU 共有 3 个时基等级（1 ms、10 ms、100 ms）。定时器按地址编号的不同，分属各个时基等级。每个定时器除有预置值和当前值外，还有 1 位状态位。定时器的当前值增加到大于或等于预置值时，状态位为“1”，梯形图中代表状态位读操作的常开触点闭合。

定时器的编址（如 T3）可以用来访问定时器的状态位，也可以用来访问当前值。

8. 计数器（C）

计数器主要用来累计输入脉冲的个数。其结构与定时器相似，其设定值（预置值）在程序中赋予，有 1 个 16 位的当前值寄存器和 1 位状态位。当前值用以累计脉冲个数，计数器当前值大于或等于预置值时，状态位置“1”。

S7－200 CPU 提供 3 种类型的计数器：增计数器、减计数器和增/减计数器。计数器用符号“C”和地址编号表示。

9. 模拟量I/O映像寄存器（AI/AQ）

S7-200 PLC模拟量输入电路将外部输入的模拟量（如温度、电压等）转化成1个字长（16位）的数字量，存入模拟量输入映像寄存器区域，可以用区域标志符（AI）、数据长度（W）及字节的起始地址来存取这些值。因为模拟量为1个字长，所以起始地址定义为偶数字节地址，如AIW0，AIW2，…，AIW62，共有32个模拟量输入点。模拟量输入值为只读数据。

S7-200 PLC模拟量输出电路将模拟量输出映像寄存器区域的1个字长（16位）的数字值转换为模拟电流或电压输出，可以用标志符（AQ）、数据长度（W）及起始字节地址来设置。

因为模拟量输出数据长度为16位，所以起始地址也采用偶数字节地址，如AQW0，AQW2，…，AQW62，共有32个模拟量输出点。用户程序只能输出映像寄存器区域置数，而不能读取。

10. 累加器（AC）

累加器是用来暂存数据的寄存器，可以与子程序之间传递参数，以及存储计算结果的中间值。S7-200 CPU中提供了4个32位的累加器AC0~AC3。累加器支持以字节（_B）、字（_W）或双字（_DW）为单位的存取，按字节或字存取时，累加器只使用低8位或低16位，数据存储长度由所用的指令决定。

11. 高速计数器（HC）

PLC提供了若干个高速计数器（每个计数器的最高频率为30 kHz），用来累计比CPU扫描速率更快的事件。高速计数器的当前值为双字长的符号整数，且为只读值。高速计数器的地址由符号HC和编号组成，如HC0，HC1，…，HC5。

6.3.3 S7-200 PLC的基本指令

S7-200 PLC具有丰富的指令集，基本上可分为基本元素、标准指令及特殊指令等。基本元素包括逻辑操作、跳转操作、装载操作和比较操作指令。标准指令是指定时功能、计数功能、算术功能等指令。特殊指令可以满足诸如移位、循环、转换及高速计数等复杂功能。本节将介绍部分常用指令的梯形图符号、指令表达方式及功能和用法，并附带相应的指令应用示例。

1. 二进制逻辑操作

二进制逻辑操作包括装载位操作、串/并联操作、赋值操作及置位/复位操作、边沿识别和跳转操作等功能。常用指令及功能如表6.3所示。

表 6.3 二进制逻辑操作常用指令表

指令类型	指令	操作数	说明
装载位操作	LD	I, Q, M, SM, T, C, V	装载常开触点（位操作）
	LDN		装载常闭触点（位“取反”操作）
	A		与常开触点（“与”操作）
	AN		与常闭触点（“与非”操作）
	O		或常开触点（“或”操作）
	ON		或常闭触点（“或非”操作）
串/并联操作	ALD		块“与”装载
	OLD		块“或”装载
赋值、置位/复位操作	=	I, Q, M, SM, T, C, V	赋值指令
	S		置位（1 位或多位）
	R		复位（1 位或多位）
边沿识别	EU		上升沿识别
	ED		下降沿识别
栈操作指令	LPS		逻辑存入
	LRD		逻辑读出
	LPP		逻辑弹出
取反、空操作指令	NOT		逻辑“反”
	NOP		空操作指令

（1）LD 和 LDN 指令

LD 和 LDN 指令总是位于一段逻辑的开始，而“与”、“或”、“非”指令的功能是对该指令的操作数与前面得到的逻辑结果做相应的逻辑运算。

图 6.10 所示逻辑操作指令的功能是：当输入点 I0.0 与输入点 I0.1 的状态都为“1”时，Q0.0 为“1”；而输入点 I0.0 或输入点 I0.1 只要某一个状态为“1”，即可使 Q0.2 输出“1”。

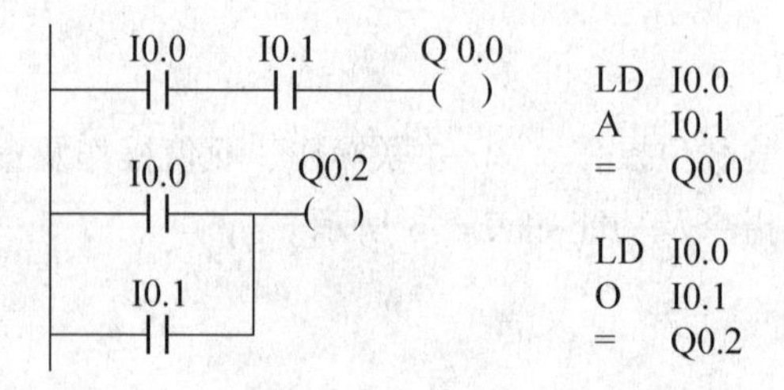

图 6.10 装载位操作指令应用示例

（2）ALD 和 OLD 指令

① 块的“与”操作指令 ALD

ALD 用于两个或两个以上触点并联连接的电路之间的串联，称为并联电路块的串联连接。

ALD 指令应用示例如图 6. 11 所示。

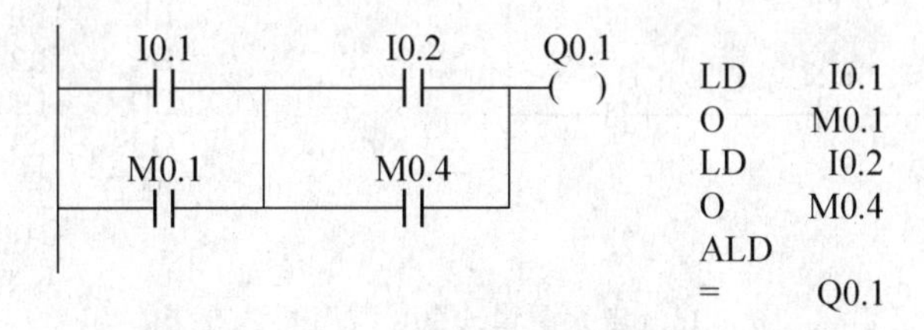

图 6. 11　ALD 指令应用示例

块的“与”操作是将梯形图中以 LD 起始的电路块与以 LD 起始的电路串联起来。

② 块的“或”操作指令 OLD

OLD 用于两个或两个以上触点串联连接的电路之间的并联，称为串联电路块的并联连接。

OLD 指令应用示例如图 6. 12 所示。

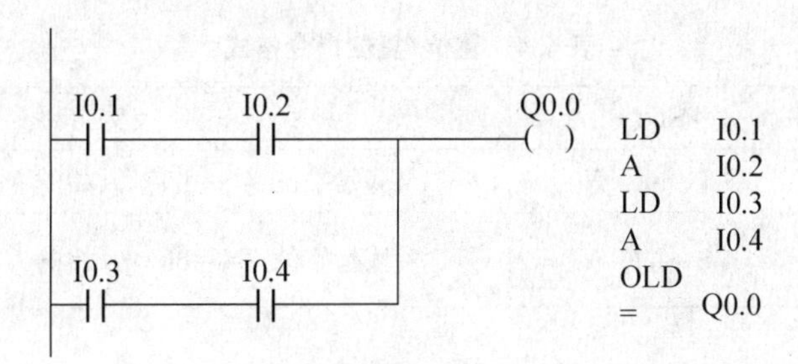

图 6. 12　OLD 指令应用示例

块的“或”操作是将梯形图中以 LD 起始的电路块和另外以 LD 起始的电路块并联起来。注意：对于复杂的串并联关系，可以多次使用 ALD 或 OLD 指令。

例 6. 1

分析图 6. 13 左图所示的梯形图（LAD），写出对应的指令表（STL）。

分析：图 6. 13 所示的程序中，第一段为“或”装载关系，第二段为“与”装载关系。也就是说：第一段的 OLD 指令把两个串联环节“并联”起来，而第二段的 ALD 指令把两个并联环节“串联”起来，因此，得出其对应的指令表，如图 6. 13 右图所示。

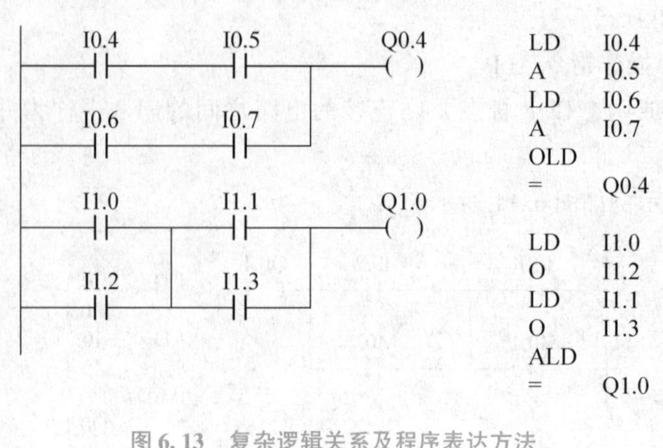

图 6.13 复杂逻辑关系及程序表达方法

(3) 置位/复位指令 S/R (Set/Reset)

置位/复位指令具有保持功能，当置位或复位条件满足时，输出状态保持为“1”或“0”。同时，置位/复位指令还可设置位数，例如，S Q0.2，3 是指对从 Q0.2 开始的3 位数输出置位，该位数默认值为“1”。执行置位/复位指令时，从操作数的直接位地址（bit）或输出状态表（OUT）指定的地址参数开始的 *N* 个点都被置位/复位。指令格式如表 6.4 所示。

表 6.4 置位/复位指令格式

LAD	STL	功能
S－bit　　S－bit	S S－bit，*N*	从起始位（S－bit）开始的 *N* 个元件置“1”
——(S)　　——(R) *N*　　*N*	R S－bit，*N*	从起始位（S－bit）开始的 *N* 个元件清“0”

图 6.14 所示为 S/R 指令应用示例，实例中，当 I0.0、I0.1 都为低电平时，Q0.0 保持原来的状态；当 I0.0、I0.1 有一个高电平时，高电平的信号就会影响 Q0.0 的状态；当 I0.0、I0.1 都为高电平时，写在后面的指令优先影响 Q0.0 的状态。

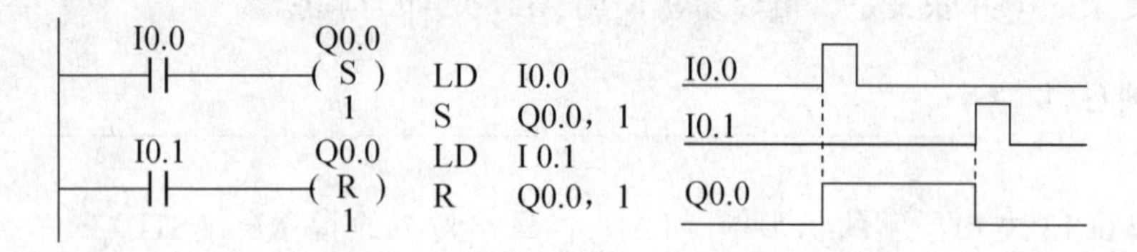

图 6.14 S/R 指令应用示例

说明：

① 置位、复位通常成对使用，也可以单独使用或与指令盒配合使用。对同一元件可以多次使用 S/R 指令。

② 由于是扫描工作方式，故写在后面的指令有优先权。

③ 对计数器和定时器复位，计数器和定时器的当前值都将被清为“0”。

④ 置位/复位元件数目 n 的取值范围为 1 ~ 255。

⑤ 编程时，置位、复位线圈之间间隔的网络数量可以任意。

例 6.2

分析图 6.15 所示的梯形图（LAD），写出对应的指令表（STL）。

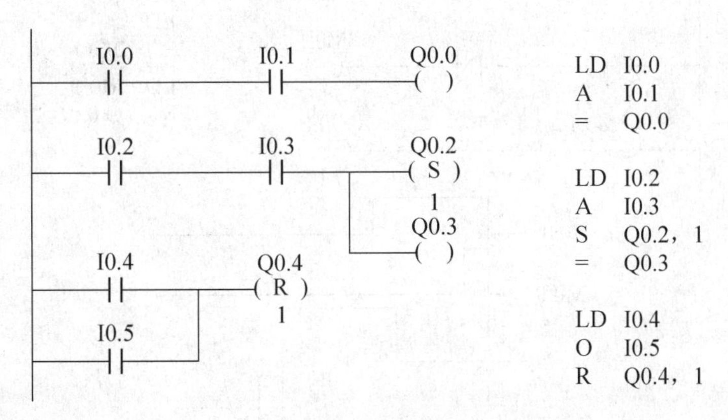

图 6.15　布尔逻辑输出功能

（4）边沿脉冲指令

边沿脉冲指令 EU（Edge Up）在对应输入条件有一个上升沿时，将产生一个宽度为一个扫描周期的脉冲，驱动其后面的输出线圈；而边沿脉冲指令 ED（Edge Down）在对应输入条件有一个下降沿时，产生一个宽度为一个扫描周期的脉冲，驱动其后面的输出线圈。边沿脉冲指令常用于信号边沿检测。边沿触发指令格式如表 6.5 所示。

表 6.5　边沿触发指令格式

LAD	STL	功能、注释
──┤ p ├──	EU(Edge Up)	正跳变，无操作元件
──┤ N ├──	ED(Edge Down)	负跳变，无操作元件

图 6.16 所示为边沿脉冲指令应用示例，实例中：

输入 I0.0 有上升沿：触点（EU）产生一个扫描周期的时钟脉冲，M0.0 线圈通电一个扫描周期，M0.0 常开触点闭合（一个扫描周期），使输出线圈 Q0.0 置位有效（输出线圈 Q0.0 = 1），并保持。

输入 I0.1 有下降沿：触点（EU）产生一个扫描周期的时钟脉冲，驱动输出线圈 M0.1

通电一个扫描周期，M0.1 常开触点闭合（一个扫描周期），使输出线圈 Q0.0 复位有效（输出线圈 Q0.0 =0），并保持。

边沿脉冲指令在工程实践中具有非常重要的实用价值。

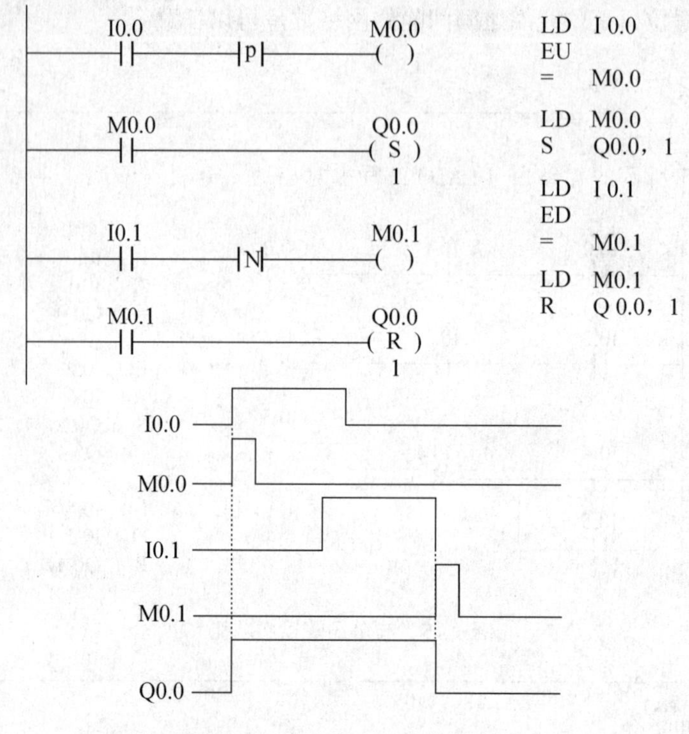

图 6.16 边沿脉冲指令应用示例

（5）栈操作指令

LPS（Logic Push）：逻辑入栈指令。LPS 指令的作用是把栈顶值复制后压入堆栈，栈底值压出丢失。

LRD（Logic Read）：逻辑读栈指令。LRD 指令的作用是把逻辑堆栈第二级的值复制到栈顶，堆栈没有压入和弹出。

LPP（Logic Pop）：逻辑出栈指令。LPP 指令的作用是把堆栈弹出一级，原第二级的值变为新的栈顶值。

S7 -200 PLC 中有一个 9 层堆栈，用于处理逻辑运算结果，称为逻辑堆栈。执行 LPS、LRD、LPP 指令时，对逻辑堆栈的影响如图 6.17 所示。

图 6.18 所示为栈操作指令应用示例。

如图 6.18 所示，程序执行 LPS 指令时，把 I0.0 的状态存入堆栈；执行 LRD 指令时，读出堆栈内容；当程序执行与主控接点 I0.0 相关的最后一个支路程序时，执行 LPP 指令弹出堆栈。程序继续执行时将与该级堆栈无关。

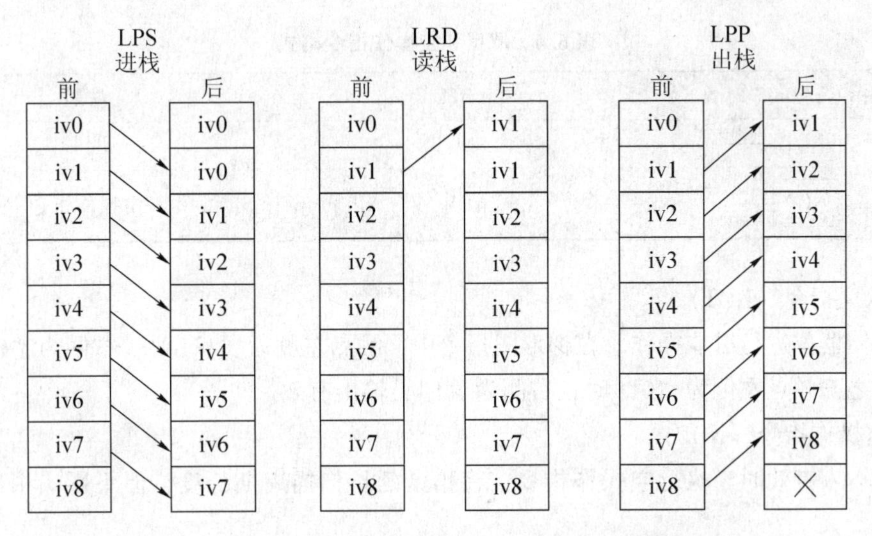

图 6.17　执行 LPS、LRD、LPP 指令时对逻辑堆栈的影响

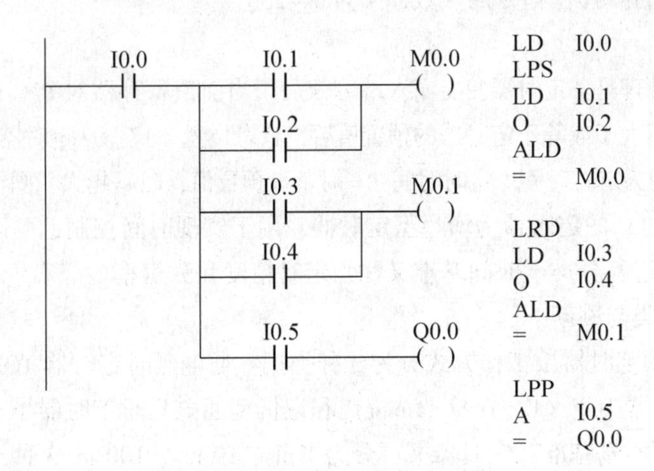

图 6.18　栈操作指令应用示例

注意：

① LPS 和 LPP 必须配对使用。

② LPS、LRD、LPP 指令无操作数。

③ 对于程序中具有公共接点或主控接点的情况，在指令表达方式下采用堆栈操作指令，可使控制程序简明、清晰，并可使程序执行时间缩短。

（6）取反和空操作指令

取反和空操作指令格式如表 6.6 所示。

表 6.6　取反和空操作指令格式

LAD	STL	功能
—┤NOT├—	NOT	取非
—[NOP]—	NOP N	空操作指令

① 取反指令（NOT）

对存储器位进行取非操作。在梯形图指令中，触点左侧为“1”时，右侧为“0”，输出无效；反之，触点左侧为“0”时，右侧为“1”，输出有效。

② 空操作指令（NOP）

使能输入有效时，执行空操作指令，将稍微延长扫描周期长度，但不影响用户程序的执行。

操作数 N 为执行空操作指令的次数，N 为 0 ~ 255。

2. 定时器指令

定时器的工作原理是：定时器使能输入端有效后，当前值寄存器对 PLC 内部的时基脉冲增“1”计数，当计数值大于或等于定时器的预置值后，状态位置“1”。从定时器输入有效到状态位输出有效经过的时间为定时时间。定时时间 T = 时基 × 预置值，时基越大，则精度越差。

S7 - 200 系列 PLC 的定时器为增量型定时器，用于实现时间控制，可以按照工作方式和时间基准（时基）进行分类。时间基准又称为定时精度和分辨率。

（1）定时器分类与刷新

S7 - 200 PLC 的定时器按工作方式分为 3 种类型：通电延时定时器 TON（On Delay Timer）、断电延时定时器 TOF（Off Delay Timer）和记忆型通电延时定时器 TONR（Retentive On Delay Timer）；按照时基基准，定时器又可分为 1 ms、10 ms、100 ms 3 种类型。CPU 22X 系列 PLC 的 256 个定时器分属 TON（TOF）和 TONR 工作方式，以及 3 种时基标准，TOF 与 TON 共享同一组定时器，不能重复使用。定时器的工作方式及类型如表 6.7 所示。

表 6.7　定时器的工作方式及类型

工作方式	分辨率/ms	最大当前值/s	定时器号
TONR	1	32.767	T0，T64
	10	327.67	T1 ~ T4，T65 ~ T68
	100	3 276.7	T5 ~ T31，T69 ~ T95
TON/TOF	1	32.767	T32，T96
	10	327.67	T33 ~ T36，T97 ~ T100
	100	3 276.7	T37 ~ T63，T101 ~ T255

S7－200系列PLC的定时器中，3种定时器的刷新方式是不同的。

① 1 ms定时器

1 ms定时器由系统每隔1 ms刷新一次，与扫描周期及程序处理无关，采用中断刷新方式。因而，当扫描周期较长时，在一个周期内可能被多次刷新，其当前值在一个扫描周期内不一定保持一致。

② 10 ms定时器

10 ms定时器由系统在每个扫描周期开始时自动刷新。

③ 100 ms定时器

100 ms定时器在该定时器指令执行时被刷新。启动了100 ms定时器，如果在一个扫描周期中没有执行定时器指令，将会丢失时间；如果在一个扫描周期中多次执行同一条100 ms定时器指令，将会多计时间。因此，在使用100 ms定时器时，应保证每一个扫描周期内同一条定时器指令只执行一次。

使用定时器时应参照表6.7的时基标准和工作方式合理地选择定时器编号，同时要考虑刷新方式对程序执行的影响。

（2）定时器指令格式

定时器指令格式如表6.8所示，其中，IN是使能输入端，编程范围为T0～T255；PT是预置输入端，最大预置值为32 767，PT类型为INT型。

表6.8　定时器指令格式

LAD			STL	功能、注释
???? IN TON ???? — PT	???? IN TONR ???? — PT	???? IN TOF ???? — PT	TON TONR TOF	通电延时型
				有记忆通电延时型
				断电延时型

（3）定时器的使用方法

① 通电延时型（TON）

使能端（IN）输入有效时，定时器开始计时，当前值从“0”开始递增，大于或等于预置值（PT）时，定时器输出状态位置“1”，当前值的最大值为32 767。使能端无效时，定时器复位。通电延时型定时器应用示例如图6.19所示。

图6.20是通电延时型定时器的另一个例子，当I0.0＝1时，T37开始计时；当定时器时间达到100×100 ms＝10 s时，Q0.0得电；当I0.0为“0”时，Q0.0立即断电。

② 有记忆通电延时型（TONR）

输入端有效时，定时器开始递增计数，当前值大于或等于预置值（PT）时，输出状态位置“1”。输入端无效时，当前值保持（记忆），使能端（IN）再次接通有效时，在原记

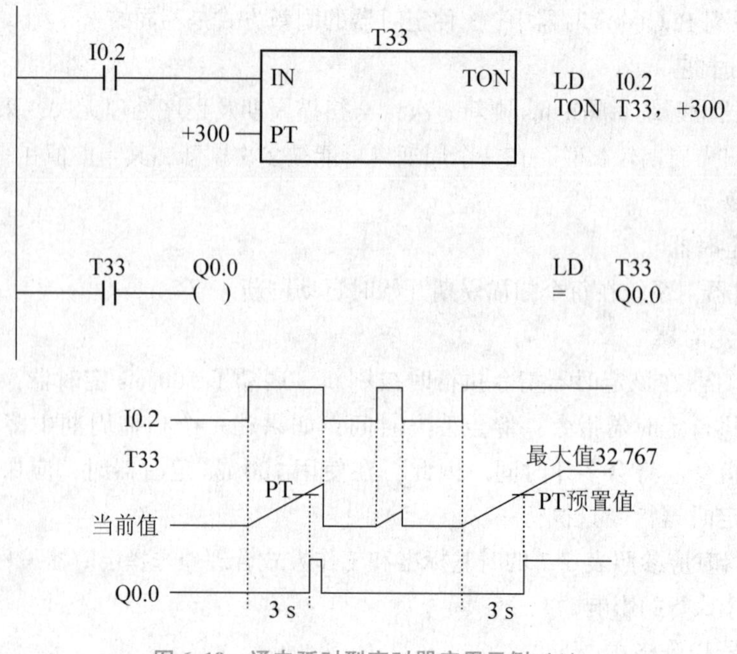

图 6.19 通电延时型定时器应用示例（1）

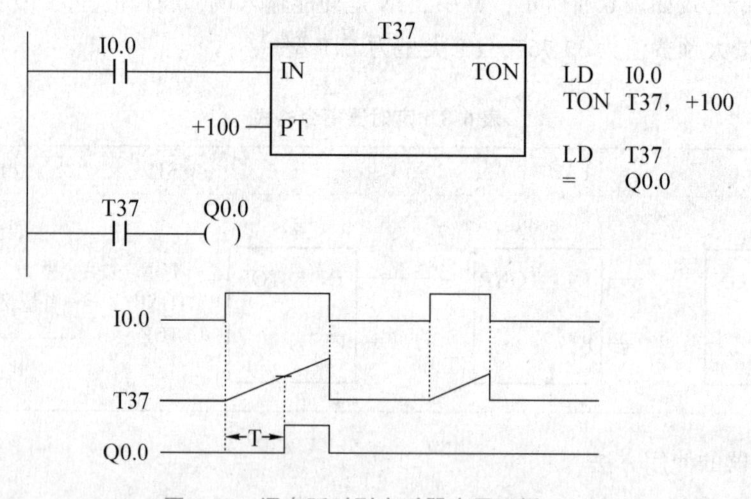

图 6.20 通电延时型定时器应用示例（2）

忆值的基础上递增计时。

有记忆通电延时型定时器采用线圈复位指令（R）进行复位操作，当复位线圈有效时，定时器当前值清零，输出状态位置“0”。

有记忆通电延时型定时器应用示例如图 6.21 所示。

图 6.22 为 TONR 的又一个应用示例。当上电或首次扫描时，I2.1 接通，定时器的当前值从“0”开始计时；未达到设定值时，I2.1 断开，T2 位为“0”，当前值保持不变；当 I2.1 又接通时，当前值从上次的保持值开始继续计时，当累计当前值等于或大于设定值时，

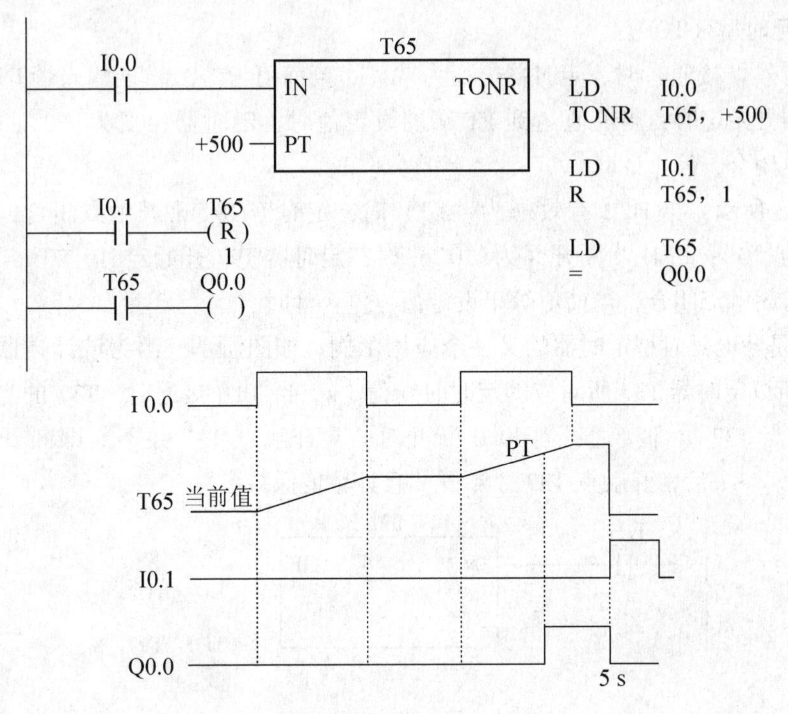

图 6.21　有记忆通电延时型定时器应用示例（1）

T2 常开触点闭合，常闭触点断开，当前值可继续计数；当 I2.1 又断开时，定时器的当前值保持不变，定时器位不变。当 I0.3 接通时，T2 的当前值为“0”，T2 常开触点断开，常闭触点闭合。

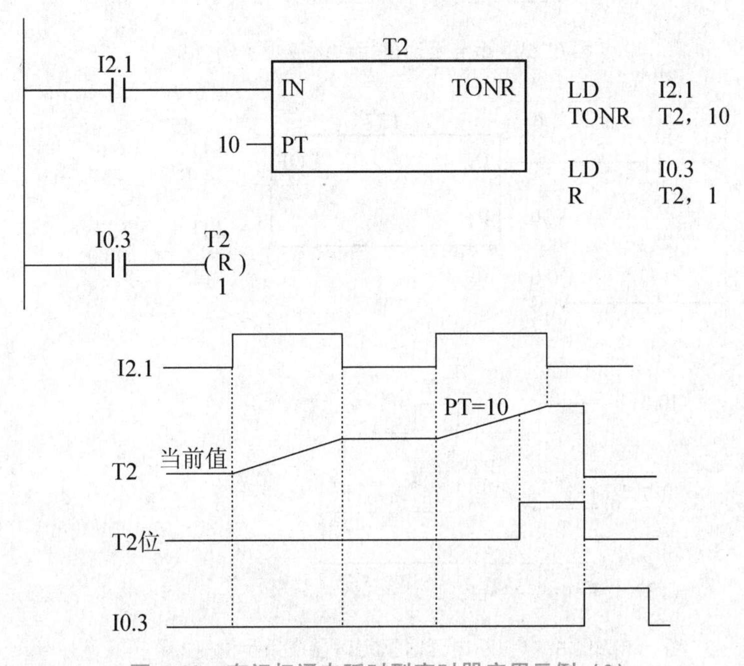

图 6.22　有记忆通电延时型定时器应用示例（2）

③ 断电延时型（TOF）

输入端有效（接通）时，定时器位变为“1”，当前值为“0”。当输入端 IN 由接通到断开时，定时器开始定时；当前值达到 PT 端的设定值时，定时器位变为“0”，常开触点断开，常闭触点闭合，停止计时。

如图 6.23 所示，当 I1.2 有效（为“1”）时，定时器 T97 常开触点闭合，常闭触点断开，当前值为“0”；当 I1.2 断开（为“0”）时，定时器 T97 开始定时，80 ms 后 T97 常开触点断开，常闭触点闭合，当前值等于设定值，停止计时。

图 6.24 是断电延时型定时器的又一个应用示例。如图所示，因为该计数器的定时精度为 100 ms，所以定时器 T37 所对应的定时时间为 3 s。当 I0.0 接通时，T37 的当前值立即置“0”，常开触点 T37 立即接通；当 I0.0 断开时，常开触点 T37 并不立即断开，当前值从“0”开始计数，3 s 后常开触点 T37 才断开，且计数值保持。

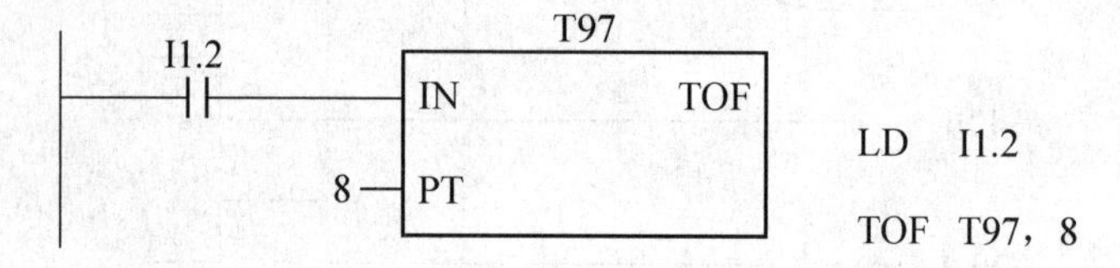

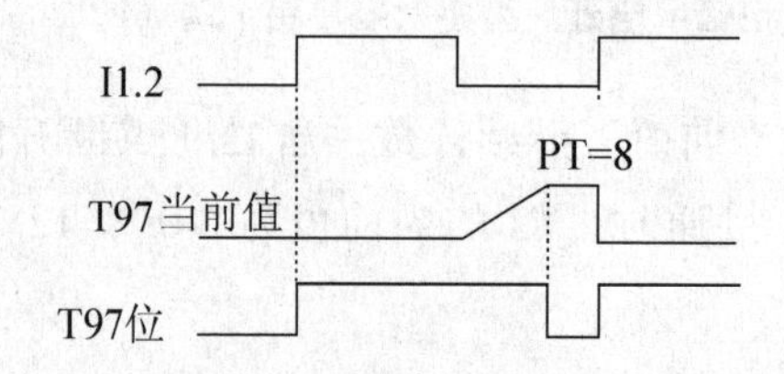

图 6.23 断电延时型定时器应用示例（1）

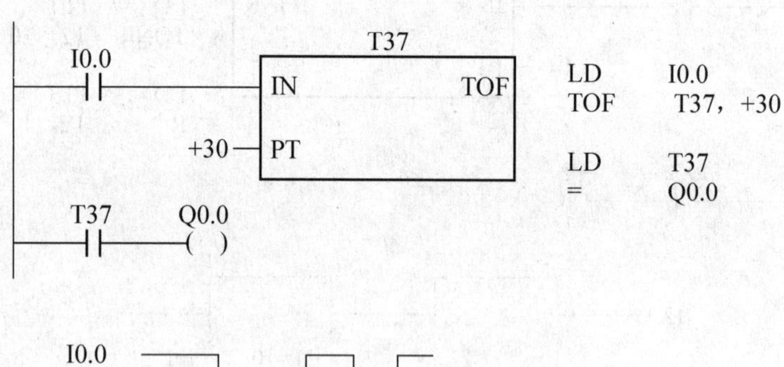

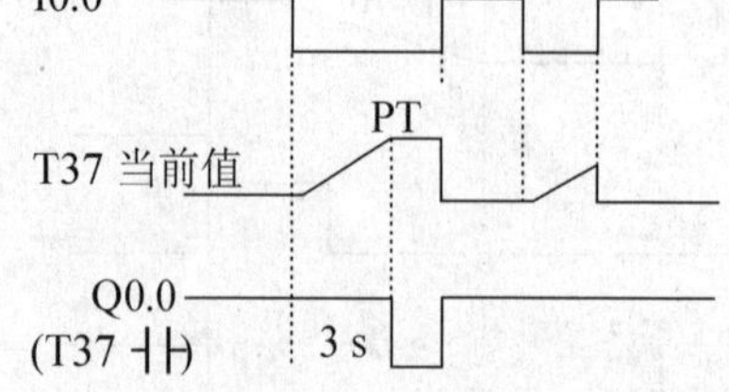

图 6.24 断电延时型定时器应用示例（2）

（4）应用定时器指令应注意的几个问题

① 一个定时器号不能同时用作 TOF 和 TON 指令。

② 使用复位指令 R 对定时器复位后，定时器位为“0”，定时器当前值为“0”。

③ TONR 指令只能通过复位指令进行复位操作。

（5）定时器指令应用综合

例 6. 3

延时接通、断开电路如图 6. 25 所示，当输入 I0. 0 接通时，其常开触点闭合，T33 开始定时，100 ms（t_1）后，T33 常开触点闭合，Q0. 0 线圈接通并由其常开触点自保；当 I0. 0 断开时，T34 开始定时，60 ms（t_2）后，其常闭触点断开，Q0. 0 线圈断开。

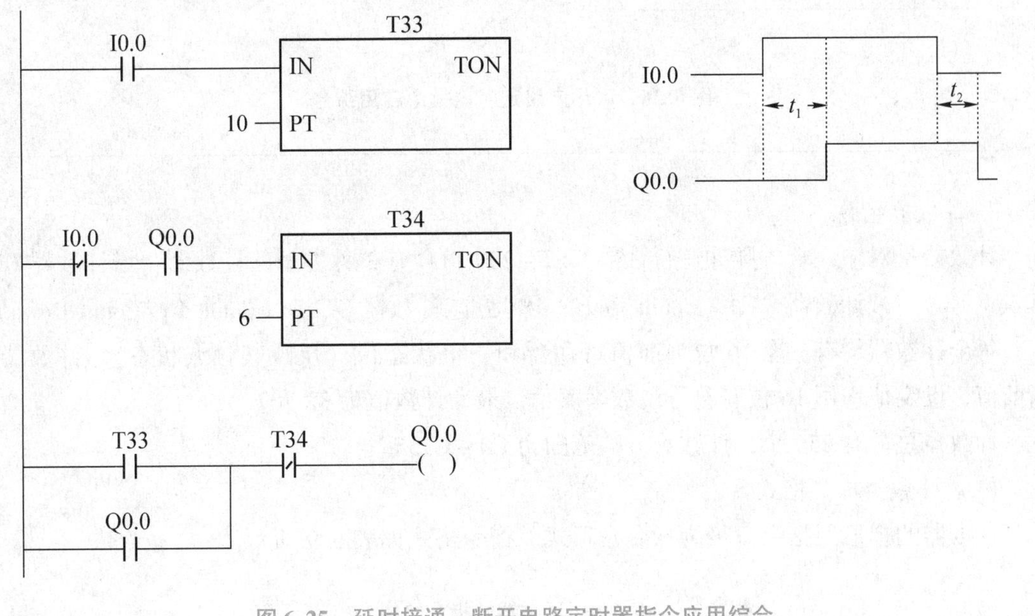

图 6. 25　延时接通、断开电路定时器指令应用综合

例 6. 4

闪烁电路如图 6. 26 所示，当 I0. 0 接通时，T33 开始定时，其常闭触点接通，Q0. 0 为“1”；延时 40 ms 后，T33 常开触点接通，常闭触点断开，Q0. 0 为“0”，T34 开始定时；延时 20 ms 后，T34 常闭触点断开，T33 不工作，其常开触点断开，常闭触点接通，Q0. 0 为“1”，T34 不工作，第二次扫描，T34 常闭触点接通，T33 又开始定时，循环下去。因此，当 I0. 0 接通时，Q0. 0 接通 40 ms、断开 20 ms，周期循环闪烁。

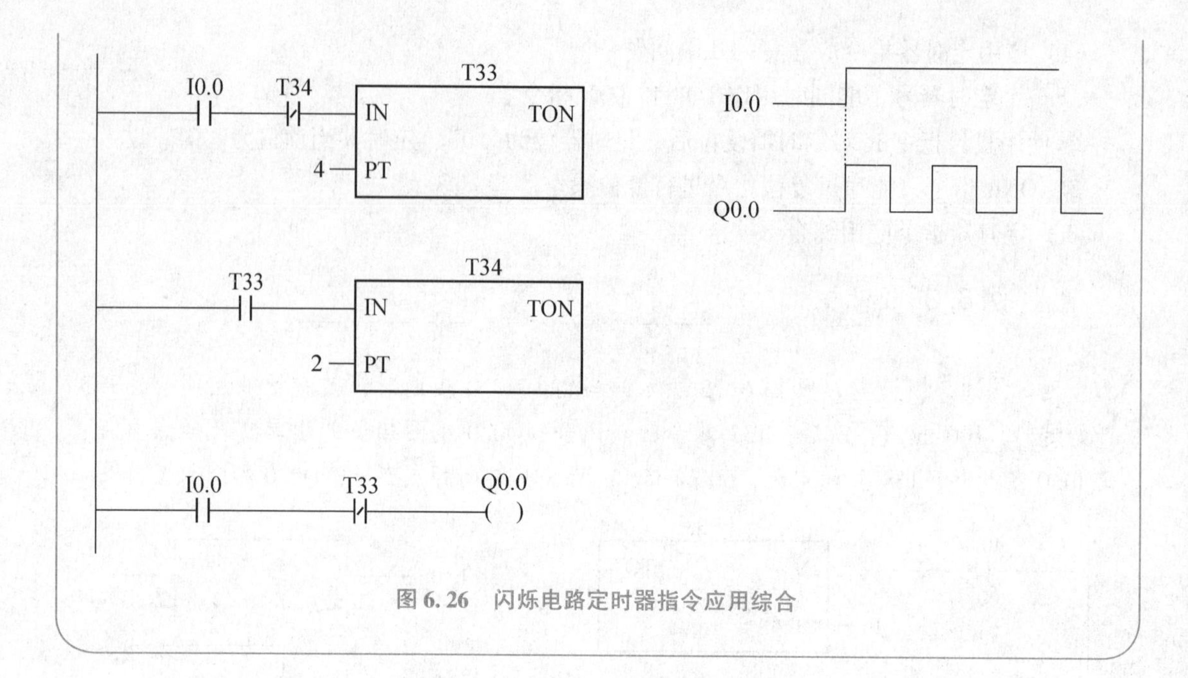

图 6.26 闪烁电路定时器指令应用综合

3. 计数器指令

计数器是对输入端的脉冲进行计数。S7－200 PLC 有 3 种类型的计数器：增计数器 CTU（Count Up）、减计数器 CTD（Count Down）和增/减计数器 CTUD（Count Up/Count Down）。

每个计数器均有一个 16 位当前值寄存器和一个状态位（反映其触点状态）。计数器的当前值、设定值均用 16 位有符号整数来表示，最大计数值为 32 767。

计数器总数有 256 个，计数器号的范围为 C0～C255。

（1）计数器指令格式

计数器的梯形图指令符号为指令盒形式，指令格式如表 6.9 所示。

表 6.9 计数器的指令格式

LAD	STL	功能
???? CU CTU; R; ???? PV	CTU	（Count Up）增计数器
???? CD CTD; LD; ???? PV	CTD	（Count Down）减计数器
???? CU CTUD; CD; R; ???? PV	CTUD	（Count Up/Count Down）增/减计数器

梯形图指令符号中 CU 为增 1 计数脉冲输入端；CD 为减 1 计数脉冲输入端；R 为复位脉冲输入端；LD 为减计数器的复位输入端；编程范围为 C0～C255；PV 预置最大值为

32 767，且 PV 为整数。

（2）计数器的使用方法

① 增计数器 CTU

当复位输入端 R 为“0”时，计数器计数有效；当增计数输入端 CU 有上升沿输入时，计数值加“1”，计数器作递增计数，当计数器当前值等于或大于设定值 PV 时，该计数器位为“1”，计数至最大值 32 767 时停止计数。当复位输入端 R 为“1”时，计数器被复位，计数器位为“0”，并且当前值被清零。

增计数器指令编程应用示例如图 6.27 所示。当 C20 的计数输入端 I0.2 有上升沿输入时，C20 计数值加“1”；当 C20 的当前值等于或大于 3 时，C20 计数器位为“1”。复位输入端 I0.3 为“1”时，C20 计数器位为“0”，并且当前值被清零。

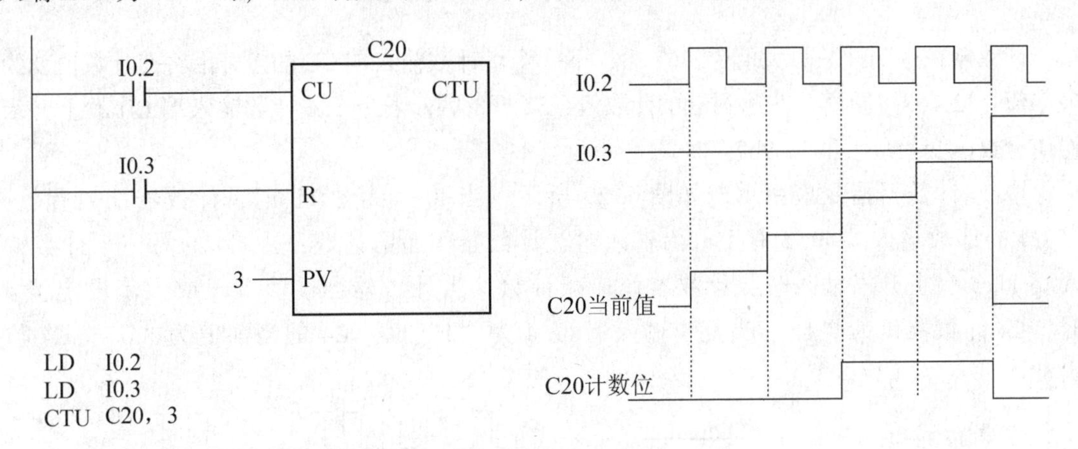

图 6.27　增计数器指令编程应用示例

② 减计数器 CTD

当装载输入端 LD 为“1”时，计数器位为“0”，并把设定值 PV 装入当前值寄存器中。当装载输入端 LD 为“0”时，计数器计数有效，当减计数输入端 CD 有上升沿输入时，计数器从设定值开始作递减计数，直至计数器当前值等于“0”时，停止计数，同时计数器位被置位。

减计数器指令编程应用示例如图 6.28 所示。装载输入端 I0.3 为“1”时，C4 计数器位为“0”，并把设定值 4 装入当前值寄存器中。当 I0.3 端为“0”时，计数器计数有效，当计数输入端 I0.2 有上升沿输入时，C4 从 4 开始作递减计数，直至计数器当前值等于“0”时，停止计数，同时 C4 计数器位被置“1”。

③ 增/减计数器 CTUD

增/减计数器有两个脉冲输入端，其中 CU 端用于递增计数，CD 端用于递减计数。当复位输入端 R 为“0”时，计数器计数有效，当 CU 端有上升沿输入时，计数器作递增计数；当 CD 端有上升沿输入时，计数器作递减计数。当计数器当前值等于或大于设定值 PV 时，该计数器位为“1”。当复位输入端 R 为“1”时，计数器当前值为“0”，计数器位为“0”。

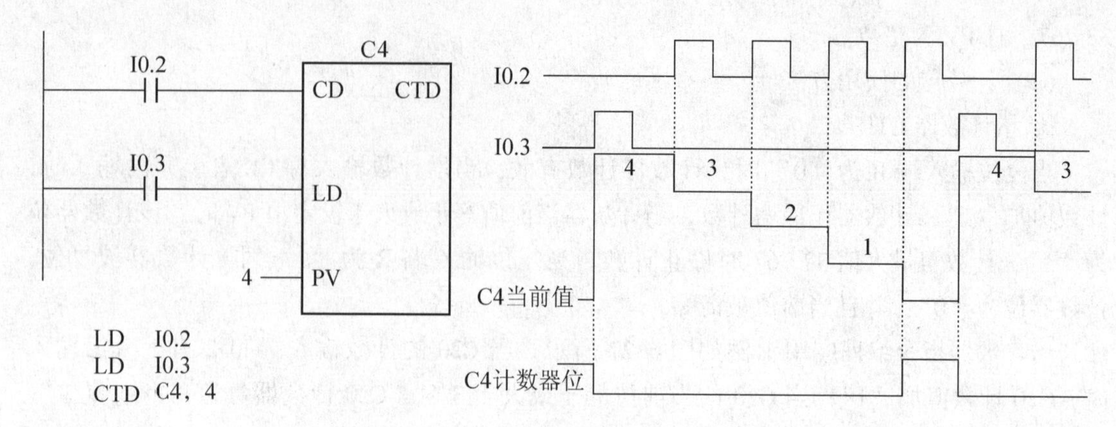

图 6.28 减计数器指令编程应用示例

计数器在达到计数最大值 32 767 后，下一个增计数输入端 CU 的上升沿将使计数值变为最小值 -32 768；同样，在达到最小计数值 -32 768 后，下一个减计数输入端 CD 的上升沿将使计数值变为最大值 32 767。

增/减计数器指令应用示例如图 6. 29 所示。当 I0. 4 为“0”时，计数器计数有效，当 C4 的计数输入端 I0. 2 有上升沿输入时，计数器作递增计数；当 C4 的另一个计数输入端 I0. 3 有上升沿输入时，计数器作递减计数。当计数器当前值等于或大于设定值 4 时，C4 计数器位为“1”。当复位输入端 I0. 4 为“1”时，C4 的当前值为“0”，C4 位为“0”。

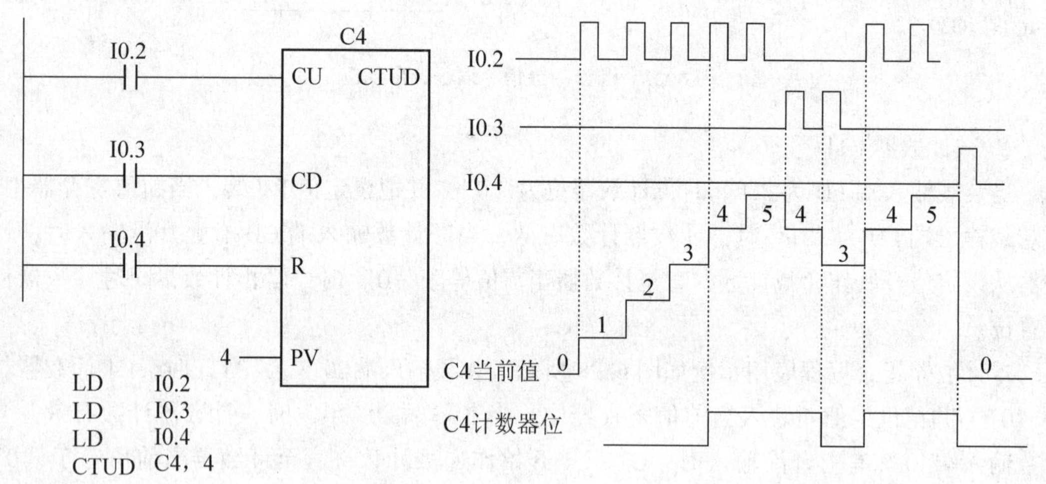

图 6.29 增/减计数器指令应用示例

（3）注意事项

① 在一个程序中，同一计数器号不能重复使用，更不可分配给几个不同类型的计数器。

② 用复位指令 R 复位计数器时，计数器位被复位，并且当前值清零。

③ 除了常数外，还可以用 VW、IW、QW、MW、SW、SMW、AC 等作为设定值。

（4）计数器应用综合

例6.5

根据图6.30所示的梯形图，说明其功能。

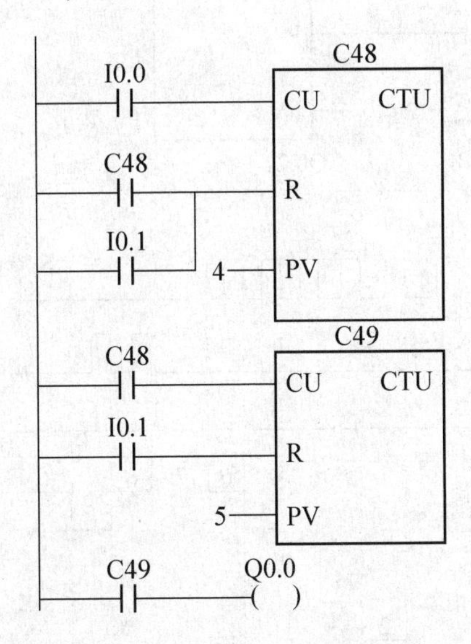

图6.30 计数器应用综合（1）

当I0.0来4个脉冲时，C48位为“1”，其常开触点接通，C49计数一次，第二次扫描C48常开触点复位C48，当前值为0；当I0.0再来4个脉冲时，C49又计数一次，……

当I0.0来4×5个脉冲时，C49位为“1”，其常开触点接通，Q0.0为“1”。

I0.1用于复位C48、C49。

例6.6

画出图6.31所对应的时序关系图。

I0.0和I0.1分别是C48的“加”、“减”脉冲输入端，当C48的内容大于或等于6时，Q0.2为“1”。时序关系图如图6.31所示。

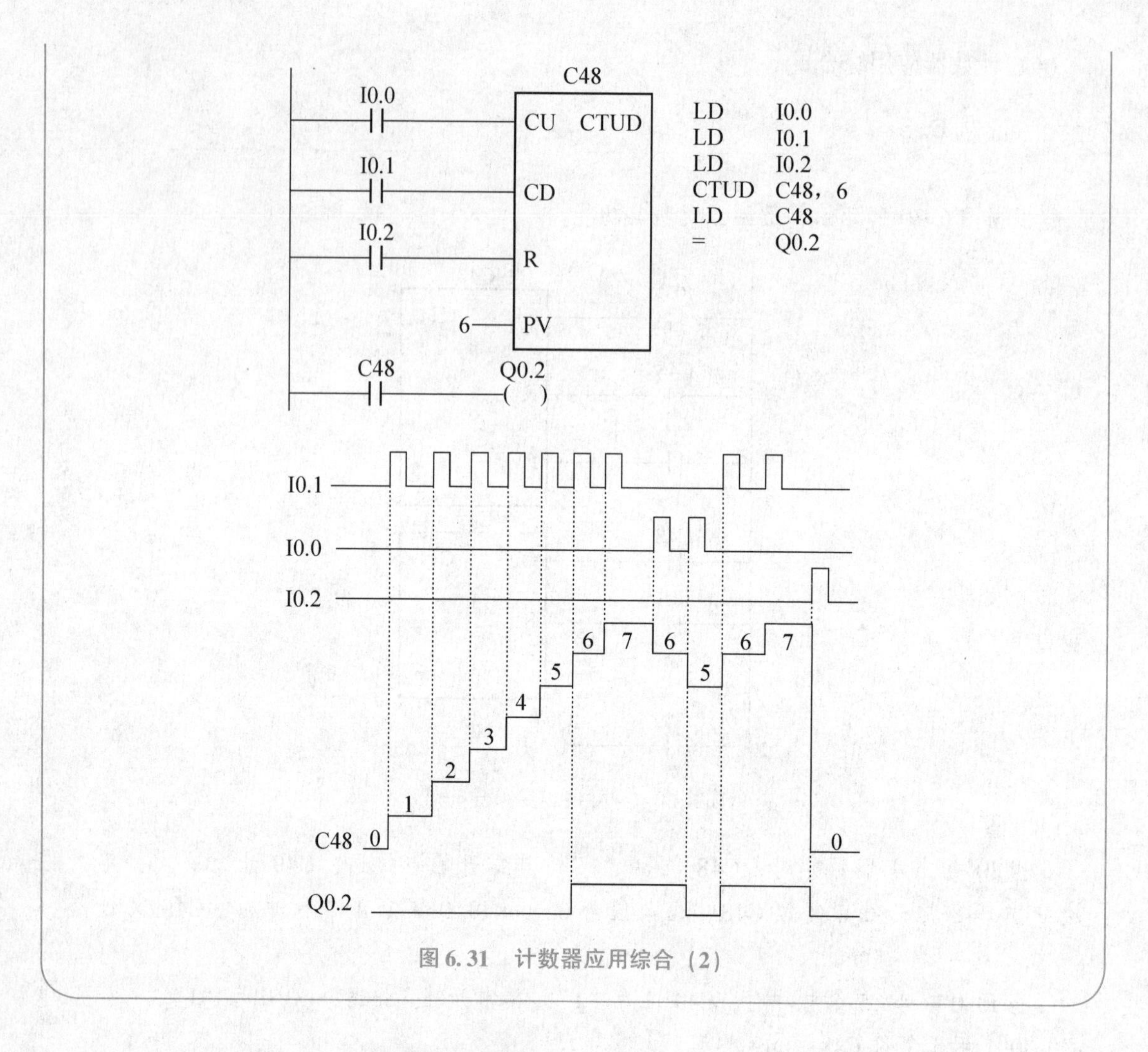

图 6.31 计数器应用综合（2）

6.3.4 S7-200 PLC 常用功能指令

PLC 具有如传送、算术、逻辑运算等计算机控制系统所具有的功能，这些指令一般以功能框的形式出现，现简要介绍如下。

如图 6.32 所示，框题头 MOV 是指令的助记符，功能框左上方与 EN 相连的是执行条件，当执行条件成立，即 EN 之前的逻辑结果为“1”时，才执行指令。

功能框左边的数一般为源操作数，右边的操作数通常为目标操作数。操作数的长度应符合规定。指令可处理的数据包括位（bit）、字节（B=8 bit）、无符号整数（W=16 bit）、无符号双整数（DW=32 bit）、有符号整数（I=16 bit）、有符号双整数（DI=32 bit）、实数（R=32 bit）。

ENO 为功能指令成功执行的标志位输出，即功能指令正常执行时，ENO=1。

1. 传送指令

（1）数据传送指令

数据传送指令如图6.32所示。

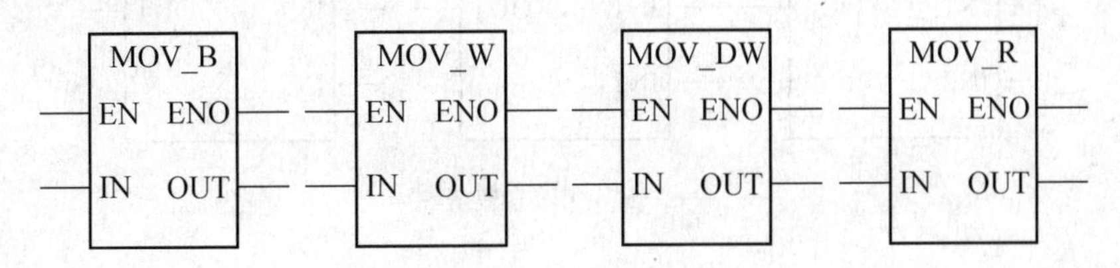

图6.32 数据传送指令

图6.32所示数据传送指令按操作数的数据类型可分为字节（_B）、字（_W）、双字（_DW）、实数（_R）传送指令。当指令EN=1时，将输入端IN指定的数据传送到输出端OUT，传送过程中数据值保持不变。

图6.33所示程序的功能是：当I0.0为“1”时，整数46传送到标志字MW2，且传送过程中输入值不变。

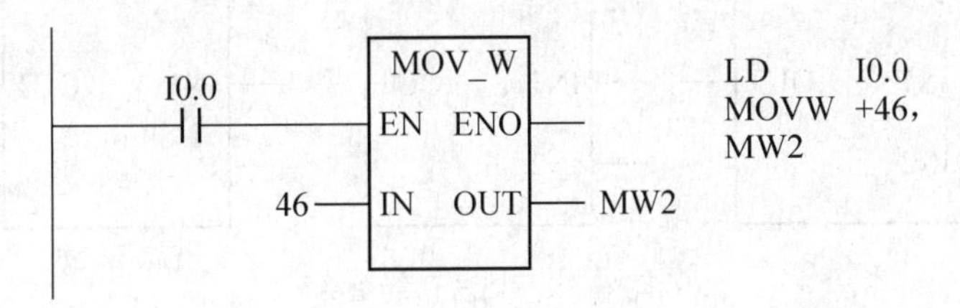

图6.33 传送操作功能示例

（2）字节交换指令

当EN=1时，输入端IN指定字的高字节内容与低字节内容互相交换，交换结果仍存放在输入端IN指定的地址中。操作数数据类型为无符号整数。字节交换指令如图6.34所示。

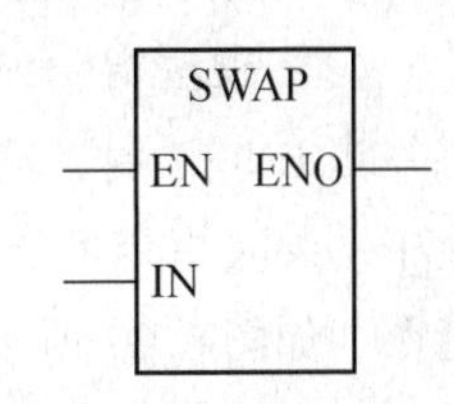

图6.34 字节变换指令

2. 算术运算指令

算术运算包括加、减、乘、除、加“1”、减“1”等运算功能。算术运算功能影响SM1.0“零”标志、SM1.1“溢出”标志、SM1.2“符号”标志和SM1.3“被零除”标志等特殊标志位。

（1）加法指令

当EN=1时，输入端INI、IN2的数相加，并将结果送到输出端OUT指定的存储单元中。根据各自对应的操作数数据类型，加法指令可分为整数（I）、双整数（DI）、实数（R）加法指令，如图6.35所示。

影响的标志位有：SM1.0（零），SM1.1（溢出），SM1.2（负）。

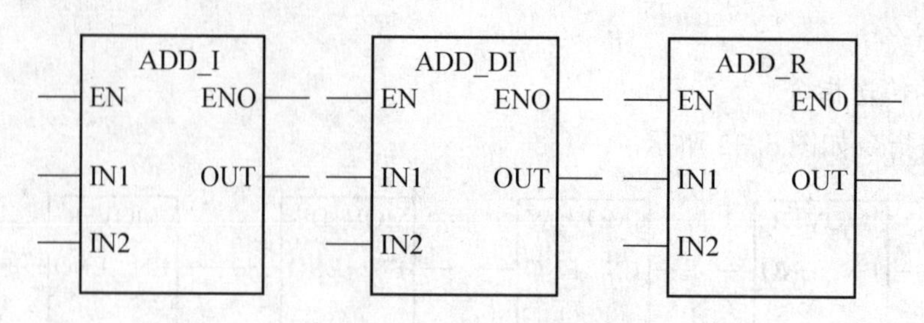

图 6.35　加法功能指令

（2）减法指令

当 EN = 1 时，被减数 IN1 与减数 IN2 相减，并将其结果送到输出端 OUT 指定的存储单元中。根据各自对应的操作数数据类型，减法指令可分为整数（_ I）、双整数（_ DI）、实数（_ R）减法指令，如图 6.36 所示，它们分别是有符号整数、有符号双整数、实数。

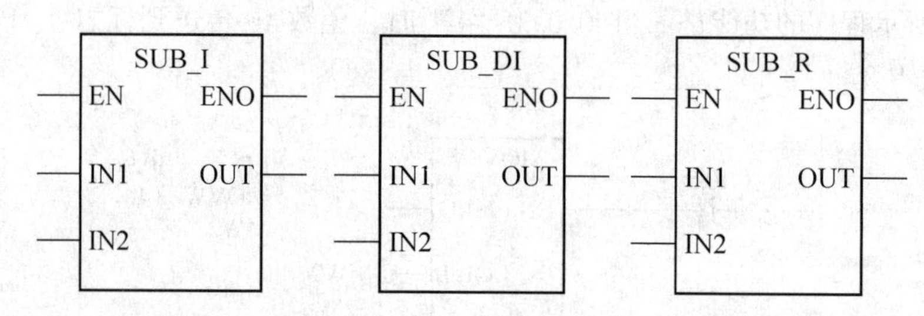

图 6.36　减法功能指令

影响的标志位有：SM1.0（零），SM1.1（溢出），SM1.2（负）。

（3）乘法指令

当 EN = 1 时，输入端 IN1 和 IN2 的数相乘，并将其结果送到输出端 OUT 指定的存储单元中。乘法指令可分为整数（_ I）、双整数（_ DI）、实数（_ R）乘法指令和整数完全乘法指令，如图 6.37 所示。前 3 种指令对应的操作数的数据类型分别为有符号整数、有符号双整数、实数；整数完全乘法指令，把输入端 IN1 与 IN2 指定的两个 16 位整数相乘，产生一个 32 位的乘积，并送到输出端 OUT 指定的存储单元中。

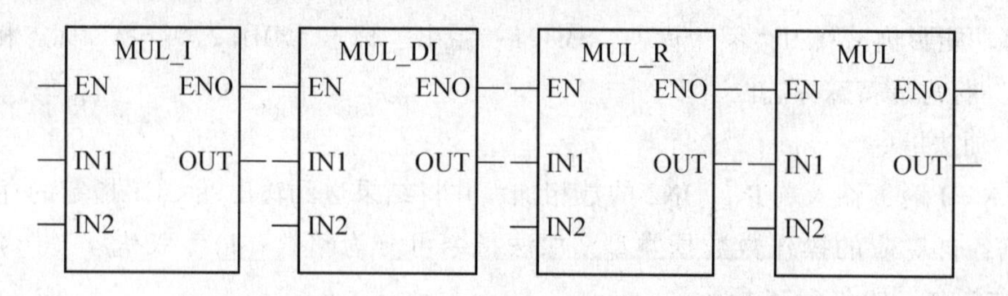

图 6.37　乘法功能指令

影响的标志位有：SM1.0（零），SM1.1（溢出），SM1.2（负）。

（4）除法指令

当 EN =1 时，被除数 IN1 与除数 IN2 指定的数相除，并将其结果送到输出端 OUT 指定的存储单元中。除法指令可分为整数（_I）、双整数（_DI）、实数（_R）除法指令和整数完全除法指令，如图 6.38 所示。前 3 种指令各自对应的操作数的数据类型分别为有符号整数、有符号双整数、实数；整数完全除法指令，把输入端 IN1 与 IN2 指定的两个 16 位整数相除，产生一个 32 位的结果，并送到输出端 OUT 指定的存储单元中，其中，高 16 位是余数，低 16 位是商。

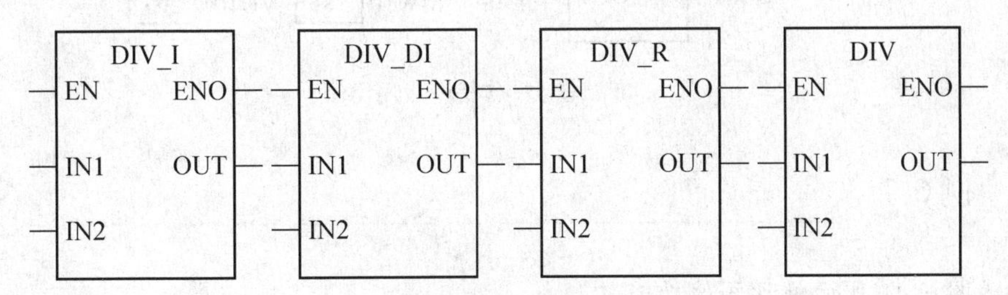

图 6.38　除法功能指令

影响的标志位有：SM1.0（零），SM1.1（溢出），SM1.2（负），SM1.3（除数为“0”）。

（5）加“1”和减“1”指令

当 EN =1 时，把输入端 IN 的数据加“1”或减“1”，并把结果存放到输出单元 OUT。根据操作数的数据类型，加“1”和减“1”指令可分为字节（_B）、字（_W）、双字（_DW）加“1”和减“1”指令，如图 6.39 所示。

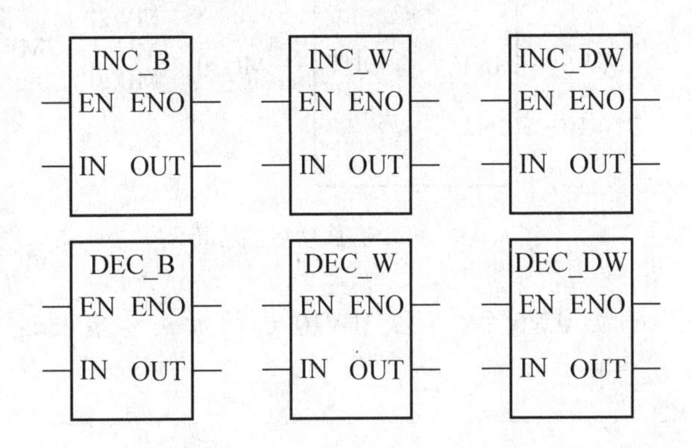

图 6.39　加“1”和减“1”指令

字节加“1”和减“1”指令的操作数的数据类型是无符号字节型，影响的标志位有：SM1.0（零），SM1.1（溢出）。

字、双字加“1”和减“1”指令的操作数的数据类型分别是有符号整数、有符号双整数，影响的标志位有：SM1.0（零），SM1.1（溢出），SM1.2（负）。

图 6.40 是增减操作示例，梯形图执行前后 MW10 和 VD100 的值如图右下角所示。

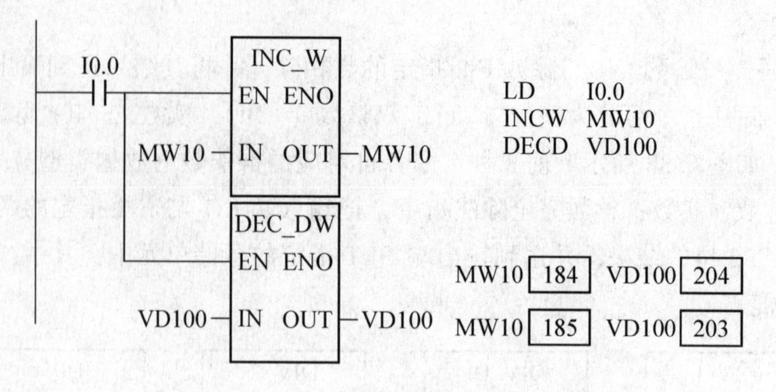

图 6.40 增减操作指令应用示例

例 6.7

简述图 6.41 所示梯形图的功能。

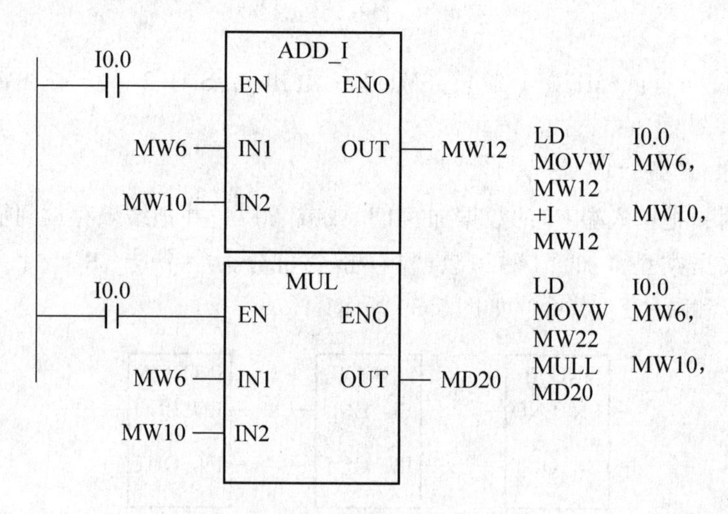

图 6.41 算术运算功能综合示例

当 I0.0 为 1 时，16 位 MW6 和 16 位 MW10 进行加法和乘法运算，并将结果存入 MW12 单元和 MD20 单元中。

3. 逻辑运算指令

逻辑运算指令的操作数均为无符号数。

(1) 逻辑“与”指令

当 EN = 1 时，两个输入端 IN1 和 IN2 的数据按位“与”，并将其结果存入 OUT 单元中。按操作数的数据类型，逻辑“与”指令可分为字节（_B）、字（_W）、双字（_DW）“与”指令，如图 6.42 所示。

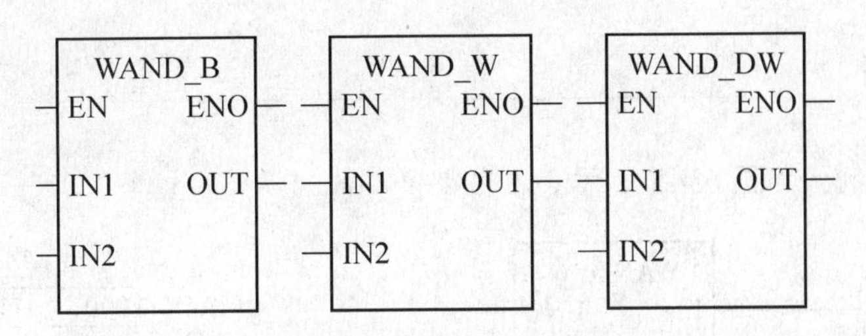

图 6.42　逻辑“与”指令

（2）逻辑“或”指令

当 EN = 1 时，两个输入端 IN1 和 IN2 的数据按位“或”，并将其结果存入 OUT 单元中。按操作数的数据类型，逻辑“或”指令可分为字节（_ B）、字（_ W）、双字（_ DW）“或”指令，如图 6.43 所示。

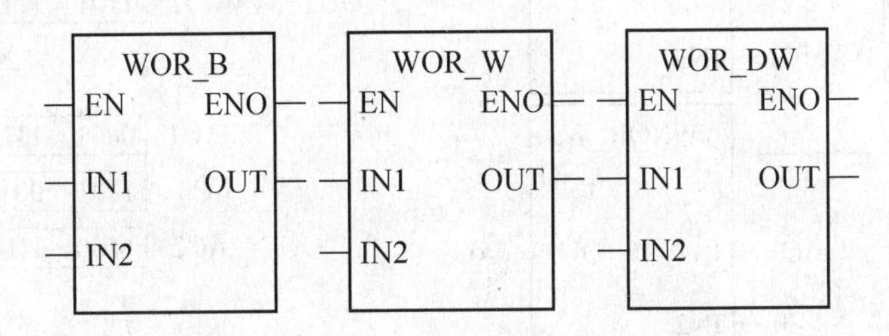

图 6.43　逻辑“或”指令

（3）逻辑“异或”指令

当 EN = 1 时，两个输入端 IN1 和 IN2 的数据按位“异或”，并将其结果存入 OUT 单元中。按操作数的数据类型，逻辑“异或”指令可分为字节（_ B）、字（_ W）、双字（_ DW）“异或”指令，如图 6.44 所示。

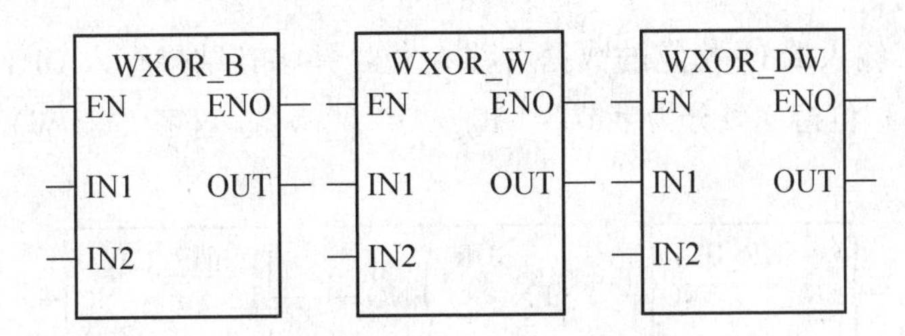

图 6.44　逻辑“异或”指令

（4）取反指令

当 EN = 1 时，对输入端 IN 指定的数据按位取反，并将其结果存入 OUT 单元中。按操作数的数据类型，取反指令可分为字节（_ B）、字（_ W）、双字（_ DW）取反指令。

逻辑运算指令影响的标志位有：SM1.0（零）。

例 6.8

逻辑运算示例，如图 6.45 所示。

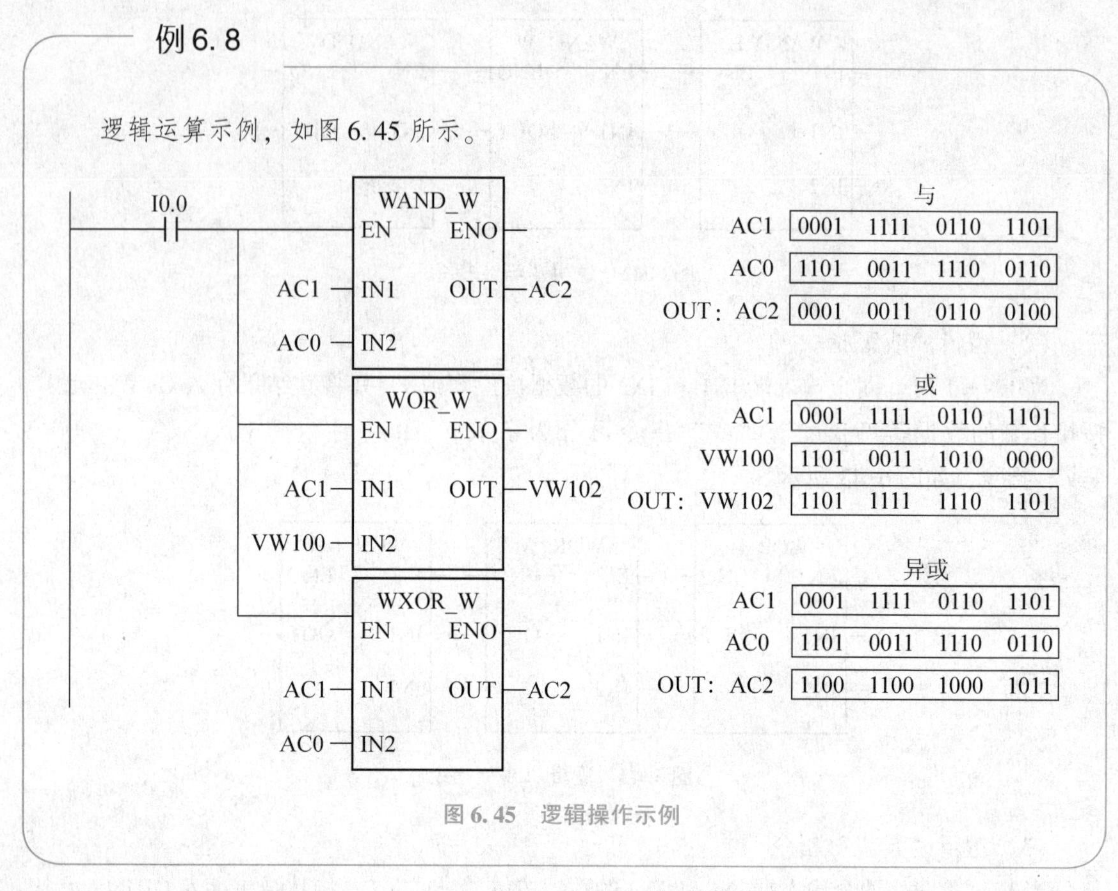

图 6.45 逻辑操作示例

4. 移位指令

移位指令的操作数均为无符号数。

(1) 右移位指令

当 EN = 1 时，输入端 IN 指定的数据右移 *N* 位，并将其结果存入 OUT 单元中。按操作数的数据类型，右移位指令可分为字节（_B）、字（_W）、双字（_DW）右移位指令，如图 6.46所示。

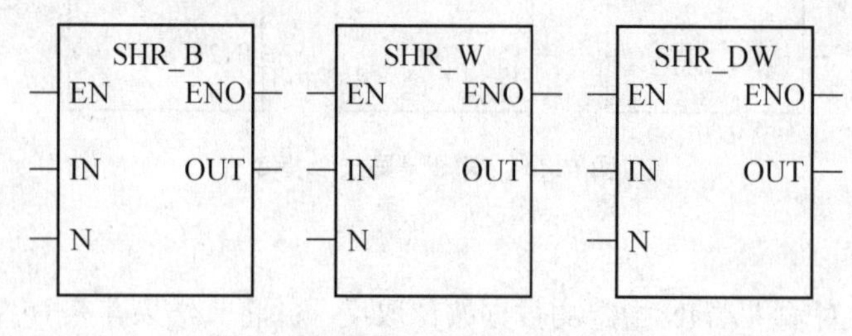

图 6.46 右移指令

(2) 左移位指令

当 EN = 1 时，输入端 IN 指定的数据左移 *N* 位，并将其结果存入 OUT 单元中。按操作数的数据类型，左移位指令可分为字节（_ B）、字（_ W）、双字（_ DW）左移位指令，如图 6. 47所示。

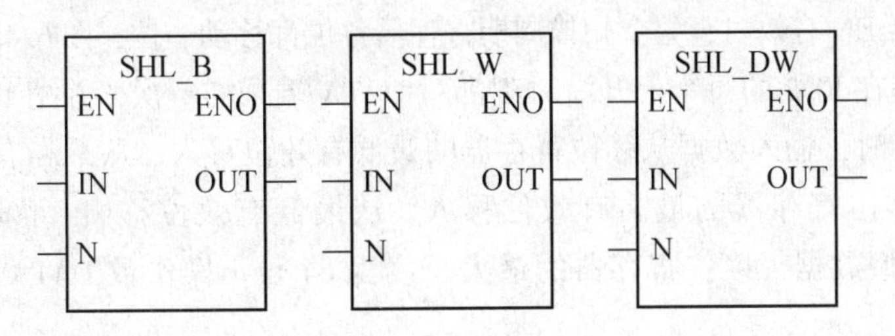

图 6. 47　左移指令

字节、字、双字移位指令的实际最大可移位数分别为 8、16、32。

右移位和左移位指令可对移位后的空位自动补零。移位后，SM1. 1（溢出）的值就是最后一次移出的位值。如果移位的结果是“0”，则 SM1. 0 置位。

（3）移位寄存器指令

移位寄存器指令把输入端 DATA 的数值送入移位寄存器，S _ BIT 指定移位寄存器的最低位，*N* 指定移位寄存器的长度（从 S _ BIT 开始，共 *N* 位）和移位的方向（正数表示左移，负数为右移），如图 6. 48 所示。

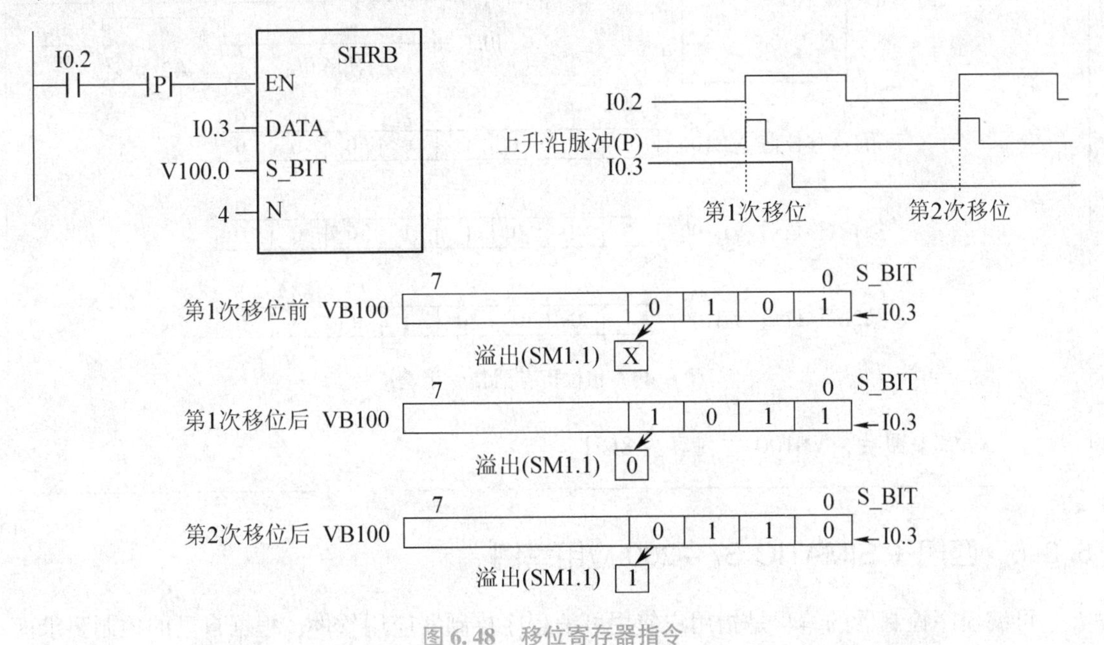

图 6. 48　移位寄存器指令

由移位寄存器的最低有效位 S _ BIT 和移位寄存器的长度 *N* 可计算出移位寄存器最高有效位 MSB. b 的地址。计算公式为：

MSB. b = {S _ BIT 的字节号 + [（| *N* | −1 + S _ BIT 的位号）÷8] 的商}. {[（| *N* | −1 + S _ BIT 的位号）÷8] 的余数}

例如，如果 S _ BIT 是 V20.4，N 是 9，那么 MSB. b 是 V21.4。具体计算如下：

MSB. b = {V20 + [(9 - 1 + 4) ÷ 8] 的商}. { [(9 - 1 + 4) ÷ 8]的余数} = V21.4

当移位寄存器 EN 有效时，每个扫描周期寄存器各位都移动一位，图 6.48 中 EN 端加了上升沿脉冲指令，即在 I0.2 的每个上升沿时刻都对 DATA 端采样一次，并把 DATA 的数值移入移位寄存器。左移时，输入数据从移位寄存器的最低有效位移入，从最高有效位移出；右移时，输入数据从移位寄存器的最高有效位移入，从最低有效位移出。移出的数据会影响 SM1.1。N 为字节型数据，移位寄存器的最大长度为 64 位。操作数 DATA、S _ BIT 为位型数据。

例 6.9

移位寄存器的梯形图与时序图如图 6.49 所示，VB100 中的内容为 30H，移位后 VB100 中的内容为多少？

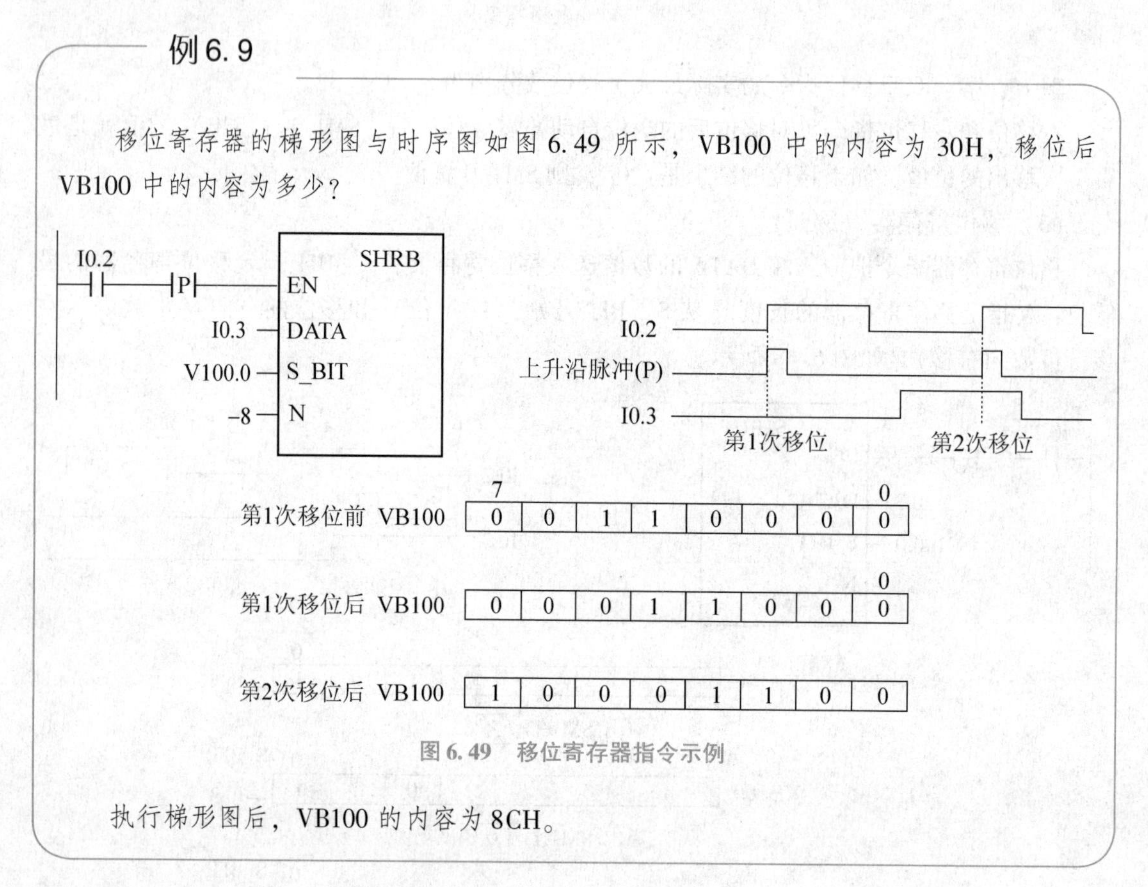

图 6.49 移位寄存器指令示例

执行梯形图后，VB100 的内容为 8CH。

6.3.5 西门子 SIMATIC S7 -200 应用举例

可编程序控制器的编程是指用户使用可编程序控制器应用软件，根据自己的控制要求而编制的实用程序。通常使用的可编程序控制器编程语言一般有 4 种，即梯形图语言、功能图语言、助记符语言和高级语言。用户在编程器或安装有可编程序控制器编程系统软件的微机上编制的实用程序，经可编程序控制器编译系统软件进行编译或交叉编译后，转换成可编程序控制器中央处理器（CPU）所能接受的机器语言。将机器语言构成的目标程序从编程器或微机下传至可编程序控制器中的程序存储器，可编程序控制器将按程序处理控制信息以实现自动控制功能。

1. 交流电动机正向/反向运行控制程序

可编程序控制器选用 SIMATIC S7－200 CPU212 基本单元。

（1）控制原理图

如图 6.50 所示。

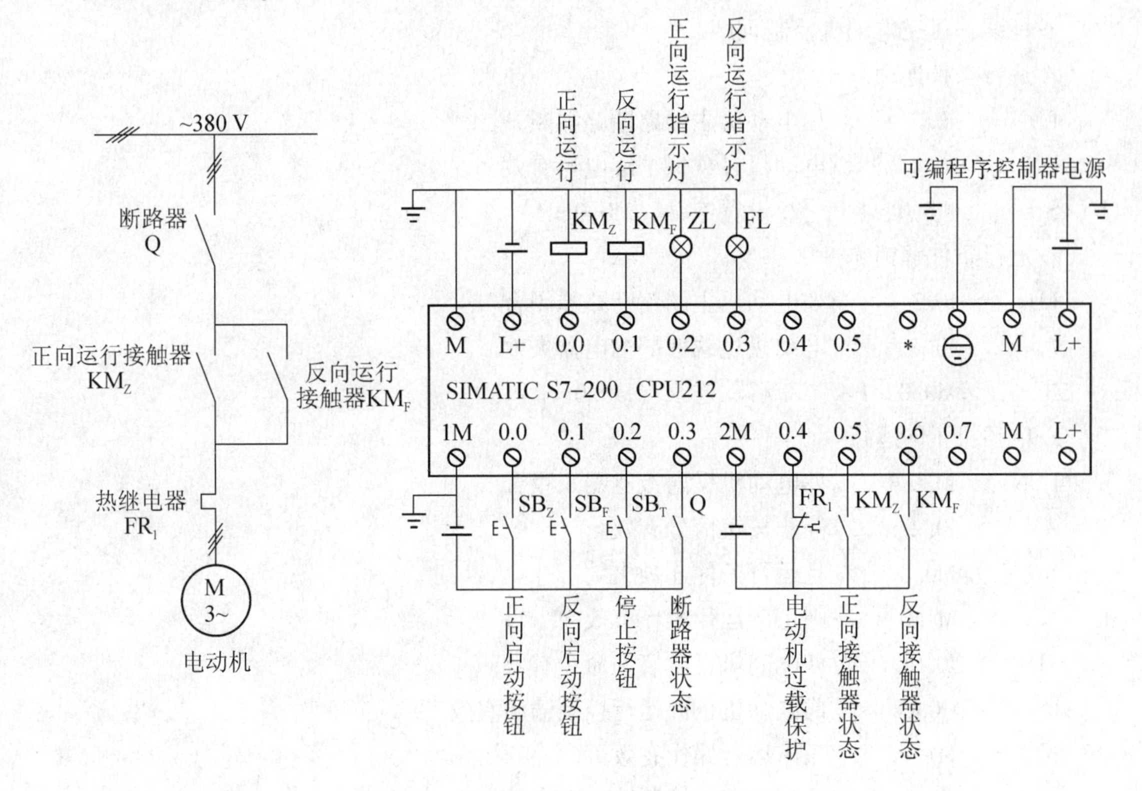

图 6.50　控制原理图

（2）控制信号编址

① 输入信号

正向启动按钮：I0.0（NO）

反向启动按钮：I0.1（NO）

停止按钮：I0.2（NC）

断路器闭合：I0.3（NO）

电动机过载保护：I0.4（NC）

正向接触器状态：I0.5（NO）

反向接触器状态：I0.6（NO）

② 输出信号

正向接触器线圈：Q0.0

反向接触器线圈：Q0.1

正向运行指示灯：Q0.2

反向运行指示灯：Q0.3

(3) 程序

```
//标题：可逆电动机控制程序
//运行条件连锁
LDN    I0.3    //如电动机主回路断路器断开
ON     I0.4    //电动机过载保护继电器有效
S      M0.0, 1    //设置连锁（M0.0 =1）
//运行条件解锁
LD     I0.3    //如电动机主回路断路器闭合
A      I0.4    //电动机过载保护继电器失效
R      M0.0, 1    //解除连锁（M0.0 =0）
//电动机正向运行
LDN    I0.6    //如电动机反向接触器未吸合
A      I0.2    //停止按钮信号有效
AN     M0.0    //且运行条件连锁失效
=      M1.0    //则正向运行操作有效
LD     I0.0    //如电动机正向启动命令有效
O      Q0.0    //或电动机正向运行控制输出有效
A      M1.0    //正向运行操作有效
=      Q0.0    //置正向运行控制输出点有效（Q0.0 =1）
=      Q0.2    //置正向运行状态输出点有效（Q0.2 =1）
//电动机反向运行
LDN    I0.5    //如电动机正向接触器未吸合
A      I0.2    //停止按钮信号有效
AN     M0.0    //且运行条件连锁失效
=      M1.1    //则反向运行操作有效
LD     I0.1    //如电动机反向启动命令有效
O      Q0.1    //或电动机反向运行控制输出有效
A      M1.1    //反向运行操作有效
=      Q0.1    //置反向运行控制输出点有效（Q0.1 =1）
=      Q0.3    //置反向运行状态输出点有效（Q0.3 =1）
```

MEND　　　　　　//程序结束

2. 交流绕线异步电动机星形/三角形启动运行控制程序（选用 CPU214 基本单元）

（1）电气原理图

如图 6.51 所示。

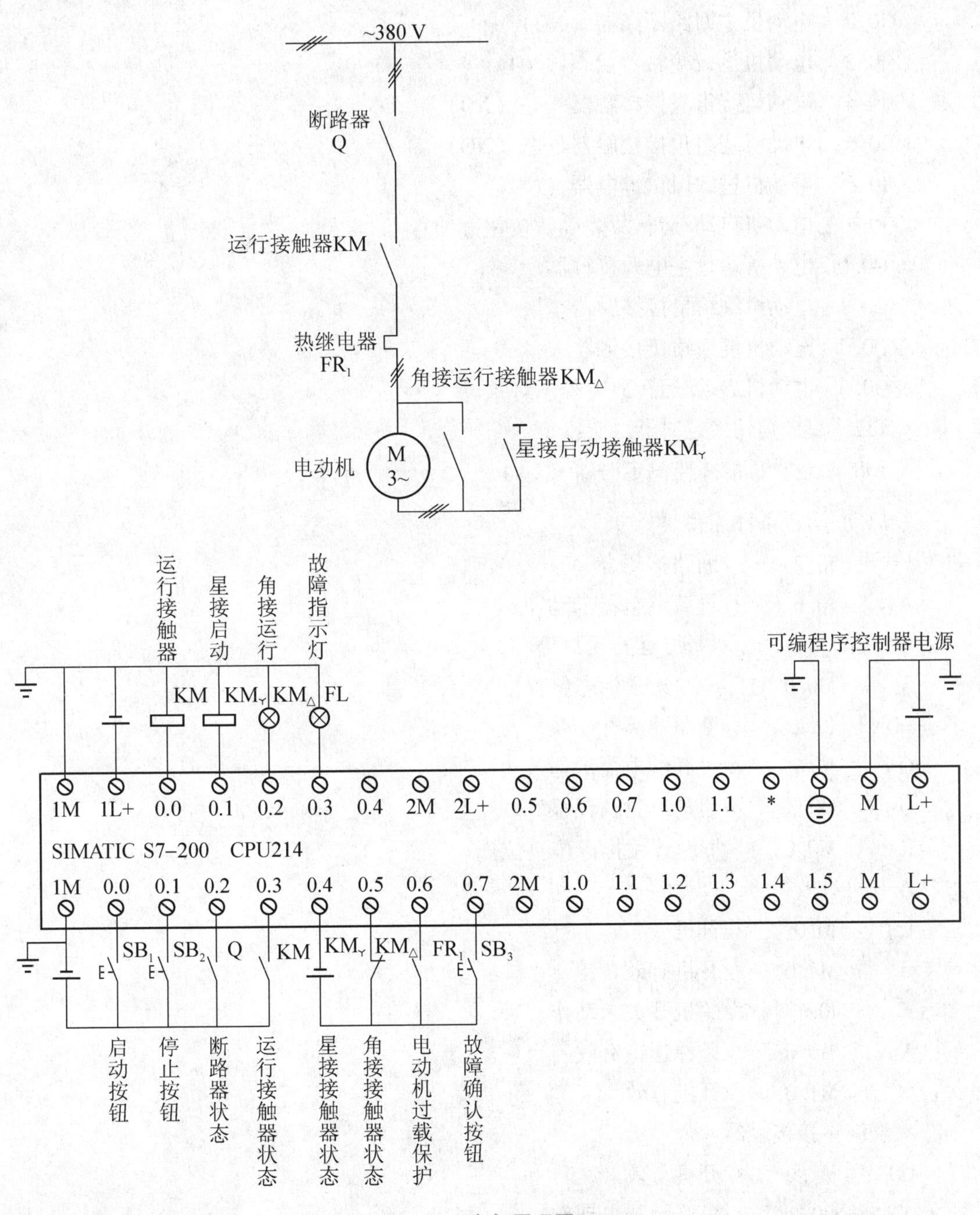

图 6.51　电气原理图

(2) 程序及注释

```
//标题：电动机星形—三角形启动运行控制
//I0.0   开机，点动开关（NO）
//I0.1   停机，点动开关（NC）
//I0.2   电动机主回路断路器（NO）
//I0.3   电动机运行接触器状态（NO）
//I0.4   电动机绕组星接接触器状态（NO）
//I0.5   电动机绕组角接接触器状态（NO）
//I0.6   电动机过载保护继电器（NC）
//I0.7   电动机启动/运行故障确认按钮（NO）
//Q0.0   电动机运行主电源接触器
//Q0.1   电动机绕组星接接触器
//Q0.2   电动机绕组角接接触器
//Q0.3   电动机启动/运行故障指示灯
//T37    星/角切换定时器（5 s）
//T38    电动机故障监测定时器（2 s）
//启动/运行条件连锁
LD    I0.2      //断路器闭合
A     I0.6      //过载继电器未动作
AN    Q0.3      //启动/运行无故障
S     M0.0, 1      //连锁标志位置位
LDN   I0.2      //断路器断开
ON    I0.6      //过载继电器动作
O     Q0.3      //启动/运行有故障
R     M0.0, 1      //连锁标志位复位
//开机有效
LD    I0.0      //开机
O     M1.0      //开机有效自锁
A     I0.1      //关机开关未动作
A     M0.0      //条件连锁有效
=     M1.0      //开机有效
//绕组星接接触器
LD    M1.0      //开机有效
AN    Q0.2      //角接触器未动作
AN    T37       //切换定时器未溢出
```

```
=      Q0.1     //星接接触器投入
//绕组星接启动定时
LD     I0.4     //电动机绕组星接接触器状态
AN     Q0.3     //启动/运行无故障
A      M1.0     //开机有效
TON    T37, 50      //启动定时器 T37(50×100 ms)
//电动机运行主电源接触器
LD     M0.0     //条件连锁有效
A      M1.0     //开机有效
AN     Q0.3     //启动/运行无故障
A      Q0.1     //星接接触器投入
=      Q0.0     //主电源接触器投入
//绕组角接接触器
LD     M1.0     //开机有效
AN     Q0.1     //星接接触器未动作
=      Q0.2     //角接接触器投入
//电动机启动/运行故障监测
LD     Q0.0     //主电源接触器投入
AN     I0.3     //主电源接触器未吸合
OLD
LDN    Q0.0     //主电源接触器未投入
A      I0.3     //主电源接触器吸合
OLD
LD     Q0.1     //星接接触器投入
AN     I0.4     //绕组星接接触器未吸合
OLD
LDN    Q0.1     //星接接触器未投入
A      I0.4     //绕组星接接触器吸合
OLD
LD     Q0.2     //角接接触器投入
AN     I0.5     //绕组角接接触器未吸合
OLD
LDN    Q0.2     //角接接触器未投入
A      I0.5     //绕组角接接触器吸合
```

```
OLD
TON    T38, 20      //故障定时器 T38(20×100 ms)
LD     T38
S      Q0.3, 1      //启动/运行故障状态置位
LD     I0.7      //启动/运行故障确认
R   Q0.3, 1      //启动/运行故障状态复位
MEND      //程序结束
```

6.4 数控机床中的 PLC 应用

6.4.1 概 述

数控机床用 FANUC PLC 有 PMC－A、PMC－B、PMC－C、PMC－D、PMC－G 和 PMC－L等多种型号，它们分别适用于不同的 FANUC 数控系统，组成内装式的 PLC。PLC 编程使用惯用的继电器符号和简单的逻辑指令、功能指令来编制梯形图，其读/写存储器 RAM 主要用于存放随机变化的数据、表格等，接有锂电池能实现断电自保，输出负载能力一般小于5 VA，最大可达25 VA。FANUC PLC 的输入信号是来自机床侧的直流信号，规格为30 V，16 mA。直流输出信号有两类：一类是晶体管集电极开路输出的无触点信号，可驱动机床侧的继电器线圈，最大负载电流为200 mA，额定电流为40 mA，工作电压小于30 V，这类输出带继电器线圈时，应在线圈反向并联续流二极管；另一类为干簧继电器的有触点输出，触点容量为额定电流小于500 mA，电压小于50 V。这两类负载带白炽指示灯负载时，都应接入限流电阻。

在 FANUC 系列的 PLC 中，有基本指令和功能指令两种指令，型号不同时，只是功能指令的数目有所不同，除此以外，指令系统是完全一样的。

在基本指令和功能指令执行中，用一个堆栈寄存器暂存逻辑操作的中间结果，堆栈寄存器有9位，如图6.52所示，按先进后出、后进先出的原理工作。“写”操作结果压入时，堆栈各原状态全部左移一位；相反，“取”操作结果时，堆栈全部右移一位，最后压入的信号首先恢复读出。

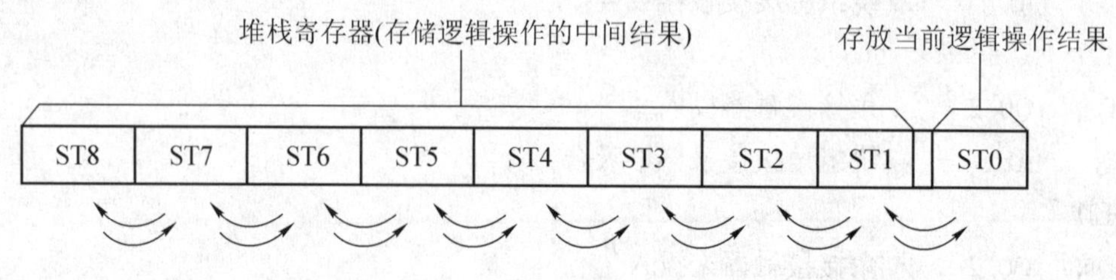

图6.52 堆栈寄存器操作顺序

6.4.2　基本指令

基本指令共 12 条，基本指令和处理内容如表 6.10 所示。

表 6.10　基本指令和处理内容

序　号	指　令	处 理 内 容
1	RD	读指令信号的状态，并写入 ST0 中，在一个梯级开始的节点是常开节点时使用
2	RD. NOT	将信号的“非”状态读出，并送入 ST0 中，在一个梯级开始的节点是常闭节点时使用
3	WRT	输出运算结果（ST0 的状态）到指定地址
4	WRT. NOT	输出运算结果（ST0 的状态）的“非”状态到指定地址
5	AND	将 ST0 的状态与指定地址的信号状态相“与”后再置于 ST0 中
6	AND. NOT	将 ST0 的状态与指定地址的信号的“非”状态相“与”后再置于 ST0 中
7	OR	将指定地址的状态与 ST0 相“或”后再置于 ST0 中
8	OR. NOT	将指定地址的“非”状态与 ST0 相“或”后再置于 ST0 中
9	RD. STK	堆栈寄存器左移一位，并把指定地址的状态置于 ST0 中
10	RD. NOT. STK	堆栈寄存器左移一位，并把指定地址的状态取“非”后再置于 ST0 中
11	AND. STK	将 ST0 和 ST1 的内容执行逻辑“与”，结果存于 ST0，堆栈寄存器右移一位
12	OR. STK	将 ST0 和 ST1 的内容执行逻辑“或”，结果存于 ST0，堆栈寄存器右移一位

基本指令格式如下：

××　　　　　0000. 0

指令操作码　　地址号　位数

操作数据

如 RD 100. 6，其中，RD 为指令操作码，100. 6 为操作数据，即指令操作对象。它实际上是 PLC 内部数据存储器某一个单元中的一位。100. 6 表示第 100 号存储单元中的第 6 位。RD 100. 6 执行的结果，就是把 100. 6 这一位的数据状态“1”或“0”读出并写入结果寄存器 ST0 中。图 6. 53 所示为梯形图的例子及用编程器向 PLC 输入的程序语句表。

值得说明的是，本例的一部分是“块”操作形式。信号 1. 0、1. 1 是一组，1. 4、1. 5 是一组，每一组中的两信号是“与”操作，两组间又是“或”操作，组成一大块；信号 1. 2、1. 3、1. 6、1. 7 又是类似的情况，组成另一大块，两大块之间再进行“与”操作。

```
RD              1.0
AND. NOT        1.1
RD. NOT. STK    1.4
AND. NOT        1.5
OR. STK
RD. STK         1.2
OR. STK
AND. STK
WRT             15.0
WRT. NOT        15.1
RD. NOT         2.0
OR              2.1
AND. NOT        2.2
WRT             15.2
```

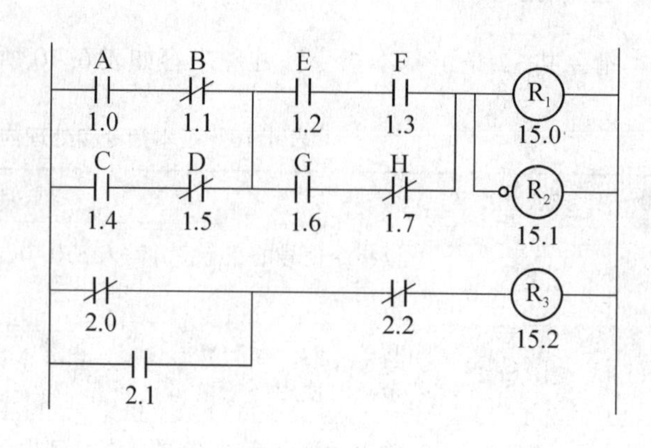

图 6.53　梯形图及语句表

6.4.3　功能指令

数控机床用的 PLC 指令必须满足数控机床信息处理和动作控制的特殊要求，例如：CNC 输出的 M、S、T 二进制代码信号的译码（DEC）；机械运动状态或液压系统动作状态的延时（TMR）确认；加工零件的计数（CTR）；刀库、分度工作台沿最短路径旋转和现在位置至目标位置步数的计算（ROT）；换刀时数据检索（DSCH）和数据变址传送指令（XMOV）等。对于上述的译码、定时、计数、最短路径的选择，以及比较、检索、转移、代码转换、四则运算、信息显示等控制功能，仅用一位操作的基本指令编程，实现起来将会十分困难，因此要增加一些具有专门控制功能的指令，这些专门指令就是功能指令。功能指令都是一些子程序，应用功能指令就是调用相应的子程序。FANUC PLC 功能指令的数目视型号不同而有所不同，其中 PMC－A、C、D 为 22 条，PMC－B、G 为 23 条，PMC－L 为 35 条。表 6.11 所示为 PMC－L 的功能指令和处理内容。

表 6.11　PMC－L 的功能指令和处理内容

序　号	指　令			处 理 内 容
	格式 1 用于梯形图	格式 2 用于纸带穿孔和程序显示	格式 3 用于程序输入	
1	END1	SUB1	S1	1 级（高级）程序结束
2	END2	SUB2	S2	2 级程序结束
3	END3	SUB48	S48	3 级程序结束
4	TMR	TMR	T	定时器处理

续表

序 号	指 令			处 理 内 容
	格式1用于梯形图	格式2用于纸带穿孔和程序显示	格式3用于程序输入	
5	TMRB	SUB24	S24	固定定时器处理
6	DEC	DEC	D	译码
7	CTR	SUB5	S5	计数处理
8	ROT	SUB6	S6	旋转控制
9	COD	SUB7	S7	代码转换
10	MOVE	SUB8	S8	数据“与”后传输
11	COM	SUB9	S9	公共线控制
12	COME	SUB29	S29	公共线控制结束
13	JMP	SUB10	S10	跳转
14	JMPE	SUB30	S30	跳转结束
15	PARI	SUB11	S11	奇偶检查
16	DCNV	SUB14	S14	数据转换(二进制↔ BCD码)
17	COMP	SUB15	S15	比较
18	COIN	SUB16	S16	符合检查
19	DSCH	SUB17	S17	数据检索
20	XMOV	SUB18	S18	变址数据传输
21	ADD	SUB19	S19	加法运算
22	SUB	SUB20	S20	减法运算
23	MUL	SUB21	S21	乘法运算
24	DIV	SUB22	S22	除法运算
25	NUME	SUB23	S23	定义常数
26	PACTL	SUB25	S25	位置 Mate - A
27	CODB	SUB27	S27	二进制代码转换
28	DCNVB	SUB31	S31	扩展数据转换
29	COMPB	SUB32	S32	二进制数比较
30	ADDB	SUB36	S36	二进制数加
31	SUBB	SUB37	S37	二进制数减
32	MULB	SUB38	S38	二进制数乘

续表

序　号	指　　令			处 理 内 容
	格式1用于梯形图	格式2用于纸带穿孔和程序显示	格式3用于程序输入	
33	DIVB	SUB39	S39	二进制数除
34	NUMEB	SUB40	S40	定义二进制常数
35	DISP	SUB49	S49	在CNC的CRT上显示信息

1. 功能指令的格式

功能指令不能使用继电器的符号，必须使用图6.54所示的格式符号。这种格式包括控制条件、指令标号、参数和输出几部分。

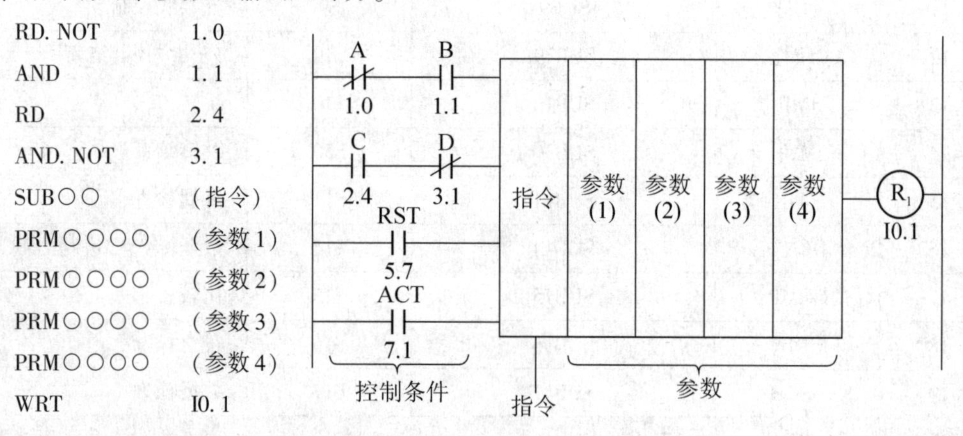

图6.54　功能指令格式及语句表

(1) 控制条件

控制条件的数量和意义随功能指令的不同而变化。控制条件存入堆栈寄存器中，其顺序是固定不变的。

(2) 指令标号

功能指令的种类可见表6.11，指令有3种格式，格式1用于梯形图，格式2用于纸带穿孔和程序显示，格式3是用编程器输入程序时的简化指令。对于TMR和DEC指令，在编程器上有其专用的指令键，其他功能指令则用SUB键和其后的数字键输入。

(3) 参数

功能指令不同于基本指令，可以处理各种数据，数据本身或存有数据的地址都可作为功能指令的参数，参数的数量和含义随指令的不同而不同。

(4) 输出

功能指令的执行情况可用一位“1”或“0”表示，并把它输出到R_1软继电器，R_1软继电器的地址可随意确定，但有些功能指令不用 R_1，如 MOVE、COM、JMP 等。

2. 部分功能指令说明

（1）顺序程序结束指令（END1、END2）

END1：高级顺序程序结束指令；END2：低级顺序程序结束指令。

指令格式：

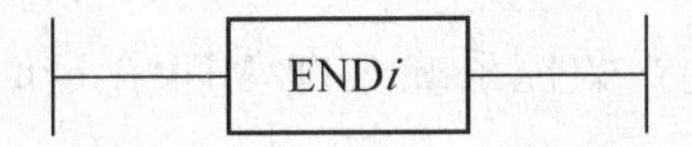

其中，$i=1$ 或 2，分别表示高级和低级顺序程序结束指令。

一般数控机床的 PLC 程序处理时间为几十毫秒至上百毫秒，对数控机床的绝大多数信息，这个处理速度已足够了。但对某些要求快速响应的信号，尤其是脉冲信号，这个处理速度就不够了。为满足不同控制信号对不同响应速度的要求，PLC 程序常分为高级程序和低级程序。PLC 处理高级程序和低级程序是按“时间分割周期”分段进行的。在每个定时分割周期，高级程序都被执行一次，剩余时间执行低级程序，故每个定时分割周期只执行低级程序的一部分，也就是说低级程序被分割成几等分，低级程序执行一次的时间是几倍的定时周期，如图 6.55 所示。

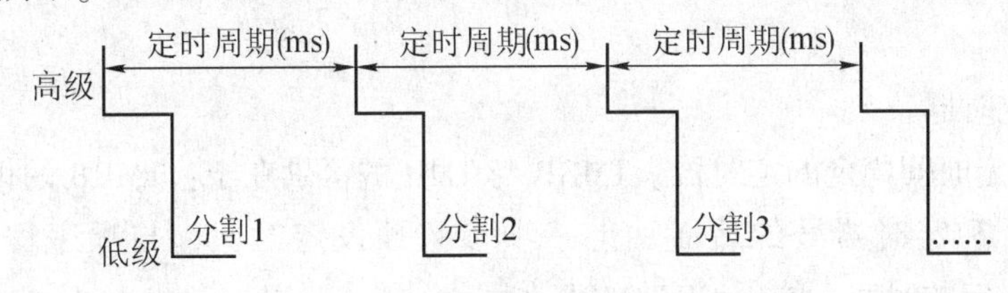

图 6.55　高级程序和低级程序

由上述可知，高级程序越长，每个定时周期能处理的低级程序量就越少，这就增加了低级程序的分割数，从而使 PLC 处理程序的时间就拖得越长，因此，应尽量压缩高级程序的长度。通常只把窄脉冲信号以及必须传输到数控装置要求快速处理的信号编入高级程序，如紧急停止信号、外部减速信号、进给保持信号、倍率信号、删除信号等。END1 在顺序程序中必须指定一次，其位置在高级顺序的末尾；当无高级顺序程序时，则在低级顺序程序的开头指定。END2 在低级顺序程序的末尾指定。

（2）定时器指令（TMR、TMRB）

在数控机床梯形图编制中，定时器是不可缺少的指令，主要用于顺序程序中需要与时间建立逻辑关系的场合。其功能相当于一种通常的定时继电器。

① TMR 定时器

TMR 指令为设定时间可更改的定时器，指令格式及语句表如图 6.56 所示。

定时器的工作原理是：当控制条件 ACT = 0 时，定时继电器 TM 断开；当 ACT = 1 时，定时器开始计时，达到预定的时间后，定时继电器 TM 接通。

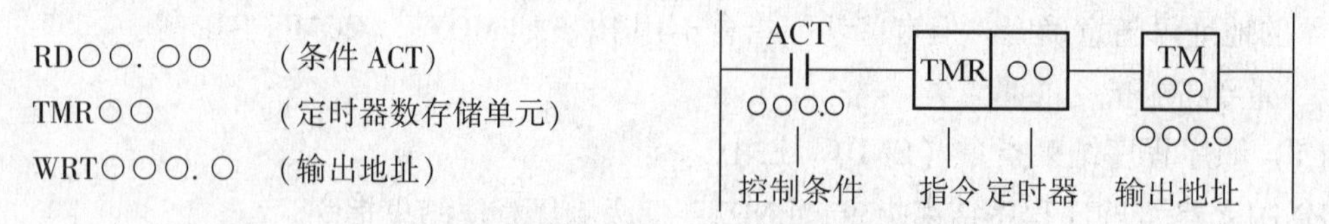

图 6.56　TMR 指令格式及语句表

定时器设定时间的更改可通过数控系统 CRT/MDI 在定时器数据地址中来设定，设定值用二进制数表示。例如：

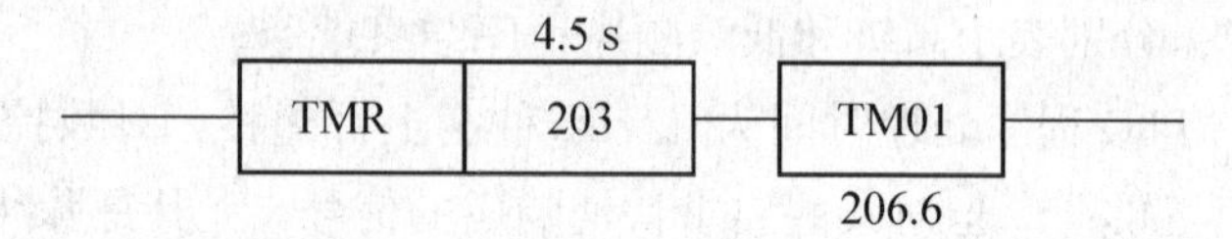

则 4. 5 s 的延时数据可通过手动数据输入面板（MDI）在 CRT 上预先设定，由系统存入第 203 号数据存储单元。TM01 即 1 号定时继电器，数据位为 206. 6。

定时器数据的设定以 50 ms 为单位，将定时时间化为毫秒再除以 50，然后以二进制数写入选定的存储单元。本例定时 4. 5 s，即用 4 500 ms 除以 50 得 90，将 90 以二进制数表示为 01011010，然后存入 203 号数据存储单元，该二进制数只占用 16 位的 203 号数据存储单元中的低 8 位。

② TMRB 定时器

TMRB 为设定时间固定的定时器。TMRB 与 TMR 的区别在于：TMRB 的设定时间编在梯形图中，在指令和定时器号的后面加上一项参数预设定时间，与顺序程序一起被写入 EPROM，且所设定的时间不能用 CRT/MDI 改写。

（3）译码指令（DEC）

数控机床在执行加工程序中规定的 M、S、T 功能时，CNC 装置将以 BCD 代码形式输出 M、S、T 代码信号。这些信号需要经过译码，才能从 BCD 状态转换成具有特定功能含义的一位逻辑状态。DEC 功能指令的格式如图 6. 57 所示。

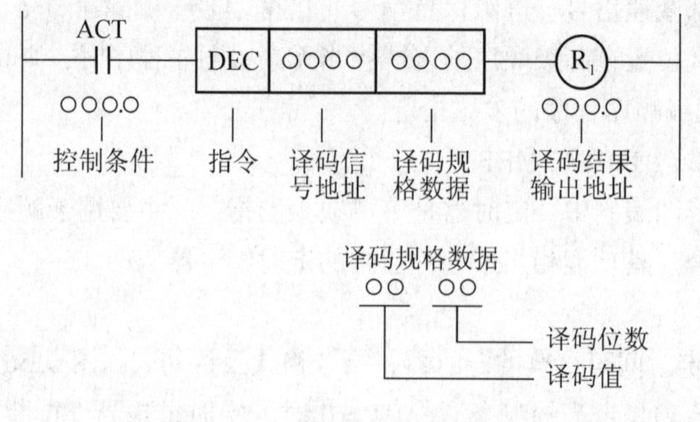

图 6. 57　DEC 功能指令的格式

译码信号地址是指 CNC 至 PLC 的二节字 BCD 码的信号地址。译码规格数据由译码值和译码位数两部分组成，其中译码值只能是两位数，例如，M30 的译码值为 30。译码位数的设定有 3 种情况：

01：译码地址中的两位 BCD 码，高位不译码，只译低位码。

10：高位译码，低位不译码。

11：两位 BCD 码均被译码。

DEC 指令的工作原理是：当控制条件 AC = 0 时，不译码，译码结果继电器 R_1 断开；当控制条件 ACT = 1 时，执行译码，当指定译码信号地址中的代码与译码规格数据相同时，输出 $R_1 = 1$，否则 $R_1 = 0$。译码输出 R_1 的地址由设计人员确定。

例如，M30 的译码梯形图及语句表如图 6. 58 所示。

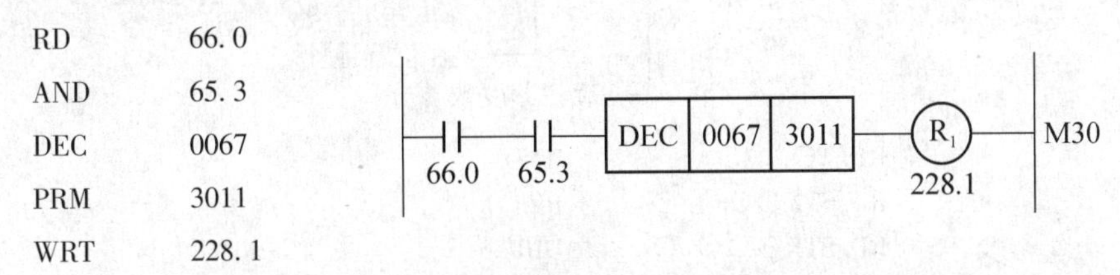

图 6. 58　M30 的译码梯形图及语句表

图 6. 58 中，0067 为译码信号地址，3011 表示对译码地址 0067 中的两位 BCD 码的高、低位均译码，并判断该地址中的数据是否为 30，译码后的结果存入 228. 1 地址中。

（4）旋转指令（ROT）

旋转指令可以对刀库、回转工作台等实现选择最短途径的旋转方向；计算现在位置和目标位置之间的步数；计算达到目标前一个位置的步距数。

ROT 功能的指令格式及语句表如图 6. 59 所示。

旋转指令有 6 项控制条件：

① 指定起始位置数

RNO = 0，旋转起始位置数为“0”；RNO = 1，旋转起始位置数为“1”。

② 指定处理数据（位置数据）的位数

BYT = 0，指定 2 位 BCD 码；BYT = 1，指定 4 位 BCD 码。

③ 选择最短路径的旋转方向

DIR = 0，不选择，按正向旋转；DIR = 1，选择。

④ 指定计算条件

POS = 0，计算现在位置与目标位置之间的步距数；POS = 1，计算目标前一个位置数或计算到达目标前一个位置的步距数。

⑤ 指定位置数或步距数

INC = 0，指定计算位置数；INC = 1，指定计算步距数。

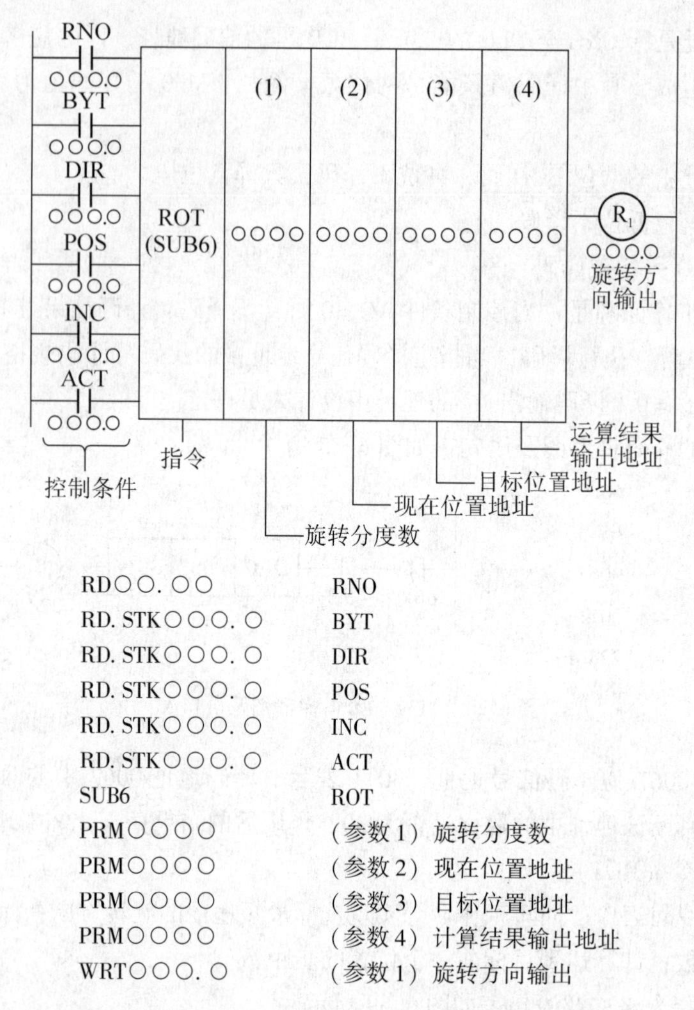

图 6.59 ROT 的指令格式及语句表

⑥ 执行命令

ACT＝0，不执行 ROT 指令，R_1 变化；ACT＝1，执行 ROT 指令，并有旋转方向输出。

旋转方向输出，当选择最短路径时有方向控制信号，且该信号输出到 R_1。当 $R_1=0$ 时，旋转方向为正（正转）；当 $R_1=1$ 时，旋转方向为负（反转）。若位置数是递增的，则为正转，反之，若位置数是递减的，则为反转。R_1 的地址可以任意选择。

（5）数据检查指令（DSCH）

数据检查指令可对表格数据进行检索，常用于刀具 T 代码的检索。DSCH 功能的指令格式及语句表如图 6.60 所示。

数据检查指令有 3 项控制条件：

① 指定处理数据的位数

BYT＝0，指定 2 位 BCD 码；BYT＝1，指定 4 位 BCD 码。

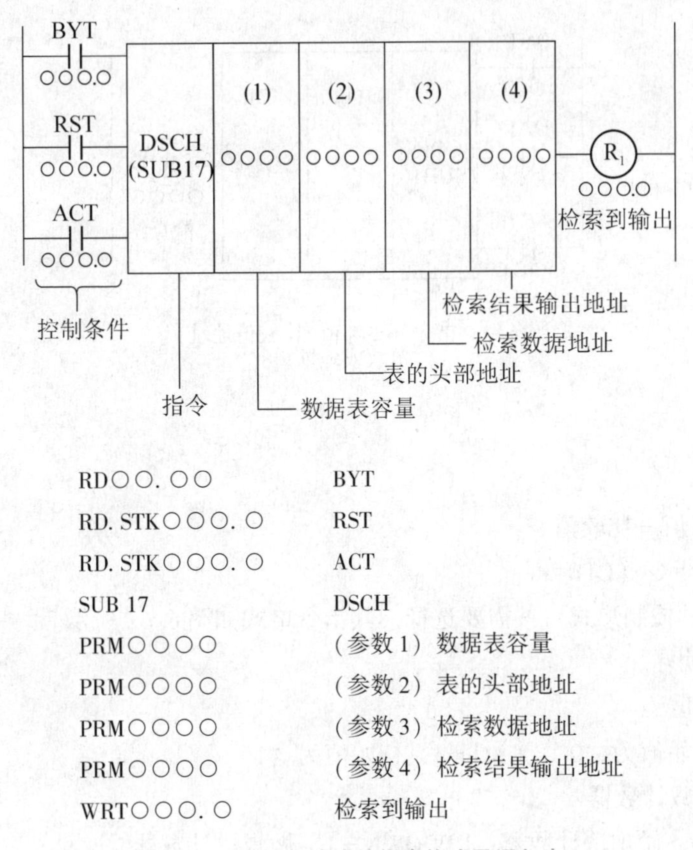

图6.60　DSCH功能的指令格式及语句表

② 复位信号

RST =0，R_1 不复位；RST =1，R_1 复位。

③ 执行命令

ACT =0，不执行DSCH指令，R_1 不变化。ACT =1，执行DSCH指令，数据检索到时，R_1 =1；反之，R_1 =0。

（6）符合检查指令（COIN）

符合检查指令用来检查参考值与比较值是否一致，可用于检查刀库、转台等旋转体是否到达目标位置等。符合检查功能的指令格式如图6.61所示。

控制条件说明：

① 指定数据位数

BYT =0，处理数据为2位BCD码；BYT =1，处理数据为4位BCD码。

② 指定参考值格式

DAT =0，参考值用常数指定；DAT =1，指定存放参考值的数据地址。

③ 执行命令

ACT =0，不执行；ACT =1，执行COIN指令。

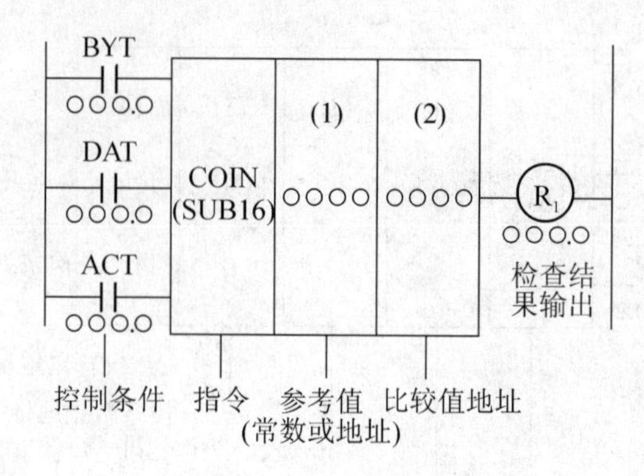

图 6.61 COIN 功能的指令格式

④ 比较结果

$R_1=0$，参考值 = 比较值。

（7）计数器指令（CTR）

计数器指令的控制形式可按需要选择，其指令格式如图 6.62 所示。

指令格式说明：

① 指定初始值

CNO = 0，初始值为“0”；CNO = 1，初始值为“1”。

② 指定加或减计数器

UPDOWN = 0，做加法计数器；UPDOWN = 1，做减法计数器。

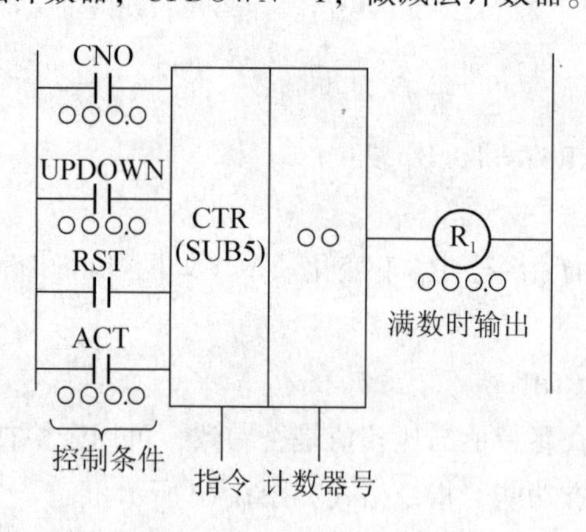

图 6.62 CTR 的指令格式

（8）逻辑“与”后传输指令（MOVE）

逻辑“与”后传输指令的作用是把比较数据和处理数据进行逻辑“与”运算，并将结果传输到指定地址；也可用于将指定地址里的 8 位信号不需要的位消除掉。其指令格式如图 6.63所示。

当 ACT = 0 时，MOVE 指令不执行；当 ACT = 1 时，MOVE 指令执行。

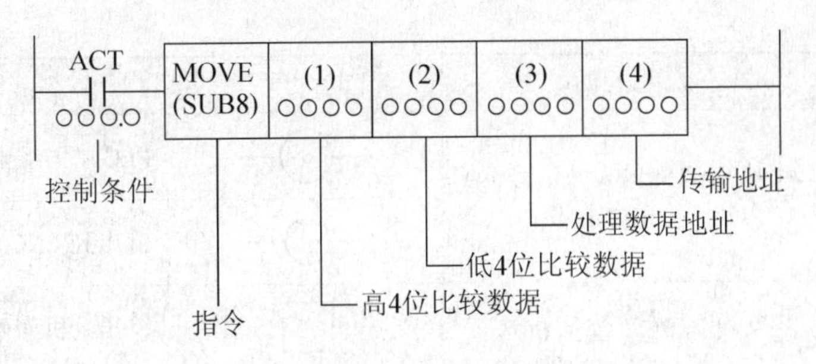

图 6.63　MOVE 的指令格式

图 6.64 所示为某数据传输梯形图。

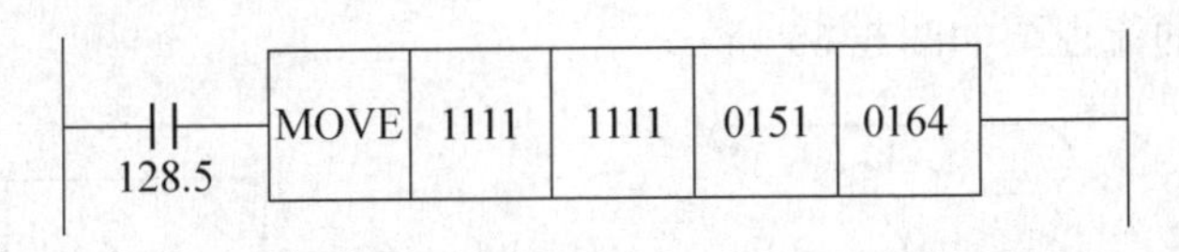

图 6.64　某数据传输梯形图

图 6.64 中，设处理数据地址 0151 中的数据为 BCD 码 00000110（06），参数 1 的高 4 位比较数据为 1111，参数 2 的低 4 位比较数据为 1111，由于参数 1 和参数 2 全为“1”，经与 0151 地址内的数据 00000110 相“与”后，其值不变，故照原样传送到 0164 地址中。

6.4.4　FANUC PLC 梯形图编制的一般规则

梯形图是设计、维修等技术人员经常使用的技术文件，其编制应尽可能简单明了，并应尽量有一种规范化的约定。

1. 梯形图编制的一般规则

（1）I/O 信号及继电器等的名称和记号应易懂、确切，名称长度不超过 8 个字符，第 1 个字符用字母 P 代表正，B 代表“非”，N 代表负，如 B. SP 是用于自动操作的停止信号。

（2）梯形图中的继电器，一般按其作用来给定符号，且字母要大写。

（3）当出现 PLC 机床侧 I/O 信号的名称与 CNC 设备连接手册中 I/O 名称相同的情况时，应在机床侧的信号名称之后加“M”，以便与 CNC 信号相区别。为区分 CNC 侧与机床侧信号，在画梯形图时常采用表 6.12 所示的图形符号。

表 6.12　梯形图中的符号

符　号	说　明	符　号	说　明
A ─┤├─	PLC 中的继电器触点，A 为常开，B 为常闭	A ─o^o─	PLC 中的定时器触点，A 为常开，B 为常闭
B ─┤/├─		B ─o△o─	

续表

符　号	说　明	符　号	说　明
A	从 CNC 侧输入的信号，A 为常开，B 为常闭		PLC 中的继电器线圈
B			输出到 CNC 侧的继电器线圈
A	从机床侧（包括机床操作面板）输入的信号，A 为常开，B 为常闭		输出到机床侧的继电器线圈
B			PLC 中的定时器线圈

编制 PLC 程序的流程图如图 6.65 所示。

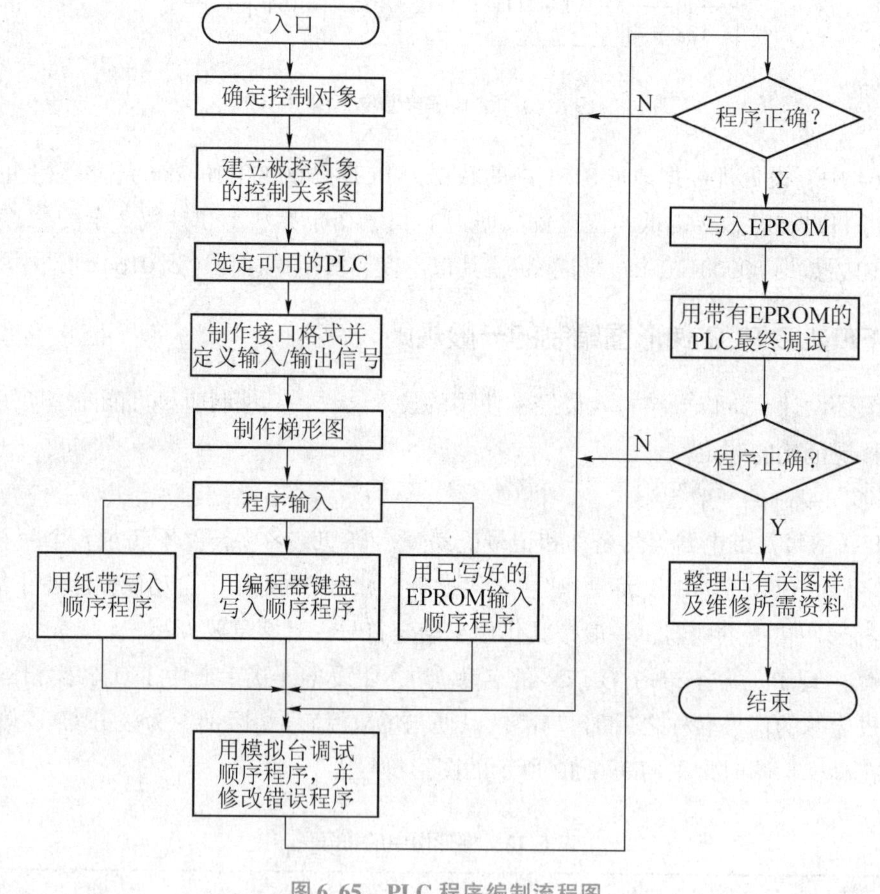

图 6.65　PLC 程序编制流程图

2. 程序的输入方法

FAUNC PLC 程序的输入方法有 3 种。

（1）编程器

编程器可用于程序的输入、编辑、修改、校验及调试。编程器有 3 个插座，一个插座是与 PLC 的接口，通过连接电缆将编程器与 PLC 的 RAM 存储器相连接，编程器中的程序可传送到 PLC 的 RAM 中，在试验（TEST）方式下进行对程序的调试、修改、校验等工作，程序调试完毕后，编程器即可与 PLC 脱离；另一个插座是外部设备接口（EXT），经此接口，编程器可与外部设备相连接，如接上 FACIT4070 穿孔机即可将程序输出制成穿孔纸带，若接上 ASR33 电传打字机，则能将程序打印成文本保存；第三个插座为 EPROM 插座，可插入 2716 或 2732 EPROM，当程序调试无误后，可将相应的 EPROM 插入插座，并将程序写入 EPROM，最后将写好的 EPROM 插入 PLC 中。

（2）PLC 纸带

将程序穿孔纸带通过 ASR33 电传打字机的纸带阅读机送入 PLC，并同时打印输出硬拷贝，也可用 CNC 侧纸带阅读机读入。

（3）EPROM

将已写入程序的 EPROM 插入编程器的 EPROM 插座，应用编程器的输入键可将程序写入 PLC。

6.4.5　FANUC PMC 在数控机床中的应用实例

1. 主轴定向控制

加工中心在进行加工时，自动交换刀具或精镗孔要用到主轴定向功能，其控制梯形图如图 6.66 所示。

图 6.66 中，M06 是换刀指令，M19 是主轴定向指令，这两个信号并联作为主轴定向控制的主令信号；AUTO 为自动工作状态信号，手动时为“0”，自动时为“1”；RST 为 CNC 系统的复位信号；ORCM 为主轴定向继电器，其触点输出到机床以控制主轴定向；ORAR 为从机床侧输入到 PLC 的“定向到位”信号。

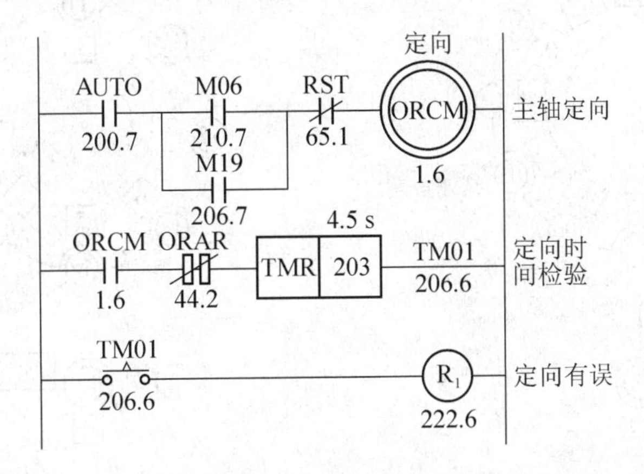

图 6.66　主轴定向控制梯形图

为了检测主轴定向是否在规定时间内完成，这里应用了功能指令 TMR 进行定时操作。整定时限为 4.5 s，如果在 4.5 s 内不能完成定向控制，则将发出报警信号，R_1 即为报警继电器。

2. 刀库自动选刀控制

数控加工中心上，刀库选刀控制（T 指令）和刀具交换控制（M06 指令）是 PLC 控制的重要部分。目前，刀库选刀一般有两种控制方式：一是刀套编码方式的固定选刀，二是随机选刀。

（1）刀套编码方式

刀套编码方式选刀是对刀库中的刀套进行编码，并将与刀套编码相对应的刀具一一放入指定的刀套中，然后根据刀套的编码选取刀具。图 6.67 所示为采用刀套编码方式的选刀控制。

图 6.67 中，如采用与刀库同时旋转的绝对值编码器，则 01 ~ 12 刀套编号对应的 BCD 码为 0000 ~ 1100，1 ~ 12 为刀具编号，刀具编号与刀套编号一一对应。当执行 M06 T04 指令时，首先将 7 号刀套转至换刀位置，由换刀装置将主轴中的 7 号刀装入 7 号刀套内，随后刀库反转，使 4 号刀套转至换刀位置，由换刀装置将 4 号刀装入主轴内。由此可以看出，刀套编码方式选刀的特点是只认刀套、不认刀具，刀具在自动交换过程中必须将用过的刀具放回原来的刀套内。当刀库选刀采用刀套编码方式控制时，要防止把刀具放入与编码不符的刀套内而引起事故。

（2）随机换刀

在随机换刀方式中，刀库中的刀具能与主轴中的刀具任意地直接交换。随机换刀控制方式需要在 PLC 内部设置一个模拟刀库的数据表，其长度和表内设置的数据与刀库的容量和刀具号相对应。图 6.68 所示为随机换刀方式的刀库，表 6.13 为刀号数据表。

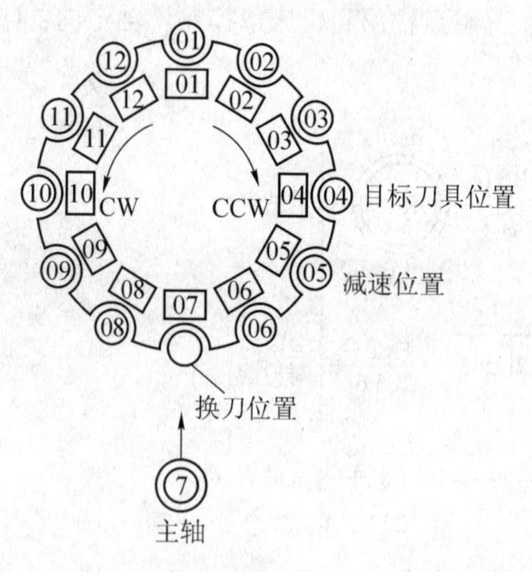

图 6.67　刀套编码方式的选刀控制

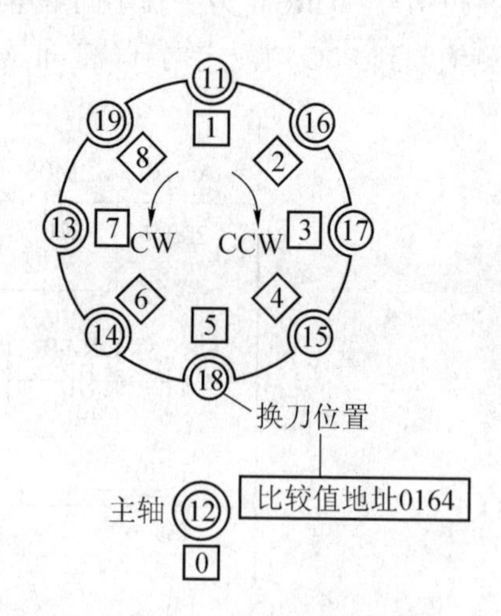

图 6.68　随机换刀刀库

表 6.13　刀号数据表

数据表地址	数据表序号（刀套号）（BCD 码）	刀具号（BCD 码）
172	0（00000000）	12（00010010）
173	1（00000001）	11（00010001）
174	2（00000010）	16（00010110）
175	3（00000011）	17（00010111）
176	4（00000100）	15（00010101）
177	5（00000101）	18（00011000）
178	6（00000110）	14（00010100）→检索数据地址
179	7（00000111）	13（00010011）
180	8（00001000）	19（00011001）

检索结果输出地址 0151

数据表的表序号与刀库套编号相对应，每个表序号中的内容就是对应刀套中所放的刀具号。图 6.68 中，0 ~ 8 为刀套号，也是数据表序号，其中 0 是将主轴作为刀库中的一个刀套，⑪ ~ ⑲为刀具号。由于刀具数据表实际上是刀库中存放刀具的一种映像，这就要求数据表与刀库中刀具的位置应始终保持一致，因此，对刀具的识别实质上就转变为对刀库位置的识别。当刀库旋转，每个刀套通过换刀位置（比较值地址）时，由外部检测装置产生一个脉冲信号送到 PLC，作为数据表序号指针，通过换刀位置时的计数值指示刀库的现在位置。

当 PLC 接到寻找新刀具的指令（T ××）后，在模拟刀库的刀号数据表中进行数据检索，当检索到 T 代码给定的刀具号时，将该刀具号所在数据表中的表序号存放在一个地址单元中，这个表序号就是新刀具在刀库中的目标位置。刀库旋转后，测得刀库的实际位置与刀库目标位置一致时，即识别了所要寻找的新刀具，刀库停转并定位，等待换刀。在执行 M06 指令时，机床主轴准停，机械手执行换刀动作，将主轴上用过的旧刀和刀库上选好的新刀进行交换，与此同时，在刀号数据表中修改现在位置地址中的数据，并确定当前换刀位置的刀套号。

在 FANUC PLC 中，应用数据检索功能指令（DSCH）、符合检查功能指令（COIN）、旋转指令（ROT）和逻辑“与”后传输指令（MOVE）即可完成上述随机换刀控制。

现根据图 6.68 和表 6.13 执行 M06 T14 换刀指令，换刀结果是刀库中的 T14 刀装入主轴，主轴中原 T12 刀插入刀库中的 6 号刀套内。随机换刀控制梯形图如图 6.69 所示。

图 6.68 中，换刀位置（刀库现在位置）的地址为 0164，在 COIN 功能指令中作为比较值地址，该地址内的数据为换刀位置的刀套号（数据表序号），其值由外部计数装置根据刀

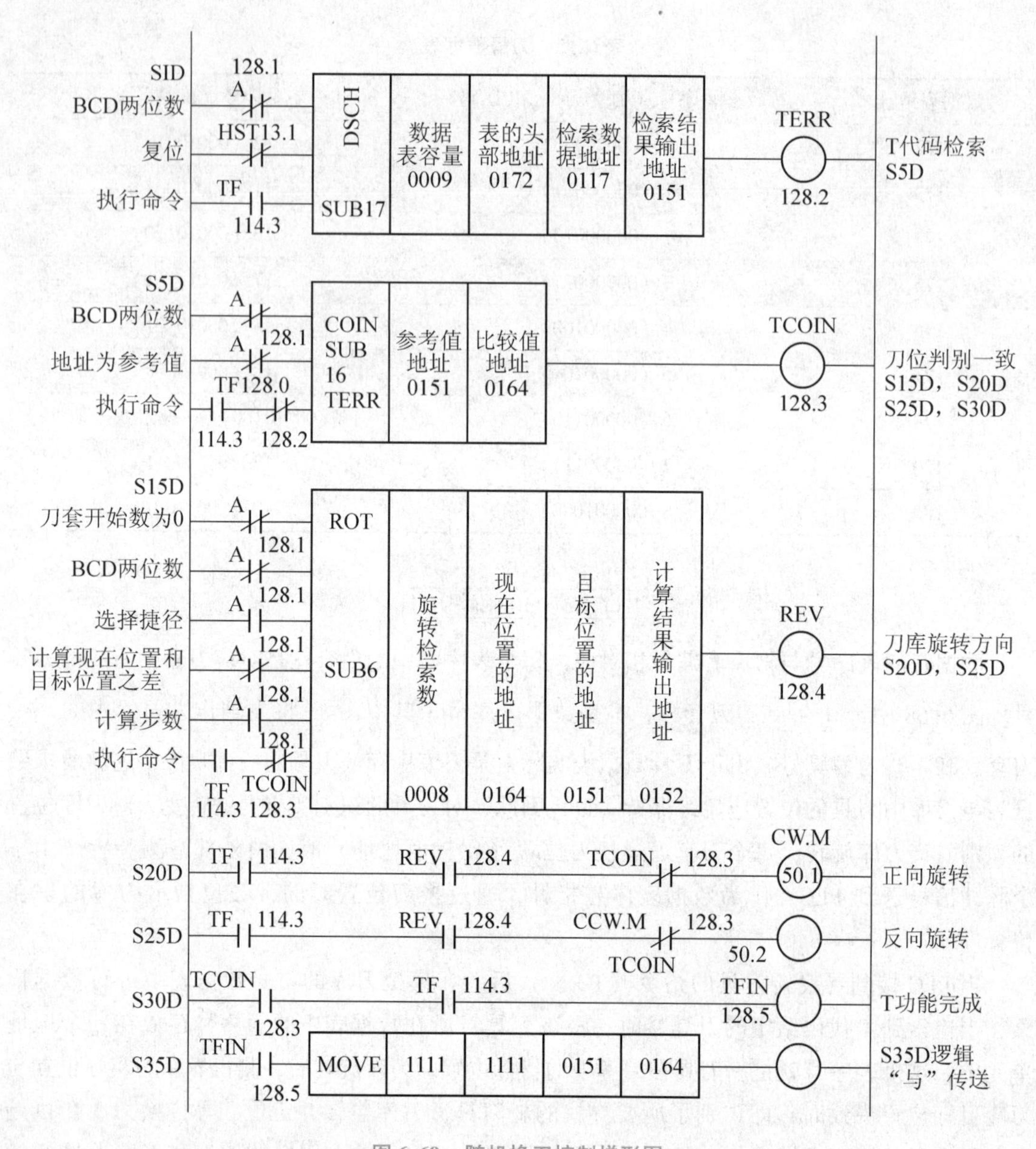

图6.69　随机换刀控制梯形图

库的旋转方向进行加“1”或减“1”计数。图6.68中所示的当前刀套号为5，该值以BCD码的形式（00000101）存入0164地址中。

在DSCH功能指令中，参数1为数据表容量，本例刀库共有9把刀，建立的刀号数据表共有9个数，故本参数的设定值为0009；参数2为数据表的头部地址，根据表6.13可知，本参数为0172；参数3为检索数据地址，其作用是将T指令中的14号刀从数据表中检索出来，并将14号刀以2位BCD码的形式（00010100）存入0117地址单元中，故本参数为0117；参数4为检索结果输出地址，其作用是将14号刀所在数据表中的序号6以2位BCD码的形式（00000101）存入0151地址单元中，故本参数为0151。

上电后，常闭触点 A（128. 1）断开，故 DSCH 功能指令按 2 位 BCD 码处理检索数据。当 CNC 读到 T14 指令代码信号时，将此信息送入 PLC，TF（114. 3）闭合，开始 T 代码检索，将 14 号刀号存入 0117 地址单元中，数据表序号 6 存入 0151 地址单元中，同时 TEER（128. 2）置“1”。

在 COIN 功能指令中，由控制条件可知，参数 1 和参数 2 分别为参考值地址 0151 和比较值地址 0164，并按 2 位 BCD 形式进行处理，其中 0151 存放的是指令刀号 14，而 0164 存放的是当前刀套数据表序号 6。

当 TERR 由 DSCH 指令置“1”后，COIN 指令即开始执行。因地址 0151 与 0164 内数据不一致，所以 TCOIN（128. 3）输出为“0”，作为刀库旋转 ROT 功能指令的启动条件。

在 ROT 功能指令中，计算刀套的目标位置与现在位置之间相差的步数或位置号，并把它置入计算结果地址，可以实现经过最短路径将刀库旋转至预期位置。参数 1 为旋转检索数，即旋转定位点数，本例中该参数为 8；参数 2 为现在位置的地址，因当前刀套号 5 存在 0164 地址内，故参数 2 为 0164；参数 3 为目标位置地址，因指令要求 T14 号刀具的刀套号 6 存在 0151 地址内，故参数 3 为 0151；参数 4 为计算结果输出地址，本例选定为 0152。

当刀具判别指令执行后，TCOIN（128. 3）输出为“0”，其常闭触点闭合，TF（114. 3）此时仍为“1”，故 ROT 指令开始执行。根据 ROT 控制条件的设定，计算出刀库现在位置与目标位置相差步数为“1”，将此数据存入 0152 地址单元，并选择出最短旋转路径，使 REV（128. 4）置“0”，正向旋转方向输出。通过 CW. M 正向旋转继电器，驱动刀库正向旋转一步，即找到了 6 号刀位。

在本梯形图中，MOVE 功能指令的作用是修改换刀位置的刀套号。换刀前的刀套号 5 已由换刀后的刀套号 6 替代，故必须将地址 0151 内的数据照全样传输到 0164 地址中，因此，MOVE 指令中的参数 1（高 4 位）、参数 2（低 4 位）均采用全“1”，经与 0151 地址内数据 6（BCD 码 00000110）相“与”后，其值不变，然后照原样传送到 0164 地址中。当刀库正转一步到位后，ROT 指令执行完毕。此时，T 功能完成信号 TFIN（128. 5）的常开触点使 MOVE 指令开始执行，以完成数据传送任务。

下一扫描周期，COIN 判别执行结果，当两者相等时，使 TCOIN 置“1”，切断 ROT 指令和 CW. M 控制，刀库不再旋转，同时给出 TFIN 信号，报告 T 功能已完成，可以执行 M06 换刀指令。

当 M06 执行后，必须对刀号及数据表进行修改，即序号 0 的内容改为刀具号 14，序号 6 的内容改为刀具号 12。

3. 零件加工计数控制

零件加工计数控制梯形图如图 6. 70 所示。

该梯形图用到了两条功能指令，一条是译码指令 DEC；另一条是计数器指令 CTR。数控机床的 M 和 T 代码用译码指令来识别，译码指令 DEC 译 2 位 BCD 码，当 2 位数字的 BCD 码信号等于一个确定的指令数值时，输出为“1”；否则为“0”。图 6. 70 中，DEC 指令的参数 1 为译码地址 0115，参数 2 为译码指令 3011，软继电器 M30（150.1）即为译码输出。

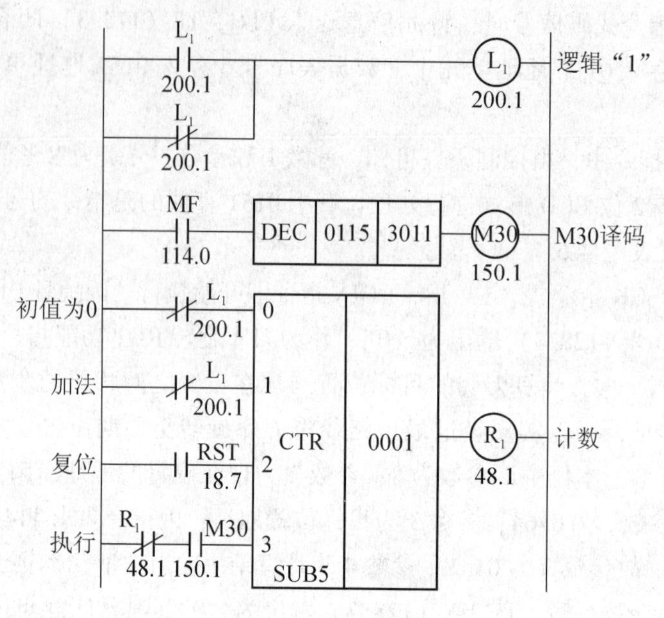

图 6.70　零件加工计数控制梯形图

在数控加工中，每当零件加工程序执行到结束时，程序中都会出现 M30 代码，经译码输出，M30 为“1”，以此作为 CTR 计数脉冲，即可实现零件加工计数。在 CTR 功能指令中，参数为计数器号，也就是一个 16 位的存储器地址单元，最大预置数为 9 999。零件加工件数的预期值可通过手动数据输入(MDI)面板设置。控制条件 200.1 为常闭触点，表示计数器初始值为“0”及计数器作加法计数，为满足这一控制条件，在梯形图顶部首先设置了 L_1 作为逻辑“1”电路。同时，M30 常开触点作为 CTR 的计数脉冲，当计数到预置值时，R_1 输出“1”。图 6.70 中，R_1 常闭触点与 M30 常开触点为串联，一旦计数到位，即可断开计数操作。

6.5　可编程序控制器技能实训

实训一　PLC 的基本指令

1. 实训目的

（1）熟悉 STEP7 - Micro/Win32 软件的使用方法。

（2）掌握 S7 - 200 基本指令的功能与应用。

（3）掌握 S7 - 200 基本指令的编程与调试方法。

2. 实训设备

S7 - 200 PLC　　1 台

安装了 STEP7 – Micro/Win 32 编程软件的计算机　　1 台

PC/PPI 电缆　　1 根

输入/输出实验板　　1 块

电源板　　1 块

导线　　若干

3. 实训内容

本实训包括两部分内容，一是编程软件的使用，二是基本指令的编程练习和程序调试。

（1）STEP7 – Micro/Win32 编程软件的使用方法

① 打开 STEP7 – Micro/Win32 编程软件，用选单命令“文件→新建”，可生成一个新的项目；用选单命令“文件→打开”，可打开一个已有的项目；用选单命令“文件→另存为”可修改项目的名称。

② 选择选单命令“PLC→类型”，可设置 PLC 的型号。使用对话框中的“通信”按钮，可设置与 PLC 通信的参数。

③ 用“检视”选单可选择 PLC 的编程语言。选择选单命令“工具→选项”，点击窗口中的“通用”标签，选择 SIMATIC 指令集，还可以选择使用梯形图（LAD）或语句表（STL）。

④ 输入图 6.71 所示的梯形图程序，用 PLC 选单中的命令或按工具条中的“编译”或“全部编译”按钮来编译输入的程序。

如果程序有错误，编译后会在输出窗口显示与错误有关的信息，双击显示的某一条错误，程序编辑器中的矩形光标将移到该错误所在的位置。必须改正程序中所有的错误，且编译成功后，才能下载程序。

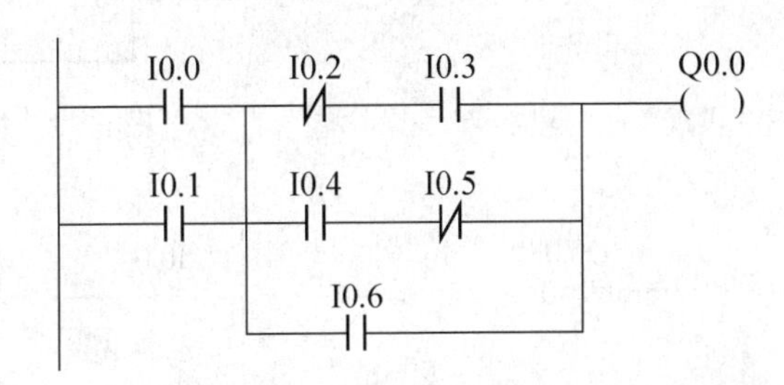

图 6.71　电路块的串联/并联

⑤ 设置通信参数。

⑥ 将编译好的程序下载到 PLC 之前，PLC 应处于 STOP 工作方式。如果不在 STOP 方式，可将 PLC 上的方式开关扳到 STOP 位置，或单击工具栏的“停止”按钮，进入 STOP 状态。

单击工具栏的“下载”按钮，或选择选单命令“文件→下载”，在下载对话框中选择下载程序块，单击“确认”按钮，开始下载。

⑦ 断开数字量输入板上的全部输入开关，输入侧的 LED 全部熄灭。下载成功后，单击工具栏的“运行”按钮，用户程序开始运行，“RUN” LED 亮。

（2）基本指令编程训练

PLC 的基本逻辑指令是 PLC 指令系统中编程的基础，熟练掌握基本逻辑指令的应用和编程方法，对于 PLC 的高层次编程与深入应用有重要意义。以下是一些典型应用实例的梯形图，练习输入程序，进行程序调试和功能分析。

① 输入图 6. 72 所示的梯形图程序，选择选单命令“检视→STL”，可将梯形图转换为语句表，编译成功后下载到可编程序控制器中。

根据图 6. 73 所示的接线图接好线，运行该程序，用“程序状态”功能监视程序的运行情况，改变各输入点的状态，观察 Q0. 0 的状态是否符合图 6. 71 给出的逻辑关系。

② 置位/复位指令电路

输入图 6. 74、图 6. 75 所示的梯形图程序，对程序进行时序分析，改变各输入点的状态，观察 Q0. 0 的状态的变化，比较置位、复位指令顺序的改变对输出有何影响。

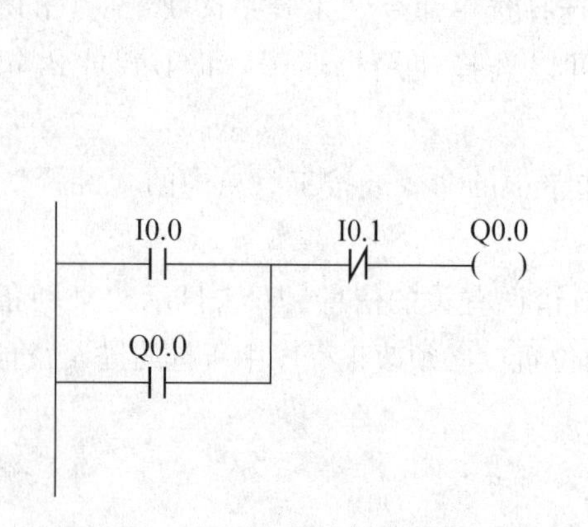

图 6. 72　用基本逻辑指令实现置位/复位

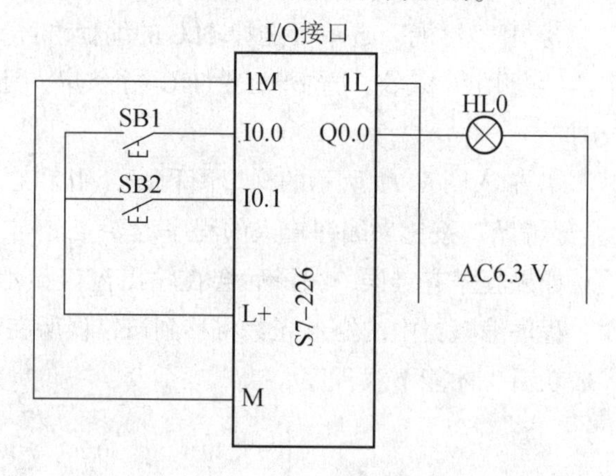

图 6. 73　接线图

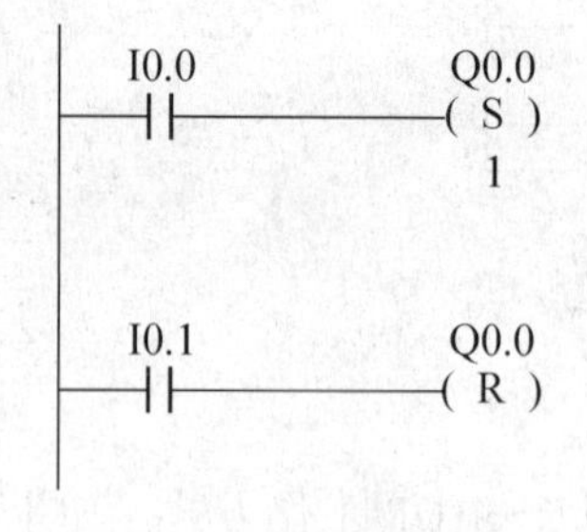

图 6. 74　S/R 指令应用实例

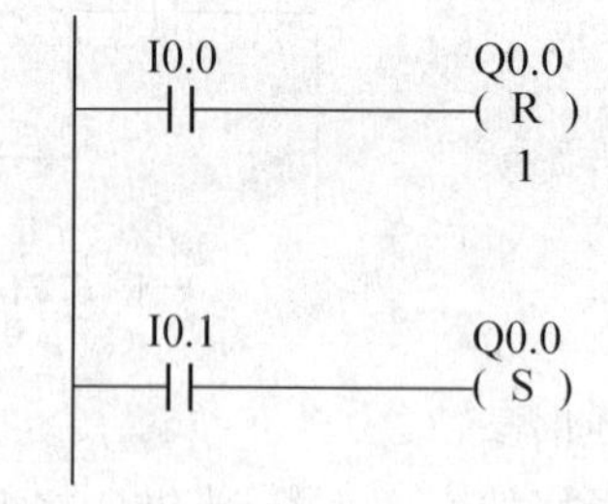

图 6. 75　R/S 指令应用实例

③ 边沿脉冲指令电路

输入图 6. 76 所示的梯形图程序，对程序进行时序分析，改变各输入点的状态，观察 Q0. 0 的状态的变化。

④ 定时器指令电路

输入图 6. 77、图 6. 78 所示的梯形图程序，改变各输入点的状态，观察 Q0. 0 的状态的变化。

⑤ 计数器指令电路

输入图 6. 79 所示的梯形图程序，分析输入与输出之间的关系，并说明此电路的功能。

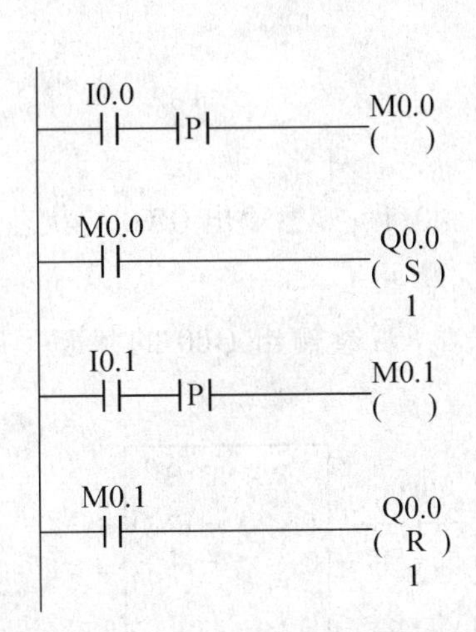

图 6. 76　边沿脉冲指令应用实例

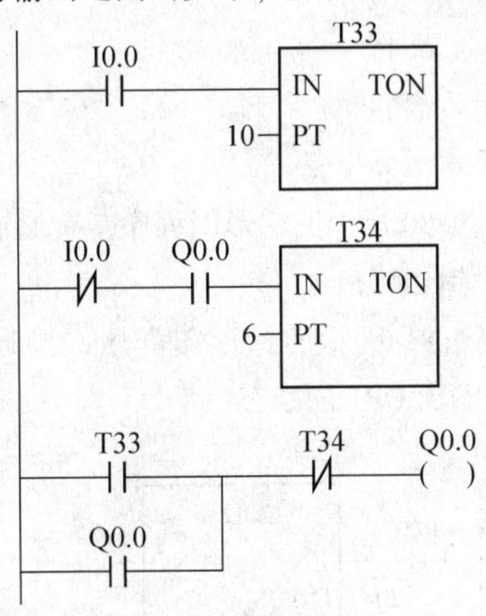

图 6. 77　延时接通断开电路

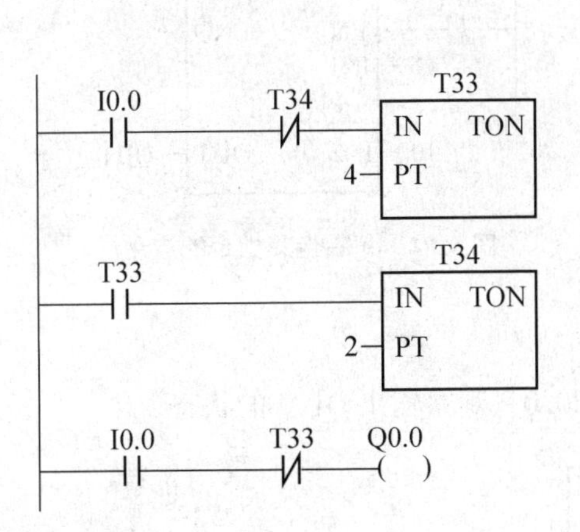

图 6. 78　闪烁电路

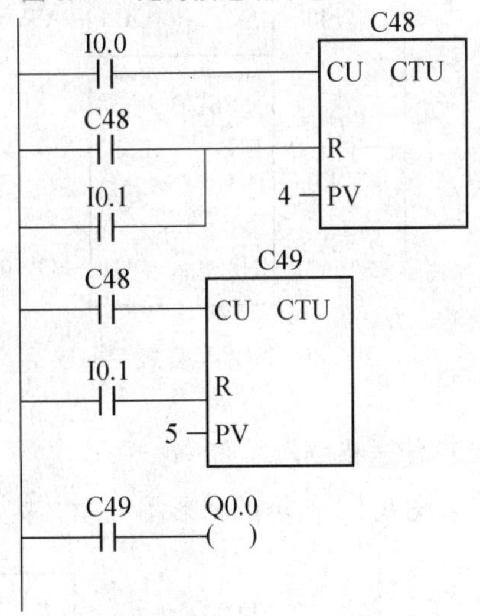

图 6. 79　计数器应用实例

实训二　PLC 的功能指令

1. 实训目的

（1）掌握 S7 – 200 常用功能指令的应用。

（2）掌握 S7 – 200 常用功能指令的编程与调试方法。

2. 实训设备

S7 – 200 PLC　　1 台

安装了 STEP7 - Micro/Win32 编程软件的计算机　　1 台

PC/PPI 电缆　　1 根

输入/输出实验板　　1 块

电源板　　1 块

导线　　若干

3. 实训内容

(1) 算术运算指令

输入图 6.80 所示的梯形图程序，接通输入 I0.0、I0.1，观察输出 QW0 的状态。

(2) 逻辑运算指令

输入图 6.81 所示的梯形图程序，接通输入 I0.0，观察输出 QB0 的状态；接通输入 I0.1，观察输出 QB1 的状态。

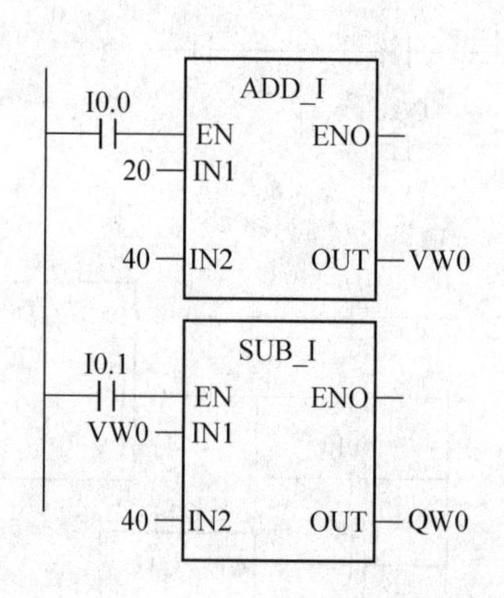

图 6.80　算术运算指令的应用

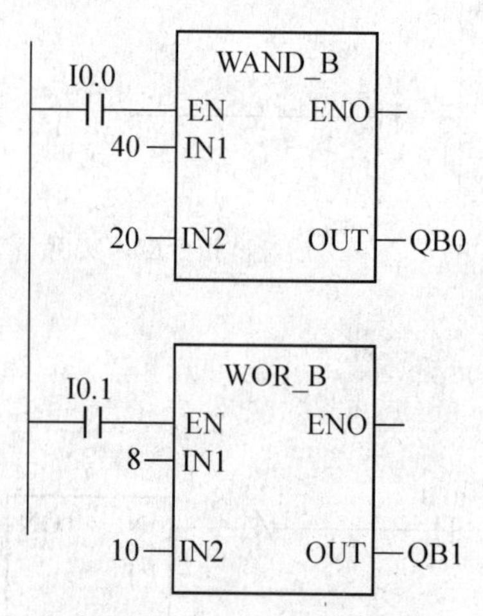

图 6.81　逻辑运算指令的应用

(3) 传送指令

输入图 6.82 所示的梯形图程序，接通输入 I0.0，观察输出 Q1.0 的状态。

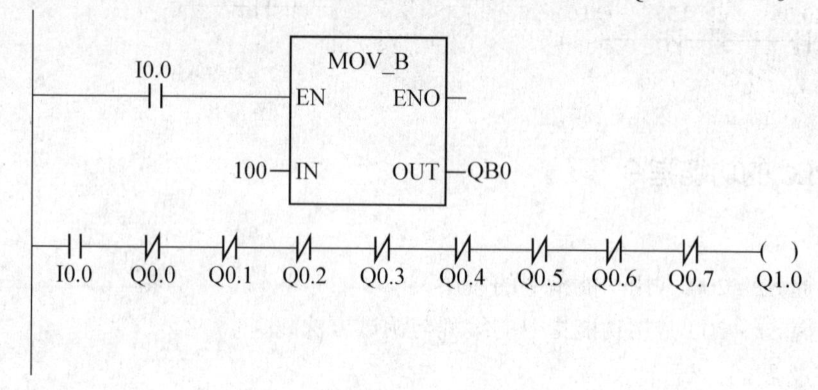

图 6.82　传送指令的应用

（4）数据移位指令

输入图 6. 83 所示的梯形图程序并检查，使其正确无误。

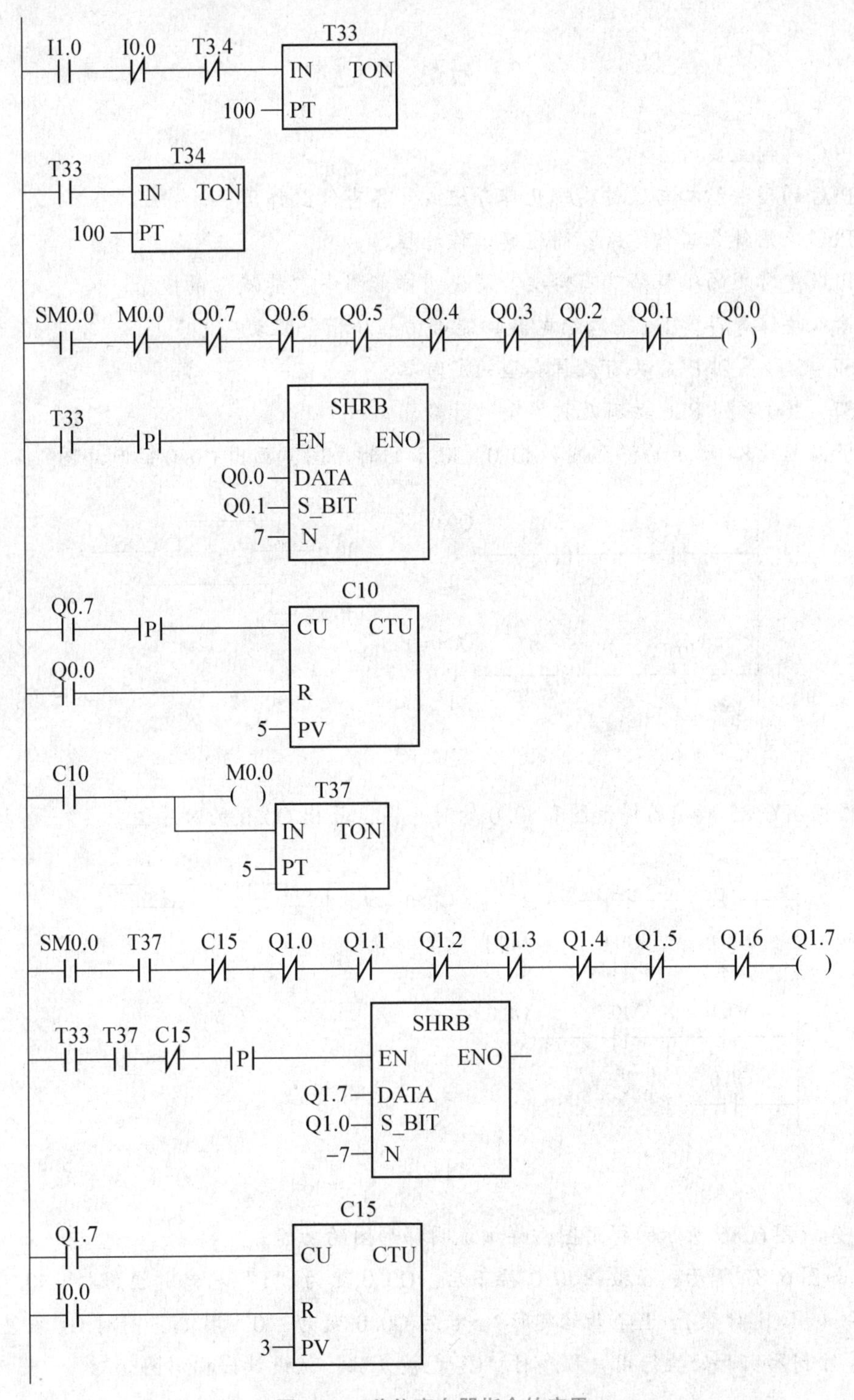

图 6. 83　移位寄存器指令的应用

PLC 置于运行状态，接通输入 I1.0，断开输入 I0.0，运行程序，观察输出 Q0.0 ~ Q0.7 和 Q1.0 ~ Q1.7 的状态，并记录。

复习思考题

1. PLC 有何主要特点？
2. PLC 的硬件结构与软件由哪几部分组成？各有什么作用？
3. PLC 采用什么工作方式？简述其工作过程。
4. PLC 中常用的编程语言有哪些？请说明梯形图中“能流”的概念。
5. 输入映像寄存器 I（输入继电器）能否由程序指令驱动？
6. S7 - 200 系列 PLC 共有几种类型的定时器？
7. S7 - 200 系列 PLC 共有几种类型的计数器？
8. 根据图 6.84 所示的梯形图和 I0.0、I0.1 的时序图，画出 Q0.0 的时序图。

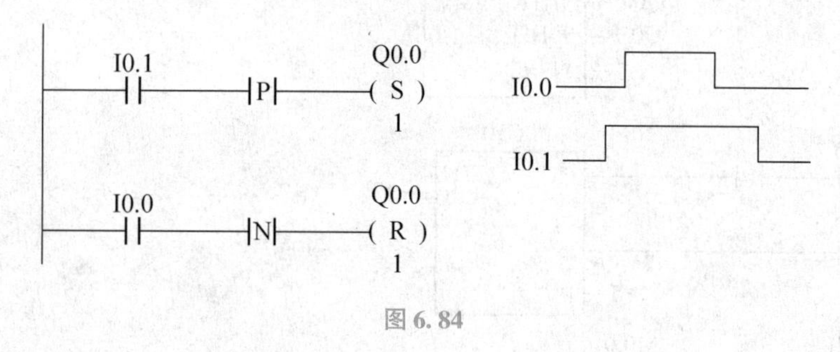

图 6.84

9. 根据图 6.85 所示的梯形图和 I0.0 的时序图，画出 Q0.0 的时序图。

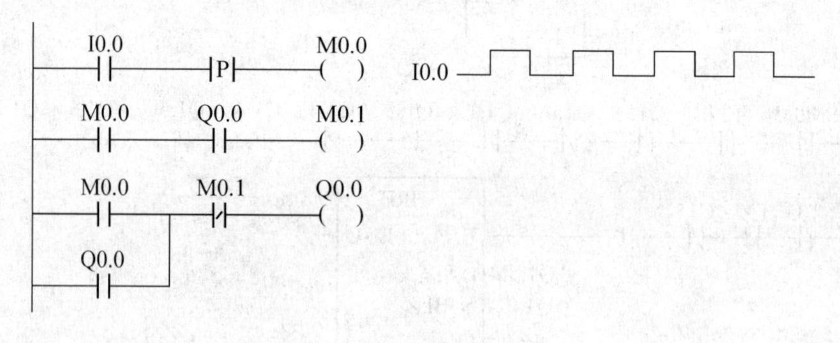

图 6.85

10. 分析图 6.86 所示的梯形图，详细说明梯形图的功能。

11. 如图 6.87 所示，在按钮 I0.0 按下后，Q0.0 变为“1”状态并自保持，I0.1 输入 3 个脉冲后（用 C1 计数），T37 开始定时，5 s 后 Q0.0 变为“0”状态，同时 C1 被复位，在可编程序控制器刚开始执行用户程序时，C1 也被复位，试设计出梯形图。

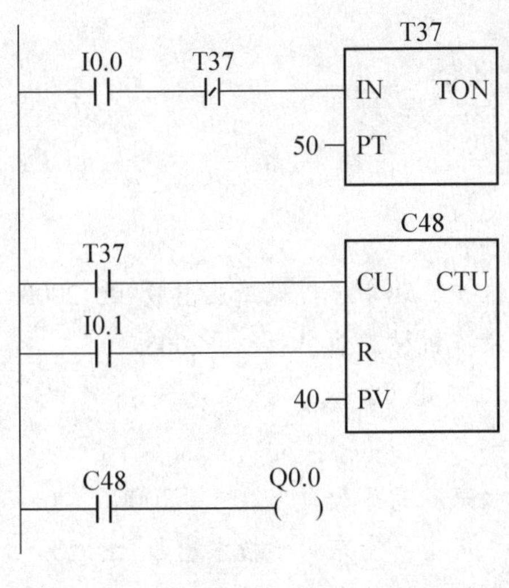

图 6.86

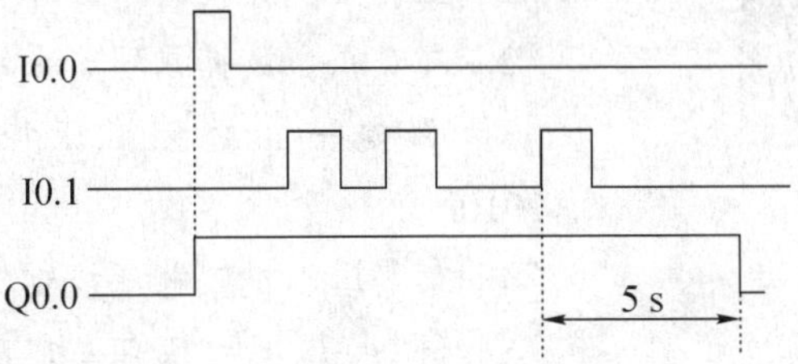

I0.0
I0.1
Q0.0
5 s

图 6.87

12. 试设计图 6.88 所示波形的梯形图。

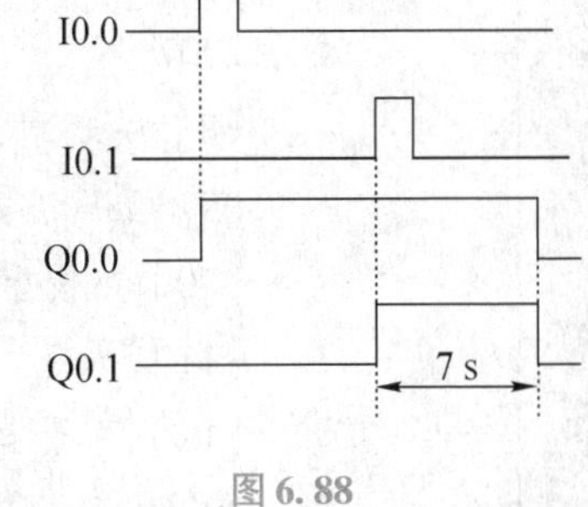

图 6.88

13. 在 FANUC 数控系统中，END1 为高级顺序程序结束指令，END2 为低级顺序程序结束指令，试阐述其区别。

14. 图 6.66 为主轴定向控制梯形图，加工中心在进行加工时，自动交换刀具或精镗孔要用到该功能，分析并回答下列问题：

① ORCM 为主轴定向继电器，其触点输出到机床以控制主轴定向，请问控制 ORCM 动作的条件是什么？

② 梯形图中 TMR 定时器起什么作用？在 FANUC 指令系统中，定时器 TMRB 与定时器 TMR 的区别是什么？

③ TMR 进行定时是由什么信号控制的？

15. 刀库选刀一般有哪两种控制方式？试对两种控制方式分别进行说明。

16. 在 FANUC 数控系统中，零件加工计数控制梯形图如图 6.70 所示，分析并回答下列问题：

① 零件加工计数是以什么信号计数的？

② 什么是译码？图 6.70 中译码指令 DEC 是如何进行译码的？

③ 计数器最多可计次数为多少？一旦计数到位，计数器如何停止计数？

参考文献

REFERENCE

[1] 王侃夫. 数控机床故障诊断及维护. 北京：机械工业出版社，2000.
[2] 郑晓峰. 数控原理与系统. 北京：机械工业出版社，2005.
[3] 邓健平. 数控机床控制技术基础.2版. 北京：人民邮电出版社，2010.
[4] 郁汉琪. 机床电气控制技术. 北京：高等教育出版社，2006.
[5] 何全民. 数控原理与典型系统. 济南：山东科学技术出版社，2005.
[6] 陈富安. 数控原理与系统. 北京：人民邮电出版社，2006.
[7] 王侃夫. 数控机床控制技术与系统.2版. 北京：机械工业出版社，2007.
[8] 姚永刚. 数控机床电气控制. 西安：西安电子科技大学出版社，2006.
[9] 王浩. 数控机床电气控制. 北京：清华大学出版社，2006.
[10] 赵俊生. 数控机床控制技术基础. 北京：化学工业出版社，2006.
[11] 夏燕兰. 数控机床电气控制.2版. 北京：机械工业出版社，2012.
[12] 吕景泉. 可编程控制器技术教程.2版. 北京：高等教育出版社，2006.
[13] 廖常初. S7－200 PLC基础教程.2版. 北京：机械工业出版社，2009.